複雑系フォトニクス

レーザカオスの同期と光情報通信への応用

内田 淳史 著

共立出版

前書き

　本書では「複雑系フォトニクス」という学際分野における学術的基礎知識とその工学応用について概説する．複雑系フォトニクスとは，複雑系分野とフォトニクス分野が融合した分野である．複雑系分野とは，非線形ダイナミクスやカオス現象を含む複雑な現象を対象とした分野であり，一方でフォトニクス分野とは，光学やレーザ工学を含む光を対象とした分野である．それぞれの分野は独自に発展を遂げてきたが，その両方に共通する分野は個別の研究は行われてきたものの，その学問体系は形成されていなかった．

　ニュートン力学に立脚する従来の価値観は，単純なシステムは単純な振る舞いを示し，一方で複雑なシステムは複雑な振る舞いを示す，ということであった．この価値観を破ったのがカオスや複雑系の概念である．複雑系では，簡単なシステムであっても複雑な振る舞いを示す場合がある．例えば，本書で取り扱う戻り光を有する半導体レーザはその一例である．レーザに戻り光を加えるという単純な操作により，その光出力は不規則で豊富な時間ダイナミクスを示す．一方で，複雑なシステムであっても単純な振る舞いを示す場合もある．これは本書で扱う同期現象がよい例である．カオス的振る舞いを示すレーザを結合することで，レーザ間の不規則振動は完全に一致して同期するという現象である．このように複雑系とは，単純なシステムが複雑な振る舞いを示し，一方で複雑なシステムが単純な振る舞いを示す，という興味深い現象を対象とする学問分野である．

　またフォトニクス分野では，光の性質を利用してレーザというきれいな光を造り出し，これを工学応用へ活かすという方向性の研究が主体であった．一方でレーザが本質的に有する非線形性は，レーザ出力の不安定現象を自発的に誘起する．この非線形性を抑え込むことが従来のフォトニクス応用の目的であった．一方で近年，レーザにおいてカオスを意図的に発生させることで，レーザ

の高速性とカオスの不規則性を組合わせた新たな光情報通信分野への応用が活発になってきており，レーザにおける複雑現象が注目を浴びている．元々レーザは光子の集合体であり，光子の位相が同期することでコヒーレントなレーザ光を生成しているため，本質的に複雑系であると言える．

複雑系とフォトニクスというまったく異なる分野を融合する際，その言語の違いが問題となる．例えば，レーザにおいて発振波長が不規則に変化する現象を考える．フォトニクス分野では本現象はモードホッピングと呼ばれている．一方で複雑系分野では，カオス的遍歴や双安定性と呼ばれている．観測している現象は同じであるにも関わらず，その言葉や現象のとらえ方が異なるために，異なった現象のように解釈される．つまり，レーザの発振モードが不規則に変化する現象（フォトニクスの用語）は，アトラクタ内の不安定な定常解の間の自発的な遷移（複雑系の用語）に等しいのである．このような同一現象に対する異分野での言葉のギャップを埋めるためにも，本書が役に立てば幸いである．

本書では，戻り光を有する半導体レーザとその工学応用に関するトピックスを主に取り上げている．しかしながら複雑系フォトニクス分野はその内容に留まるものではない．フォトニクス（光学）における複雑系（システムが複雑または現象が複雑）であれば，本分野の領域に含まれている．本書で取り扱う以外にも，本分野における多くの研究は存在している．さらに，複雑系フォトニクス分野における新たな研究の芽が今後誕生することを強く期待している．

本書は，複雑系フォトニクス分野における重要な概念を選択して執筆した．もしも本書以上の知識を得たいと考えている読者は，拙著 "Optical Communication with Chaotic Lasers, Applications of Nonlinear Dynamics and Synchronization" (Wiley-VCH, Weinheim, 2012) にもチャレンジして頂ければ幸いである．

本書の執筆にあたり，複雑系フォトニクス分野における非常に多くの研究者にお世話になった．この場を借りて心より感謝を申し上げたい．また著者の研究室の大学院生であった，菅野円隆氏，奥村悠氏，会田裕貴氏，三上拓也氏，森勝進一朗氏，山﨑泰基氏，荒幡真也氏，櫻庭良佑氏，高橋里枝氏，樋田拓也氏，岩川健人氏，掛巣和泉氏には，本書作成のお手伝いをして頂き，心より感

謝している．彼らのご尽力なくしては，本書は完成しなかったであろう．また共立出版の酒井美幸氏には，本書の完成まで辛抱強くお待ち頂き大変感謝している．

2016 年 3 月

内田 淳史

目 次

第1章 序論　1
- 1.1 はじめに ……………………………………… 1
- 1.2 レーザとカオスの基礎 ……………………… 3
  - 1.2.1 レーザ（第2章で解説）………………… 3
  - 1.2.2 カオス（第2章で解説）………………… 4
  - 1.2.3 レーザカオスの生成（第3章で解説）…… 5
  - 1.2.4 カオス同期（第4章で解説）…………… 6
- 1.3 レーザカオスを用いた工学応用 …………… 7
  - 1.3.1 光秘密通信（第5章で解説）…………… 7
  - 1.3.2 高速物理乱数生成（第6章で解説）…… 9
  - 1.3.3 その他の工学応用（第7章で解説）…… 10

第2章 カオスとレーザの基礎　11
- 2.1 離散時間システムのカオス ………………… 11
  - 2.1.1 カオスとは何か？ ……………………… 11
  - 2.1.2 写像とカオス …………………………… 13
  - 2.1.3 初期値鋭敏性 …………………………… 17
  - 2.1.4 分岐 ……………………………………… 19
  - 2.1.5 リアプノフ指数 ………………………… 25
- 2.2 連続時間システムのカオス ………………… 27
  - 2.2.1 ローレンツモデル ……………………… 27
  - 2.2.2 時間波形とアトラクタ ………………… 30
  - 2.2.3 初期値鋭敏性 …………………………… 31
  - 2.2.4 分岐図 …………………………………… 32

2.2.5　定常解と線形安定性解析 ･････････････････････ 33
　　　2.2.6　リアプノフ指数 ･･･････････････････････････････ 36
　　　2.2.7　レスラーモデル ･･･････････････････････････････ 40
　　　2.2.8　分岐の種類とカオスへ至るルート ･････････････ 42
　　　2.2.9　時間遅延信号の埋め込みによる位相空間でのアトラク
　　　　　　タの再構築 ･･･････････････････････････････････ 44
　2.3　レーザの基礎理論 ･･･････････････････････････････････ 47
　　　2.3.1　光と媒質の相互作用 ･･･････････････････････････ 47
　　　2.3.2　レーザダイナミクスのレート方程式 ･････････････ 52
　　　2.3.3　緩和発振周波数 ･･･････････････････････････････ 55
　　　2.3.4　レーザにおけるカオス不安定性の原理 ･････････ 57
　2.4　カオスとレーザの関連性 ･････････････････････････････ 58
　　　2.4.1　マクスウェル–ブロッホ方程式に基づくシングルモー
　　　　　　ドレーザのモデル ･････････････････････････････ 58
　　　2.4.2　減衰率に基づくレーザダイナミクスの分類 ･･･････ 60
　第2章　補足 ･･ 65
　　　2.A.1　常微分方程式の初期値問題のためのルンゲクッタ法 ･･ 65
　　　2.A.2　線形化方程式の導出方法 ･････････････････････ 67
　　　2.A.3　緩和発振周波数の導出方法 ･････････････････････ 68

第3章　レーザにおけるカオスの生成方法　　71

　3.1　レーザにおけるカオスの生成方法の分類 ･･･････････････ 71
　　　3.1.1　時間遅延した戻り光（光フィードバック）･･･････ 72
　　　3.1.2　光結合と光注入 ･･･････････････････････････････ 74
　　　3.1.3　外部変調 ･････････････････････････････････････ 74
　　　3.1.4　非線形素子の挿入 ･････････････････････････････ 75
　　　3.1.5　池田型受動光システム ･････････････････････････ 75
　　　3.1.6　マルチモードレーザ ･･･････････････････････････ 75
　　　3.1.7　ローレンツ–ハーケンカオスの条件を満たすクラスC
　　　　　　レーザ ･･･････････････････････････････････････ 76

- 3.2 戻り光を有する半導体レーザにおけるカオス発生 ……… 77
  - 3.2.1 戻り光量による領域の分類とL-I特性 ……… 77
  - 3.2.2 カオス生成実験 ……… 79
  - 3.2.3 数値計算結果と分岐図 ……… 82
  - 3.2.4 低周波不規則振動 (LFF) ……… 89
  - 3.2.5 規則的パルスパッケージ (RPP) ……… 93
  - 3.2.6 光集積回路への実装 ……… 95
- 3.3 半導体レーザにおけるその他のカオス発生方法 ……… 99
  - 3.3.1 偏光回転した戻り光を有する半導体レーザ ……… 99
  - 3.3.2 光–電気フィードバックを有する半導体レーザ ……… 102
  - 3.3.3 光注入（光結合）された半導体レーザ ……… 105
  - 3.3.4 注入電流変調された半導体レーザ ……… 110
- 3.4 半導体レーザを用いた電気–光システムにおけるカオス ……… 112
  - 3.4.1 池田モデル ……… 113
  - 3.4.2 電気–光システムの実装方法 ……… 114
- 第3章 補足 ……… 121
  - 3.A.1 線形安定性解析と最大リアプノフ指数 ……… 121
  - 3.A.2 戻り光を有する半導体レーザの定常解とLFFの発生原理 ……… 127
  - 3.A.3 戻り光がない場合の半導体レーザの定常解と緩和発振周波数の導出方法 ……… 131
  - 3.A.4 利得飽和を考慮したLang-Kobayashi方程式 ……… 135

第4章　レーザにおけるカオス同期　137

- 4.1 カオス同期の概念 ……… 137
  - 4.1.1 同期とは何か？ ……… 137
  - 4.1.2 なぜカオスが同期するのか？ ……… 139
  - 4.1.3 レーザシステムにおけるカオス同期の特徴 ……… 140
  - 4.1.4 光通信応用のためのカオス同期 ……… 141
- 4.2 カオス同期の歴史 ……… 142

　　　　4.2.1　ペコラ–キャロル法 ・・・・・・・・・・・・・・・・・・・・142
　　　　4.2.2　差分結合法 ・・・・・・・・・・・・・・・・・・・・・・・・・144
　　　　4.2.3　レーザにおけるカオス同期 ・・・・・・・・・・・・・・・145
　　4.3　ローレンツモデルにおけるカオス同期の例 ・・・・・・・・・149
　　　　4.3.1　差分結合法による同期モデルと時間波形 ・・・・・・・・・149
　　　　4.3.2　線形安定性解析と条件付きリアプノフ指数 ・・・・・・・151
　　4.4　レーザにおける結合方法とカオス同期の種類 ・・・・・・・・・・153
　　　　4.4.1　完全同期 ・・・・・・・・・・・・・・・・・・・・・・・・154
　　　　4.4.2　一般化同期（高い相関の場合）・・・・・・・・・・・・・155
　　　　4.4.3　フィードバックシステムにおけるカオス同期 ・・・・・・156
　　　　4.4.4　相互結合 ・・・・・・・・・・・・・・・・・・・・・・・・160
　　　　4.4.5　相互相関値 ・・・・・・・・・・・・・・・・・・・・・・・161
　　4.5　半導体レーザにおけるカオス同期 ・・・・・・・・・・・・・・・162
　　　　4.5.1　時間遅延した戻り光を有する半導体レーザのカオス同
　　　　　　　期 ・・・・・・・・・・・・・・・・・・・・・・・・・・・・・162
　　　　4.5.2　偏光回転した戻り光を有する半導体レーザ ・・・・・・・169
　　　　4.5.3　光–電気フィードバックを有する半導体レーザ ・・・・・170
　　　　4.5.4　相互結合された半導体レーザのカオス同期 ・・・・・・・171
　　　　4.5.5　半導体レーザを用いた電気–光システムのカオス同期 ・・175
　　4.6　特殊なカオス同期 ・・・・・・・・・・・・・・・・・・・・・・・176
　　　　4.6.1　位相同期 ・・・・・・・・・・・・・・・・・・・・・・・・176
　　　　4.6.2　一般化同期（低い相関の場合）・・・・・・・・・・・・・179
　　4.7　コンシステンシー ・・・・・・・・・・・・・・・・・・・・・・・181
　　　　4.7.1　コンシステンシーとは何か？ ・・・・・・・・・・・・・・182
　　　　4.7.2　レーザシステムにおけるコンシステンシーの実験例 ・・184
　　第 4 章　補足 ・・・・・・・・・・・・・・・・・・・・・・・・・・・・189
　　　　4.A.1　カオス同期のためのペコラ–キャロル法とローレンツ
　　　　　　　モデルの例 ・・・・・・・・・・・・・・・・・・・・・・・・189
　　　　4.A.2　結合ローレンツモデルにおける線形化方程式と条件付
　　　　　　　きリアプノフ指数 ・・・・・・・・・・・・・・・・・・・・191

   4.A.3 一方向結合された戻り光を有する半導体レーザの数値モデル（結合 Lang-Kobayashi 方程式）・・・・・・・・・192

第 5 章 レーザカオスを用いた光秘密通信 197

 5.1 秘密通信の歴史・・・・・・・・・・・・・・・・・・・・・・・・・・・・・・・・・・197
  5.1.1 暗号・・・・・・・・・・・・・・・・・・・・・・・・・・・・・・・・・・・・・・197
  5.1.2 ステガノグラフィ・・・・・・・・・・・・・・・・・・・・・・・・・・199
 5.2 カオスを用いた秘密通信・・・・・・・・・・・・・・・・・・・・・・・・・・・201
  5.2.1 カオス秘密通信の概念・・・・・・・・・・・・・・・・・・・・・・・201
  5.2.2 カオス秘密通信の特徴・・・・・・・・・・・・・・・・・・・・・・・202
  5.2.3 カオス秘密通信における同期・・・・・・・・・・・・・・・・204
  5.2.4 カオス秘密通信の安全性・・・・・・・・・・・・・・・・・・・・・205
 5.3 符号化‒復号方式・・・・・・・・・・・・・・・・・・・・・・・・・・・・・・・・・・206
  5.3.1 カオスマスキング法・・・・・・・・・・・・・・・・・・・・・・・・・206
  5.3.2 カオス変調法・・・・・・・・・・・・・・・・・・・・・・・・・・・・・・・209
  5.3.3 カオスシフトキーイング法・・・・・・・・・・・・・・・・・・・211
  5.3.4 符号化‒復号方式の比較・・・・・・・・・・・・・・・・・・・・・・213
 5.4 レーザカオスを用いた光秘密通信の歴史・・・・・・・・・・・・・214
  5.4.1 レーザカオスを用いた光秘密通信の数値計算・・・214
  5.4.2 レーザカオスを用いた光秘密通信の実証実験・・・217
  5.4.3 光秘密通信のヨーロッパプロジェクト・・・・・・・・・・219
 5.5 レーザカオスを用いた光秘密通信の実装例・・・・・・・・・・・221
  5.5.1 戻り光を有する半導体レーザを用いた商用光ファイバネットワークにおける光秘密通信の野外実証実験・・・・221
  5.5.2 レーザカオス発生用光集積回路を用いた光秘密通信・・223
  5.5.3 位相カオスを用いた 10 Gb/s の光秘密通信・・・・・・・・228
 5.6 レーザカオスを用いた光秘密通信における安全性（セキュリティ）・・・231
  5.6.1 安全性（セキュリティ）の評価・・・・・・・・・・・・・・・・231

5.6.2　伝送信号へのフィルタの適用によるメッセージの直接
　　　　　　検出 ･･･233
　　　5.6.3　同一の物理的ハードウェアを用いたカオス同期のパラ
　　　　　　メータ推定 ･･････････････････････････････････233
　　　5.6.4　時系列解析によるレーザのパラメータ推定 ･･･････236
　　　5.6.5　安全性（セキュリティ）のまとめ ･･･････････････237

第6章　レーザカオスを用いた高速物理乱数生成　　239

6.1　はじめに ･･･239
6.2　乱数生成器の種類 ･･････････････････････････････････････241
　　　6.2.1　乱数とは何か？ ･････････････････････････････････241
　　　6.2.2　独立性と予測不可能性 ･･････････････････････････241
　　　6.2.3　2種類の乱数生成器 ･････････････････････････････242
　　　6.2.4　従来の乱数生成器の課題 ････････････････････････244
6.3　レーザカオスを用いた高速物理乱数生成の実装例 ･････････244
　　　6.3.1　2レーザ方式によるシングルビット乱数生成 ･･････244
　　　6.3.2　1レーザ方式によるシングルビット乱数生成 ･･････249
　　　6.3.3　マルチビット乱数生成 ･････････････････････････250
　　　6.3.4　レーザカオスの周波数帯域拡大を用いた高速物理乱数
　　　　　　生成 ･･252
　　　6.3.5　Tb/sを超える生成速度での物理乱数生成方式 ･････257
　　　6.3.6　光集積回路を用いた物理乱数生成 ･･････････････260
6.4　光ノイズを用いた物理乱数生成方式 ･････････････････････264
　　　6.4.1　量子ノイズ ･････････････････････････････････264
　　　6.4.2　自然放出光ノイズ ･･･････････････････････････266
6.5　ランダム性向上のための後処理方式 ･････････････････････267
　　　6.5.1　フォン・ノイマン法 ･････････････････････････268
　　　6.5.2　排他的論理和(XOR)法 ･･･････････････････････269
第6章　補足 ･･272

6.A.1　NIST Special Publication 800-22 検定を用いた乱数
　　　　　　の統計的評価 ・・・・・・・・・・・・・・・・・・・・・・・・・・・・・・・・・・・・272
　　　6.A.2　乱数生成の後処理におけるビットシフト回転法 ・・・・・275

第7章　レーザカオスを用いたその他の工学応用　277
7.1　情報理論的セキュリティに基づく安全な秘密鍵配送 ・・・・・・・277
　　7.1.1　はじめに ・・・277
　　7.1.2　情報理論的セキュリティ ・・・・・・・・・・・・・・・・・・・・・・・・278
　　7.1.3　半導体レーザの共通信号入力同期を用いた相関乱数秘
　　　　　　密鍵配送 ・・・・・・・・・・・・・・・・・・・・・・・・・・・・・・・・・・・・・・・280
7.2　レーザカオスを用いたリザーバコンピューティング ・・・・・・288
　　7.2.1　リザーバコンピューティングとは何か？ ・・・・・・・・・288
　　7.2.2　時間遅延システムを用いたリザーバコンピューティン
　　　　　　グの構成方法 ・・・・・・・・・・・・・・・・・・・・・・・・・・・・・・・・・290
　　7.2.3　リザーバコンピューティングの性能評価方法 ・・・・・292
　　7.2.4　リザーバコンピューティングの実装例 ・・・・・・・・・・・293
7.3　レーザカオスを用いたリモートセンシング ・・・・・・・・・・・・・・296
　　7.3.1　カオスライダ ・・・・・・・・・・・・・・・・・・・・・・・・・・・・・・・・・296

参考文献　301

索　引　311

コラム
微分方程式とは何か？ ・・・・・・・・・・・・・・・・・・・・・・・・・・・・・・・・・・・・・・28
カオスの森に迷わないで！ ・・・・・・・・・・・・・・・・・・・・・・・・・・・・・・・・・46
半導体レーザに戻り光を加えるとなぜカオスが生じるのか？ ・・・・・・97
カオスとノイズの判別方法 ・・・・・・・・・・・・・・・・・・・・・・・・・・・・・・・・110
コンシステンシーの応用分野 ・・・・・・・・・・・・・・・・・・・・・・・・・・・・・・187
ハードウェア鍵の例：勘合符貿易と貝合わせ ・・・・・・・・・・・・・・・・・203
SFの世界へ ・・238
"0000000000" は乱数か？ ・・・・・・・・・・・・・・・・・・・・・・・・・・・・・・・・263
リザーバとは何か？ ・・・・・・・・・・・・・・・・・・・・・・・・・・・・・・・・・・・・・・295

第1章 序論

1.1 はじめに

　本書では,「複雑系フォトニクス」という学際分野の基礎とその応用について述べる．複雑系フォトニクスとは，複雑系とフォトニクスの研究分野が融合した学問分野である．複雑系とは，カオスや非線形ダイナミクスに関する研究分野であり，一方でフォトニクスとは，レーザや光学に関する研究分野である．各々の研究分野で独自に発展してきた基礎知識を本書では融合し，複雑系フォトニクス分野として新たに構築することを試みている．

　本書では，カオスとレーザの基礎的な学問知識と，それらを積極的に組み合わせた工学応用について述べる．本書の前半部分では，カオスやレーザ，同期現象などの学術的基礎について取り扱う．また本書の後半部分では，光秘密通信や高速物理乱数生成，また情報セキュリティ等の情報通信技術のための複雑系フォトニクスの工学応用について述べる．

　カオスとレーザに関する代表的な研究活動の歴史を表1.1にまとめる．1960年にレーザが開発され，1963年にカオスが発見されて以来，2つの主な研究分野は独立に発展していった．1975年にレーザにおけるカオス現象が初めて発見されるという画期的な報告があり，それ以降，特に1980年代にはレーザカオスの時間ダイナミクスの実験的観測や，実験結果を説明するためのレーザモデルの提案が多くなされてきた．1990年に入ると，レーザ出力の安定化や光秘密通信などの工学応用の要素技術として，カオス制御とカオス同期という2つの重要な概念が提案された．それ以降1990年代には，様々なレーザシステムにおけるカオスの制御と同期について多くの研究が報告され，これまで学術

表 1.1　複雑系フォトニクスの研究活動の歴史（主要な研究のみ抜粋）

年	研究活動	参考文献
1960	レーザの発明	[Maiman 1960]
1963	カオスの発見	[Lorenz 1963]
1975	レーザとカオスの関連性の発見	[Haken 1975]
1979	池田カオスの発見	[Ikeda 1979]
1980	戻り光を有する半導体レーザモデルの提案（Lang-Kobayashi 方程式）	[Lang 1980]
1984	レーザカオスのモデルの分類	[Arecchi 1984]
1980 年代	レーザカオスの発生と観測に関する数値計算や実験の研究の活性化	
1990	カオス同期の発見	[Pecora 1990]
1990	カオス制御の発見	[Ott 1990]
1992	レーザカオス制御の実証実験	[Roy 1992]
1993	カオス秘密通信の実証実験	[Cuomo 1993]
1994	レーザカオス同期の実証実験	[Roy 1994] [Sugawara 1994]
1990 年代	レーザカオスの制御や同期の研究の活性化	
1994	レーザカオスを用いた光秘密通信の数値計算	[Colet 1994] [Mirasso 1996]
1998	レーザカオスを用いた光秘密通信の実証実験	[VanWiggeren 1998a] [Goedgebuer 1998]
2000 年代	レーザカオスを用いた光秘密通信の研究の活性化，ヨーロッパでカオス光秘密通信に関する 2 つのプロジェクト始動	
2004	コンシステンシーの発見	[Uchida 2004a]
2004	カオスレーダとライダの実証実験	[Lin 2004a]
2005	商業用光ファイバを用いたレーザカオス光秘密通信の実証実験	[Argyris 2005]
2008	レーザカオスを用いた高速物理乱数生成の実証実験	[Uchida 2008]
2010	光集積回路を用いたカオス光秘密通信の実証実験	[Argyris 2010a]
2010	高速レーザカオスを用いた 10 Gb/s の光秘密通信の実証実験	[Lavrov 2010]
2011	レーザカオスを用いたリザーバコンピューティングの実証実験	[Appeltant 2011] [Larger 2012]
2010 年代	レーザカオスを用いた高速物理乱数生成およびリザーバコンピューティングの研究の活性化	

的基礎研究に留まっていたレーザカオス現象を工学応用に適用する機運が高まった．また1998年には，レーザカオスを用いた光秘密通信に関する2つの重要な実験的実証が行われた．2000年代に入ると，光秘密通信に関する2つの大きなプロジェクトがヨーロッパを中心として発足し，多くの研究者がレーザカオスを用いた光秘密通信システムの実装に従事した．特に，市街地に敷設された光ファイバネットワークにおける光秘密通信の野外実験に成功し，レーザカオスを用いた光秘密通信の実用化の可能性が示された．その間，レーザカオスを用いたリモートセンシングや高速物理乱数生成，リザーバコンピューティングといった他の有望な工学応用も実証された．これらは今後の主要な研究の種となる可能性を秘めている．

　本書では，半世紀に渡る複雑系フォトニクスに関する数多くの研究活動について概説する．本分野における多くの研究者の尽力の賜物として，カオスとレーザに関する膨大な学術的知見が得られている．本書の第2章では，カオスおよびレーザに関する基礎知識について述べる．また第3章ではレーザにおけるカオスの発生方法について述べ，特に戻り光を有する半導体レーザにおけるカオス発生について詳細に説明する．第4章では，カオス光秘密通信の実装のために重要な要素技術であるカオス同期の基礎について述べる．第5章以降は工学応用について説明し，特に第5章ではレーザカオスを用いた光秘密通信とその実装方式について詳細に述べる．第6章ではレーザカオスを用いた高速物理乱数生成について概説する．最後に第7章ではレーザカオスを用いたその他の工学応用として，情報セキュリティにおける安全な秘密鍵配送や，リザーバコンピューティング，およびリモートセンシングについて述べる．

1.2　レーザとカオスの基礎

1.2.1　レーザ（第2章で解説）

　レーザ (LASER) という用語は，Light Amplification by Stimulated Emission of Radiation の略語であり，誘導放出による光増幅という意味である．レーザは多くの科学技術分野における様々な応用を切り拓いてきた人工的な

光である．レーザは20世紀における最も重要な発明の1つと考えられている [Maiman 1960]．レーザの重要な特性として，光子が同じ位相で振動することを意味するコヒーレントな光であることが挙げられる．コヒーレントな光は，自然光（インコヒーレントな光と呼ばれる）と比較して優れた特性を有している．例えば，高輝度出力が可能であり，高い光子エネルギーを持ち，指向性に優れ，1つの波長と狭いスペクトル幅を持ち，干渉を可能にするといった特長が挙げられる．このような「きれいな光」は光通信や小型の光ディスクシステム，精密な計測，材料加工，医療応用，リモートセンシングなどの新たな応用技術をもたらしている．一方で，多くのレーザはレーザ媒質内部において非線形効果を有しており，レーザ固有の不安定性は避けられない場合もあり，カオスと呼ばれるこれらの不安定現象を本書では取り扱う．

1.2.2　カオス（第2章で解説）

レーザが誕生して以来，多くの工学的応用のためにレーザ出力を安定化する試みがなされてきたが，その固有の非線形性に起因するレーザ出力の不安定性が避けられない場合がある．半導体レーザ，ファイバレーザ，固体レーザ，気体レーザを含むほぼすべてのレーザは，ある動作条件または付加された外部摂動により，光出力の時間的および空間的な不安定性が生じる．これらの不安定性は，レーザダイナミクスの決定論的な規則から導出できることが知られており，連立微分方程式で数学的に表すことができる．これらの不安定性は決定論的カオスと呼ばれており，確率的または量子ノイズによる不安定性とは区別される．

カオスという言葉は，一般的に多くの場面で混乱や混沌を説明するために使用されている．科学におけるカオスの最も適した定義の1つは，「決定論的」なルールに起因する不安定現象である．カオスという言葉は，決定論的なルールにより支配されている時間的な揺らぎを指しており，数式を用いて表すことができる．複雑な不規則振動の中に数学的なルールを見つけられるかもしれないという点で，カオスは直感に反した概念であると言える．

決定論的カオスの重要な特性の1つは，初期値鋭敏性である [Lorenz 1963]．カオス的振る舞いをする2つの時間波形（時系列）が，わずかに異なる初期条

件から振動を開始する場合を考える．振動開始直後は似たような振る舞いを示すが，時間が経過するにつれて2つの時系列は指数関数的に離れ，二度と同一の振る舞いを示さなくなる．この特性は，最大リアプノフ指数を求めることにより定量的に計測可能であり，正の最大リアプノフ指数が存在することが決定論的カオスであることの1つの証拠となる．また初期条件の小さな誤差の存在が，カオス的な時系列の予測を不可能にしている．つまり，カオスは決定論的なルールの存在により短期間での予測は可能であるが，一方で初期値鋭敏性により長期的な予測は不可能であることを意味している．

1.2.3　レーザカオスの生成（第3章で解説）

　レーザとカオスの関連性は，1975年にハーケン (Haken) により発見された [Haken 1975]．レーザの一般的なモデルであるマクスウェル-ブロッホ (Maxwell-Bloch) 方程式の非線形微分方程式が，決定論的カオスの基本的なモデルであるローレンツ (Lorenz) 方程式 [Lorenz 1963] に本質的に一致していることが，ハーケンにより示された．それ以降，1980年代には多くの実験と数値シミュレーションにおいてレーザにおけるカオスの観測が活性化し，様々なレーザにおいて光強度がカオス的な振動を示すことが報告された．さらに1990年代には，カオス同期とカオス制御という2つの主要なカオス応用のための技術が提案され，様々なレーザにおいてカオス同期とカオス制御が実証された [Pecora 1990, Ott 1990]．これらの研究活動は，レーザのカオス同期を用いた光秘密通信の工学的応用へと発展している．

　レーザカオス出力光の例として最もよく知られているのは，戻り光を有する半導体レーザである [Lang 1980]．半導体レーザは小型の光ディスクや光通信システムなどに広く用いられている．光ディスクの表面や光ファイバの端面で生じる反射により，レーザ出力光の一部がレーザ自身に戻り光として注入される．図1.1 (a) に戻り光を有する半導体レーザのモデル図を示す．レーザ光は外部鏡により反射され，レーザ自身の光がレーザ共振器内に戻される．レーザ自身の戻り光により，光子とレーザ媒質におけるキャリア密度との間に非線形な相互作用が生じ，レーザ共振器内の光強度が不安定化する．レーザの光強度出力のカオス的な時間波形は実験的に観測可能であり，その結果を図1.1 (b)

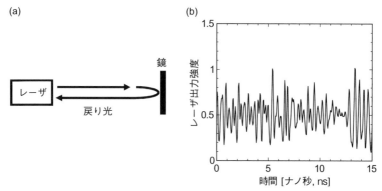

図1.1 戻り光を有する半導体レーザの (a) モデル図と，(b) レーザ出力強度の時間波形の実験結果

に示す．GHzオーダ（振動の周期がナノ秒オーダ（10^{-9} 秒））の非常に速い光強度の振動が観測されている．この振動周波数は半導体レーザの緩和発振周波数に対応している．

これまでに様々なレーザにおいてカオス的出力振動が観測されているものの，多くの研究分野においてレーザ出力の不安定性は注目されなかった．多くの応用分野ではレーザ出力の不規則な揺らぎを避けることが通常であり，工学応用に用いるためには，レーザを安定出力でシングルモード（1つの波長）かつ狭い光スペクトル幅にする方向で研究が進められてきた．安定な光出力を得るためには，レーザ出力の不規則振動は取り除かれる必要があった．一方で，非線形力学の研究分野の観点からは，レーザ出力の不規則振動は非線形力学理論を具現化するための実験系として高く評価されてきた．加えて近年では，レーザとカオスの積極的な組合せにより，光秘密通信，高速物理乱数生成，情報セキュリティにおける安全な秘密鍵配送などの新たな工学応用が提案・実証されている．

1.2.4 カオス同期（第4章で解説）

カオス研究における興味深い発見の1つに，同期現象が挙げられる．同期とは，複数の非線形システムが同一の振動をすることを意味する．共通の壁に固定された2つの振り子は，同じ周波数および位相で振動することが知られている．また周期的な発振器の同期は，一般的に多くの通信分野における応用技術

として利用されている．

　一方でカオス的な時間振動が同期可能であるかどうかは，大変興味深い問題である．カオスは，2つの近い振動が時間の経過に伴い指数関数的に発散し，同一状態にならないという初期値鋭敏性を有している．そのためわずかな誤差によりカオス時間波形は異なる振動となるため，カオスが同期可能であることは直感に反しており，カオスの基本的な特性である初期値鋭敏性と矛盾していると思われる．しかしながら，カオス的なシステムはある条件下で同期可能であることが知られている [Fujisaka 1983, Pecora 1990]．非線形システムは不安定な時間波形を生成するが，別の送信システムからの入力信号に対して受信側のシステムが追従できる場合があり，駆動システムのカオス時間波形に受信システムが同期可能となる．入力信号に対する追従性の変化は，カオス同期を達成するために本質的に重要となる（条件付きリアプノフ指数と呼ばれる）．

　ここで同一のカオス時間振動を示す現象は完全同期と呼ばれている．カオスの完全同期を達成させるためには，2つの結合された非線形システムの間で，ほぼ同一のハードウェアとパラメータ値を用いる必要がある．結合された非線形システムにおいて，対称性を有する数学的な完全同期解が存在する場合において，完全同期が達成される．加えて，完全同期解は安定である必要がある．同期における安定性は非線形システムのパラメータ値に依存しており，様々なレーザシステムで同期が安定となるパラメータ領域が観測されている．

　カオス同期は直感に反する物理現象であるために，多くの研究者の興味を引き学術的研究が盛んに行われてきた．さらにカオス同期を用いた秘密通信への応用可能性が指摘されて以来，工学応用への期待から多くの注目が集まった．特に一方向結合されたレーザにおけるカオス同期は，光秘密通信への応用を目指した多くの研究が報告されている．

1.3　レーザカオスを用いた工学応用

1.3.1　光秘密通信（第5章で解説）

　レーザカオスの同期現象を用いた光秘密通信への工学応用の実証実験

は，その実用可能性から本研究分野において大きなインパクトを与えた [VanWiggeren 1998a]．従来の光通信はメッセージの符号化と復号に周期的な光キャリアを利用しているが，これはハードウェアレベルでの安全性を考慮していない．一方でレーザカオスを用いた光秘密通信では，カオス的な時間波形を搬送波として用いることで，光通信における安全性や秘密性という追加機能を通信プロトコルの物理層に付加することが可能である．このようにハードウェア依存型の光秘密通信が提案された後，商用の光ファイバネットワークを用いて光秘密通信システムを実装するための国際的な研究プロジェクトがヨーロッパにて行われた [Argyris 2005]．

カオスを用いた光秘密通信の基本的な方式の概念を図 1.2 に示す．メッセージ信号は送信レーザのカオス搬送波の中に加えられて隠蔽される．カオスとメッセージが混合された伝送信号は，通信チャンネルを通して受信レーザに送信される．ここでカオス同期の技術を用いてカオス信号を受信レーザで再生する．伝送信号（カオス＋メッセージ）から同期したカオス信号を差し引くことで，メッセージの復号が可能となる．ここでカオス同期の精度は，メッセージの復号精度に強い影響を及ぼす．

本手法では，カオス同期を用いて遠く離れたユーザ間で同一のカオス搬送波を共有することが重要である．前述の通り，カオス同期を達成するためには，送信レーザと受信レーザでほぼ同一のハードウェアとパラメータ値を用いることが必要となる．そのためパラメータ誤差に対する同期の許容誤差は，本通信方式におけるセキュリティの定量的指標の1つとなる．すなわち，同期可能なパラメータ領域が狭い場合，盗聴者によるカオス同期が難しくなることから盗聴が困難となり，より高い安全性を得ることができる．また，レーザカオスを用いた光秘密通信は，メッセージの意味を隠す従来の暗号方式とは異なり，電

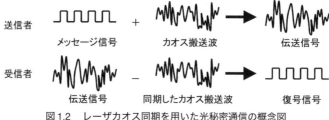

図 1.2　レーザカオス同期を用いた光秘密通信の概念図

子透かし技術のようにメッセージの存在をカオス搬送波に隠すことが主な目的となる（ステガノグラフィと呼ばれる）．

近年，レーザカオスを用いた光秘密通信の実用的な実装方式が進展しており，120 km の商用光ファイバネットワークにおいて，低いビット誤り率で 10 Gb/s の伝送速度を達成している [Lavrov 2010]．また専用の光集積回路や誤り訂正技術を用いたカオス光秘密通信の実装がこれまでに報告されている [Argyris 2010a]．さらにカオス光秘密通信におけるセキュリティの定量的評価も行われている．

1.3.2　高速物理乱数生成（第 6 章で解説）

レーザカオスを用いた別の有望な応用は，高速物理乱数生成である．レーザカオスを用いることで，広い周波数スペクトル帯域幅を持つ高速カオス時間振動を生成可能となる．半導体レーザの典型的な帯域幅は数 GHz であり，これは緩和発振周波数により決定される．このようなレーザの有する高速性は，物理乱数生成の応用のために有用である．さらにレーザ内部に含まれる微小ノイズをカオスにより非線形増幅することで，大振幅の不規則振動信号を生成することが可能である．カオスの複雑性とレーザの高速性の組合せにより，高速物理乱数生成という新たな研究分野が誕生している．

レーザカオス波形から乱数を生成する概念図を図 1.3 に示す．レーザの光強度出力であるカオス信号は光検出器で検出されて電気信号へと変換され，アナログ–デジタル (AD) 変換器により 2 値のデジタル信号に変換される．AD 変換器では，入力されたアナログ信号の電圧としきい値電圧を比較することで，アナログ信号を 2 値のデジタル信号に変換する．図 1.3 (b) に示すように，出力信号には 0 と 1 のランダムな数列が出現しており，これは 2 値乱数列と呼ばれる．

レーザカオスを用いた高速物理乱数生成は 2008 年に初めて実験的に実証され，1.7 Gb/s での実時間物理乱数生成が達成された [Uchida 2008]．それ以降，世界的に多くの研究活動が行われており，その生成速度は Tb/s を超えている [Sakuraba 2015]．さらに光集積回路を用いた物理乱数生成器の小型化に関する研究も盛んに行われている [Argyris 2010b]．

(b)
```
000111100000011010111001000100101101101101111110110110
000010000101001010101010111111100100101100101000010
110100011010001111001101011010101111110011101011000
000001101101100110000110000101001010000110011100100
010001110010011101101101000011010010000111010100101
011111000000011011100011011011100001110110011010101100
```

図 1.3　レーザカオスを用いた高速物理乱数生成の (a) 概念図と，(b) 生成された 0 と 1 のランダムな数列（2 値乱数列）

1.3.3　その他の工学応用（第 7 章で解説）

　レーザカオスを用いた他の工学応用研究として，情報セキュリティにおける秘密鍵配送方式が提案されている．2 人の正当ユーザが暗号を使用するためには，正当ユーザ間で秘密鍵（乱数列）をあらかじめ共有する必要がある．これは安全な秘密鍵配送問題として知られており，情報セキュリティにおける重要な技術課題である．これまでに，レーザカオスを用いた情報理論に基づく安全な秘密鍵配送の実装が報告されている [Yoshimura 2012]．レーザカオスに基づく実験設備は，100 km を超える長距離光通信においても高い鍵生成率を達成可能である．加えて，送信者と受信者は特別な専用装置を使わなくても，既存の光通信にて用いられる光増幅器や光ファイバを利用して，カオスを用いた安全な秘密鍵配送を行うことができる．

　また他の工学応用として，リザーバコンピューティングと呼ばれる時間遅延システムの非線形ダイナミクスを用いた新たな光コンピューティング方式が提案されている [Appeltant 2011, Larger 2012]．さらにはカオスを用いたライダやレーダのように，レーザカオスを用いたリモートセンシングへの応用も報告されている [Lin 2004a]．

第2章 カオスとレーザの基礎

　本章では，カオスとレーザの基礎理論について解説する．はじめにロジスティック写像やローレンツモデルを用いて，カオスの基礎理論について説明を行う．次にレーザのダイナミクスを記述するレート方程式について述べる．最後にカオスとレーザの関連性について説明する．

2.1　離散時間システムのカオス

2.1.1　カオスとは何か？

　「カオス」(chaos) とは何であろうか？ カオスという言葉は，混沌（こんとん）と日本語に訳されるが，単にランダムな状態をカオスと呼ぶわけではない．その例を図2.1に示す．図2.1はあるデータ列を示している．このデータ列は，

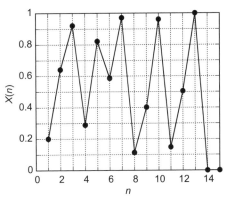

図2.1　あるデータ列

横軸 n が $1, 2, 3, \ldots$ と増加するにつれて，縦軸の変数 $x(n)$ が不規則に変化している．変数 $x(n)$ はランダムな信号なのであろうか？ また不規則に見える変化の中から，あるルールを見つけることは可能であろうか？ 図 2.1 のデータでは，n が 1 から 3 までは $x(n)$ が増加しているが，$n = 4$ で減少し，$n = 5$ では再び増加している．このように順番に $x(n)$ の変化を見ても，特にルールが存在しているとは思えない．

しかしながら実は，図 2.1 のグラフにはある隠されたルールが存在している．そのルールを明確にするために，図 2.1 のデータを用いて横軸を $x(n)$ に，縦軸を $x(n+1)$ にプロットしたグラフを図 2.2 に示す．このグラフの作り方は以下の通りである．はじめに図 2.1 のデータから $n = 1$ の場合を考えると，$x(1) = 0.20$ であり，$x(2) = 0.64$ である．ここで $x(1) = 0.20$ を横軸に取り，$x(2) = 0.64$ を縦軸に取って，その交点 (0.20, 0.64) に黒点をプロットする．次に $n = 2$ の場合を考えると，図 2.1 より $x(2) = 0.64$ および $x(3) = 0.92$ である．そこで $x(2) = 0.64$ を横軸に，$x(3) = 0.92$ を縦軸に取り，その交点 (0.64, 0.92) に黒点をプロットする．さらには $n = 3$ のとき，$x(3) = 0.92$ を横軸に，$x(4) = 0.29$ を縦軸に取り，交点 (0.92, 0.29) に黒点をプロットする．この作業を繰り返し行うと黒点の集合が現れる．ここで隣り合う黒点を線で結ぶと，図 2.2 のような放物線状の形が出現する．

つまり驚くべきことに，図 2.1 の不規則なデータは図 2.2 に示されるような数学的な規則（ルール）に基づいて作成されていることが分かる．図 2.2 に示

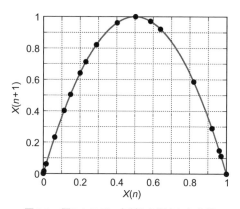

図 2.2　図 2.1 のデータ列から得られた曲線

されている $x(n)$ と $x(n+1)$ の関係は，実際には以下のような数式（漸化式と呼ばれる）で表すことができる．

$$x(n+1) = 4x(n)(1-x(n)) \tag{2.1}$$

図 2.1 の不規則なデータ列は，式 (2.1) に基づいて生成されている．

このようにカオスとは，ある数学的なルール（数式）に基づいて作成された不規則振動のことを指す．特に式 (2.1) では，初期値 $x(0)$ が決定すればその後のすべての $x(n)$ が一意に決定されるため，決定論的なルールを有していることから「決定論的カオス」(deterministic chaos) とも呼ばれる．このように，単なるランダムな振動ではなく，不規則な振動の中にある決定論的なルールが隠されている場合にカオスと呼ぶのである [長島 1992, Bergé 1984]．

まとめると，カオスとは「ある決定論的なルールから生成された不規則振動」と言うことができる．

2.1.2 写像とカオス

先ほどの式 (2.1) から生成されるカオスは，離散時間システムのカオスと呼ばれている．式 (2.1) のような漸化式は，「写像」（マップ，map）と呼ばれている．ここで変数は，$x(0), x(1), \ldots, x(n)$ と離散的に表される．写像はすべての n について，$x(n)$ と $x(n+1)$ の関係を示す関数 f により定義される．

$$x(n+1) = f(x(n)) \tag{2.2}$$

ある値 $x(0)$ を初期値として設定し，式 (2.2) を1回計算することで，$x(0)$ から $x(1)$ を得ることができる．さらに式 (2.2) を計算することにより，$x(1)$ から $x(2)$ が得られ，$x(2)$ から $x(3)$ が得られるため，初期状態 $x(0)$ から最終的にすべての $x(n)$ が生成される．このように，式 (2.2) のルールと初期状態 $x(0)$ のみを用いてすべての $x(n)$ が得られることから，この写像は完全に決定論的である．また式 (2.2) のように一変数で表される写像のことを，特に一次元写像とも呼ぶ．

カオスを示す最も簡単なモデルの1つに「ロジスティック写像」(logistic map) が挙げられる．ロジスティック写像は式 (2.1) と同じであり，以下に再

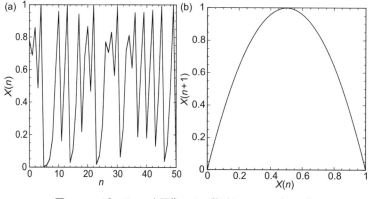

図2.3 ロジスティック写像の (a) 数列と，(b) 一次元写像

掲する．

ロジスティック写像

$$x(n+1) = 4x(n)(1-x(n)) \tag{2.3}$$

ここで，$x(n)$ は $0 < x(n) < 1$ とし，初期値 $x(0)$ もこの範囲から選択される．

ロジスティック写像における変数 $x(n)$ の数列の例を図 2.3 (a) に示す．式 (2.3) が簡単な写像であるにもかかわらず，変数 $x(n)$ の数列は不規則な振る舞いを示している．また式 (2.3) の写像は，$x(n)$ と $x(n+1)$ の関係として図 2.3 (b) のように示すことができる．ロジスティック写像は上に凸の放物線であることが分かる．このように，$x(n)$ と $x(n+1)$ の関係は非常に単純であるにもかかわらず，図 2.2 (a) のような不規則な振る舞いを生じることは驚くべきことである．またこのように，時間変動する現象のことを「ダイナミクス」(dynamics) と呼ぶ．

より直感的に数列 $x(n)$ を求める方法を図 2.4 に示す．はじめに $x(n)$ と $x(n+1)$ の関係を図示した写像に対して，45°の直線（対角線）を引く．この直線上の点は $x(n+1) = x(n)$ を意味している．ここで写像の初期値 $x(0)$ を $0 < x(n) < 1$ の範囲から選択し，x 軸にプロットする．$x(0)$ から上方向に直線を引き，写像の曲線と交差した点の y 軸の値が $x(1)$ となる（つまり $x(1) = 4x(0)(1-x(0))$）．次に，y 軸の $x(1)$ から左右方向へ直線を引き，対角線と交差させる．対角線は $x(n+1) = x(n)$ であるため，対角線と交差した

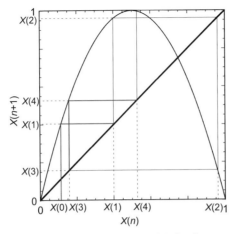

図 2.4 写像の数列の直観的な求め方

点の x 軸の値も $x(1)$ となる．次に x 軸上の $x(1)$ から上下方向へ直線を引き，写像の曲線と交差させると，その交点の y 軸の値が $x(2)$ となる．また y 軸上の $x(2)$ から左右方向に直線を引き，対角線との交点の x 軸の値は $x(2)$ となる．さらに x 軸上の $x(2)$ から上下方向へ直線を引き，写像の曲線と交差させた交点の y 軸の値が $x(3)$ となり，y 軸上の $x(3)$ から左右方向に直線を引き，対角線と交差させた交点の x 軸の値は $x(3)$ となる．

このように，上下方向に直線を引くときは写像の曲線との交点を求め，左右方向に直線を引くときは対角線との交点を求めることを繰り返すと，$x(0)$, $x(1)$, $x(2)$, ... と変数 $x(n)$ の値が順に求められる．カオスの場合には図 2.4 の直線は重ならず同一の $x(n)$ が得られないことが，この図からも理解できる．このように写像の数列の振る舞いを直感的に理解するためには，図 2.4 の手法は有用である．

式 (2.3) のロジスティック写像は，カオスを生成するための代表的な一次元写像である．またその他にも，「テント写像」(tent map) や「ベルヌーイシフト」(Bernoulli shift，2 進変換) と呼ばれる一次元写像が知られている．これらの写像の式を以下に示す．

テント写像

$$x(n+1) = \begin{cases} 2x(n) & 0 < x(n) \leq 0.5 \\ 2 - 2x(n) & 0.5 < x(n) < 1 \end{cases} \quad (2.4)$$

ベルヌーイシフト

$$x(n+1) = \begin{cases} 2x(n) & 0 < x(n) \leq 0.5 \\ 2x(n) - 1 & 0.5 < x(n) < 1 \end{cases} \quad (2.5)$$

テント写像から得られる数列 $x(n)$ とその写像を図 2.5 に示す．またベルヌーイシフトから得られる数列 $x(n)$ とその写像を図 2.6 に示す．どちらの数列も

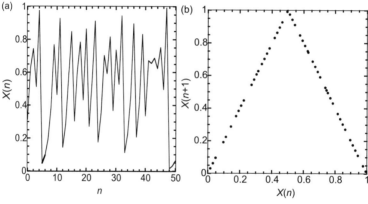

図 2.5　テント写像の (a) 数列と，(b) 一次元写像

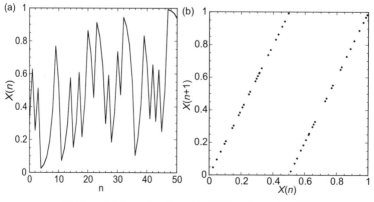

図 2.6　ベルヌーイシフトの (a) 数列と，(b) 一次元写像

不規則に振動しているが，右図に示されるような簡単な写像から生成されているのである．このように決定論的なルール（数式）から生成される不規則振動がカオスである．

2.1.3 初期値鋭敏性

前項で示されたカオス数列 $x(n)$ は，不規則であるものの予測可能であると思われるかもしれない．つまり，写像と初期値が与えられれば，数列は決定論的な法則から生成されるため，すべての $x(n)$ が計算できる．しかしながらカオスには，「初期値鋭敏性」(sensitive dependence on initial conditions) と呼ばれる重要な性質が存在しており，長期間での予測は不可能になることが知られている．

カオスの初期値鋭敏性について，式 (2.5) のベルヌーイシフトを例に用いて説明する．式 (2.5) に示すように，ベルヌーイシフトにおいて $x(n)$ から $x(n+1)$ を求めるためには，$x(n)$ を2倍すればよい．ただし，2倍した後に $x(n)$ が1を超えなければそのままとし，1を超えたら1を引く．ここで初期値がわずかに異なる2つの数列 $x(n)$ と $x'(n)$ を考える．初期値はそれぞれ $x(0) = 0.180$ と $x'(0) = 0.181$ とし，2つの初期値の差は $\Delta x(0) = 0.001$ である．ここでベルヌーイシフトを1回行うと，$x(1) = 0.360$ と $x'(1) = 0.362$ となる．さらにもう1回行うと，$x(2) = 0.720$ と $x'(2) = 0.724$ となる．続けて行うと，$x(3) = 0.440$ と $x'(3) = 0.448$ となる．これらの結果を表 2.1 にまとめる．ここで2つの数列の差 $\Delta x(n)$ に着目すると，はじめの差は $\Delta x(0) = 0.001$ であるが，$\Delta x(1) = 0.002$, $\Delta x(2) = 0.004$, $\Delta x(3) = 0.008$ と2倍ずつ増加していることが分かる．このようにベルヌーイシフトを n 回繰り返すと，初期値の差が2の n 乗（2^n）で増加しており，これが初期値鋭敏性と呼ばれる性質である．この場合，$n = 10$ で2つの数列の差は1程度に拡大されるため（$\Delta x(0) \cdot 2^{10} \approx 1$），$x(n)$ と $x'(n)$ はもはや異なる数列となる．このように初期値のわずかな差が数列の未来の値に大きく影響を与えるのである．

それではなぜ初期値の差が2倍になるのであろうか？　それはベルヌーイシフトのグラフの傾きが2であるためである．わずかに異なる2点間の差は，ベルヌーイシフトにより2倍の差となり，n 回繰り返すと 2^n の差となる．これを

表2.1 ベルヌーイシフトの初期値鋭敏性

初期値がわずかに異なる2つの数列 $x(n)$ と $x'(n)$ および,その差 $\Delta x(n) = x'(n) - x(n)$ の変化.

n	$x(n)$	$x'(n)$	$\Delta x(n)$
0	0.180	0.181	0.001
1	0.360	0.362	0.002
2	0.720	0.724	0.004
3	0.440	0.448	0.008
4	0.880	0.896	0.016
5	0.760	0.792	0.032
6	0.520	0.584	0.064
7	0.040	0.168	0.128

繰り返すと差は無限に発散するように思える.しかしながら一方で,$x(n)$ の範囲は0から1の間であるため,$x(n)$ が1を超えたときに1を引く操作を加えることでこの範囲を超えないようにしている.つまり,引き延ばし（2倍する）と折りたたみ（1を引く）の操作が初期値鋭敏性のメカニズムであり,カオスの大きな特徴である.このような引き伸ばしと折りたたみのメカニズムは,ピザの生地（パイ）をこねる動作に例えられており,パイこね変換とも呼ばれている.日本ではさながら,うどん打ち変換（そば打ち変換）といったところであろうか.

またロジスティック写像における初期値鋭敏性の例を図2.7に示す.図2.7(a) は,ロジスティック写像の $x(n)$ での2つの数列を実線と点線で示してい

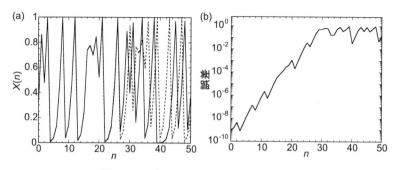

図2.7 ロジスティック写像の初期値鋭敏性

(a) わずかに異なる初期値から計算されたロジスティック写像の2つの数列,(b) 2つの数列の誤差（片対数表示).誤差は指数関数的に拡大し,初期値鋭敏性を示している.

る．2つの数列は非常に近いがわずかに異なる初期値から計算されている．この2つの数列は，はじめはよく似た振る舞いを示すが，$n \geq 25$ 以降は異なっており，それ以降同一の振る舞いを示すことはない．また図 2.7 (b) は，縦軸を対数表示で2つの数列の誤差の変化を示している．n の増加とともに，初期値の差が指数関数的に拡大していく様子が見られる．$n \geq 30$ では初期値の差が1程度となり $0 < x(n) < 1$ の範囲全体に広がるため，それ以降は増加していない．

このように，初期値のわずかな差が，カオス的不規則数列を予測不可能にしていると言える．初期値鋭敏性により，カオスを生成するシステムにおいて予測を成功させるためには，無限の精度を持つ初期値が必要である．しかしながら現実のシステムでは，無限の精度を持つ初期値を観測することは不可能である．このように，カオスの決定論性により短期間での予測は可能であるが，一方で初期値鋭敏性により長期間での予測は不可能となる．

初期値鋭敏性の第一発見者である気象学者のローレンツ博士は，初期値鋭敏性について以下の例えを用いて述べている [Lorenz 1993]．「ブラジルで蝶が羽ばたくと，（アメリカの）テキサス州に竜巻が発生するだろうか？」南半球のブラジルのアマゾンの森林で小さな蝶が羽ばたいたときの空気の揺らぎが，大気の変化を徐々に引き起こして上空へと広がり，何千 km も離れた北半球に位置するアメリカの広大なテキサス州に竜巻を引き起こすという，何とも壮大な例えである．これは，わずかな初期値の変化や誤差の混入により，長時間経過した後のカオスのダイナミクスは大きく影響を受けるという比喩である．この蝶（英語でバタフライ）の羽ばたきの例にちなんで，初期値鋭敏性は「バタフライ効果」(butterfly effect) とも呼ばれている．このような初期値鋭敏性の存在により，カオス生成システムにおける長期間での予測は不可能であることが知られている．天気予報はその身近な一例であり，明日の天気予報は比較的当たるものの，一週間後の天気予報はあまり当たらないということは実感できるであろう．

2.1.4 分岐

カオスの他の重要な特徴として，定常状態や周期状態，カオスのような異な

るダイナミクス間の遷移が挙げられ，これは「分岐」(bifurcation) と呼ばれている．分岐についてロジスティック写像を例に用いて説明する．

はじめに，式 (2.3) で示されるロジスティック写像の係数である 4 を，ある値 a に置き換えることを考える．

$$x(n+1) = ax(n)(1-x(n)) \tag{2.6}$$

a はある固定された値であり，パラメータと呼ばれる．a は $0 < a \leq 4$ の範囲で設定されており，式 (2.3) のように $a = 4$ のときにはカオスが観測される．

興味深いことに，パラメータ値 a を変化させると異なる状態の数列が観測される．異なる a の値に対する数列 $x(n)$ を図 2.8 に示す．図 2.8 (a) は一定値の数列を示しており ($a = 2.5$)，図 2.8 (b) は 2 つの異なる値を持つ周期的な数列を示している ($a = 3.25$)．また図 2.8 (c) は 4 つの異なる値を持つ周期数列を示しており ($a = 3.5$)，図 2.8 (d) はカオス的な数列を示している ($a = 4.0$)．

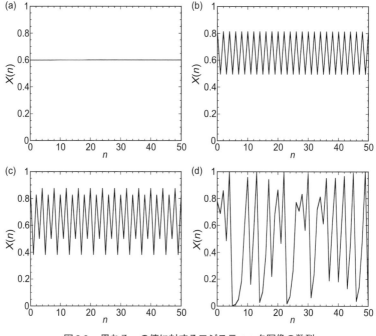

図 2.8　異なる a の値に対するロジスティック写像の数列
(a) 1 周期 ($a = 2.5$), (b) 2 周期 ($a = 3.25$), (c) 4 周期 ($a = 3.5$), (d) カオス ($a = 4.0$).

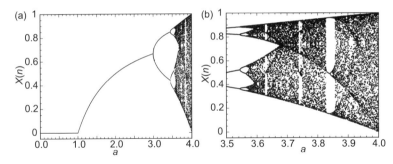

図2.9　a の値を連続的に変化させた場合のロジスティック写像の分岐図
(a) $0 \leq a \leq 4$ の範囲で変化, (b) $3.5 \leq a \leq 4$ の範囲に拡大した図.

これらの状態は, 1 周期, 2 周期, 4 周期, そしてカオスに対応しており, a の変化に対する分岐現象が観測されている.

次に, a を連続的に変化させたときのロジスティック写像の「分岐図」(bifurcation diagram) を図 2.9 に示す. 分岐図を作成するためには, a の値を固定して $x(n)$ の値を計算し, a の値の横軸に対して, 計算で得られた $x(n)$ の値を縦軸に沿ってプロットする. 次に a をわずかに増加させ, $x(n)$ の値を計算して新たな $x(n)$ の値を縦軸に沿ってプロットする. この作業を繰り返し行うことで, a の値の変化 (横軸) に対する $x(n)$ の値 (縦軸) を表す分岐図が得られる. 分岐図の作成の際には, $x(n)$ がある状態へ落ち着くまでに時間を要するため, その過渡応答を取り除くことが重要である. つまり, n がある程度大きい値になってから $x(n)$ をプロットする必要がある.

図 2.9 に示された分岐図は, 数列の異なる状態を明確に示している. 例えば図 2.9 (a) において, $1 \leq a \leq 3$ の範囲では $x(n)$ が 1 つの値を取るため, 1 周期となっている. $3 \leq a < 3.4494\ldots$ の範囲では, $x(n)$ が 2 つの値を取り, 2 周期である. さらに a を増加させると, 図 2.4 (b) に示すように 4 周期や 8 周期が観測され, $a > 3.5699\ldots$ では $x(n)$ が広範囲に散らばりカオスとなる. この分岐過程は, パラメータ a の値が増加するにつれて数列の周期が倍に増加していくため, 「周期倍加ルート」(period-doubling route) と呼ばれている. カオスの後にも, 3 周期が $a > 3.8284\ldots$ の領域で観測され, これは「周期の窓」(window) と呼ばれている. 完全なカオス状態は, $a = 4$ で得ることができる. このとき $0 < x(n) < 1$ の全範囲で, 不規則な値 $x(n)$ が観測される.

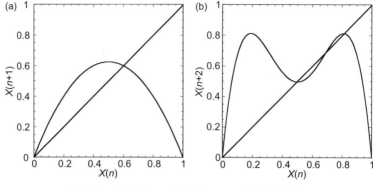

図 2.10　ロジスティック写像と $y = x$ の交点のグラフ
(a) 1 周期点 $(x(n+1) = x(n),\ a = 2.5)$, (b) 2 周期点 $(x(n+2) = x(n),\ a = 3.25)$.

このような分岐が生じる理由は何であろうか．それは，パラメータ変化に対する周期軌道の安定性の変化が原因である．その概念図を図 2.10 に示す．図 2.10 (a) は $a = 2.5$ の場合のロジスティック写像を示している．ここで，写像の曲線と対角線との交点は $x = 0.6$ となる．この交点を初期値としてロジスティック写像を計算すると，$x(n+1) = x(n)$ の対角線上の点であるため，すべての $x(n)$ は初期値と同一の値 $x(n) = 0.6$ となる．このように周期的な数列のことを「周期軌道」(periodic orbit) と呼び，特に 1 つの値のみを取る数列のことを 1 周期軌道と呼ぶ．また周期軌道の値のことを周期点とも呼ぶ．つまり 1 周期点は $x(n+1)$ と $x(n)$ の写像を示すグラフの対角線の交点として見つけることができる．さらに，写像の方程式から，$x(n+2)$ と $x(n)$ の関係をグラフにすることも可能となる．例えばパラメータ a を有するロジスティック写像の場合には，

$$\begin{aligned}
x(n+2) &= ax(n+1)\left(1 - x(n+1)\right) \\
&= a\left\{ax(n)\left(1 - x(n)\right)\right\}\left\{1 - ax(n)\left(1 - x(n)\right)\right\}
\end{aligned} \tag{2.7}$$

と表せる．$a = 3.25$ の場合における式 (2.7) の写像を図 2.10 (b) に示す．このグラフでは縦軸を $x(n+2)$ とし，横軸を $x(n)$ としている．つまりこのグラフの対角線は $x(n+2) = x(n)$ であるため，写像と対角線との交点は $x(n+2) = x(n)$ を満たしている．例えば，$x(0) = 0.495265168\ldots$ を初期値とする場合，

$x(1) = 0.812427139\ldots, x(2) = 0.495265168\ldots, x(3) = 0.812427139\ldots$ と交互に値を繰り返している．このように2つの値を交互に取る数列のことを，2周期軌道と呼ぶ．また，これらの周期軌道の値は2周期点と呼ばれ，図2.10 (b) に示す写像と対角線の交点に相当する．ここで図2.10 (b) の交点は $x = 0.692$ 付近にも存在しているが，これは1周期点であることに注意されたい（$x(n+2) = x(n)$ は，$x(n+1) = x(n)$ を含むため）．同様のことを繰り返すと，k 周期軌道は $x(n+k)$ と $x(n)$ の写像を作成し，その対角線との交点 $x(n+k) = x(n)$ から求めることができる．

ここで，周期軌道が観測されるための条件について考える．図2.10 (a) の $a = 2.5$ の場合のロジスティック写像の例では，$x(0) = 0.6$ を初期値とする場合には周期軌道が観測されるが，それ以外の初期値の場合はどうであろうか？ここで周期軌道が観測されるための条件は，周期点での写像 f の傾きの絶対値 $|f'|$ が1よりも小さいことである．写像の傾きと軌道の関係を図2.11に示す．図2.11 (a) に示すように，$|f'|$ が1よりも小さい場合には，$x(n)$ は周期点（写像と対角線の交点）へと収束する．一方で図2.11 (b) に示すように，$|f'|$ が1よりも大きい場合には，$x(n)$ は周期点から離れていく．このように周期点における $|f'|$ と1との大小関係により，その周期軌道が観測されるかどうかが決定される．ロジスティック写像の1周期点での写像の傾きは，式(2.6) を x で微分すると $f' = a - 2ax$ と解析的に求めることができる．図2.10 (a)

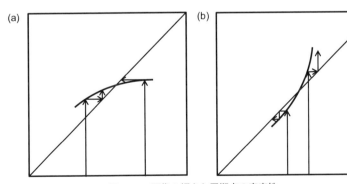

図2.11　写像の傾きと周期点の安定性

(a) 安定な周期点（$|f'(x)| < 1$），(b) 不安定な周期点（$|f'(x)| > 1$）．太い曲線は写像 f を表している．

の例では $a = 2.5$, $x = 0.6$ であることから，$f' = -0.5$ となる．つまり，$|f'|$ が 1 よりも小さいため，図 2.10 (a) の $0 < x < 1$ のすべての初期値はこの交点 $x = 0.6$ へと収束する．したがってこの交点は「安定な周期軌道」(stable periodic orbit) と呼ばれている．特に 1 つの値を取り続けるため，安定な 1 周期軌道と呼ばれる．

ここでパラメータ a を増加させて $a = 3.25$ とすると，1 周期点は $x = 0.69$ 付近へと変化する．このとき $f' = -1.235$ となり，$|f'|$ が 1 よりも大きくなる．それゆえにこの 1 周期軌道は不安定となり，観測されなくなる．これを「不安定な周期軌道」(unstable periodic orbit) と呼ぶ．一方で図 2.10 (b) に示す 2 周期軌道に注目すると，$x = 0.49527$ および $x = 0.81243$ の傾きの絶対値は 1 よりも小さいことが図から分かる．つまりこの 2 周期点は安定であり，安定な 2 周期軌道となる．このように，a を増加させた場合に，1 周期軌道が不安定となり，新たに発生した 2 周期軌道が安定となる．このようなパラメータ値の変化に対する周期軌道の安定性の変化が，分岐発生の原理である．さらにロジスティック写像では a を増加させると，2 周期軌道が不安定化して今後は 4 周期軌道が安定化される．さらには 4 周期軌道が不安定化し，8 周期軌道が安定化される．これを繰り返すことで，すべての周期軌道が不安定化し，カオスへと至るのである．つまり，カオスには多くの（実際には無限個の）周期軌道が存在している．しかしながら，その周期軌道が不安定であるために観測されず，カオスのような不規則振動となる．

前述のように，周期軌道が倍に増加しながら最終的にカオスへと至る道筋は，周期倍加ルートと呼ばれている．周期倍加ルートにおいて，2^n 周期軌道が始まるパラメータ a の値を a_n とする．例えば，1 周期軌道が始まるパラメータ値が a_0 であり，2 周期軌道の場合は a_1，4 周期軌道の場合は a_2 と表す．ここで，1 つの周期軌道が存在するパラメータの範囲（1 周期軌道なら $a_1 - a_0$）は，n が大きくなるにつれて等比級数的に減少することが知られている．その等比級数の公比を $1/\delta$ とおくと，

$$\delta = \lim_{n \to \infty} \frac{a_n - a_{n-1}}{a_{n+1} - a_n} = 4.669201609 \cdots \tag{2.8}$$

となる．この δ は「ファイゲンバウム定数」(Feigenbaum constant) と呼ばれ

ている．このことから，図2.9の分岐図において，カオスが発生するときのパラメータ値は $a_\infty = 3.5699456 \cdots$ と求めることができる．

このように，異なる周期状態を経てカオスへと遷移する分岐は，決定論的カオスの典型的な特徴であり，確率論的なノイズシステムにおいては観測されない．それゆえに分岐の観測は，決定論的カオスの存在を示す1つの証拠として用いられている．特に実験システムにおいては決定論的なモデルを直接見つけることが難しいために，システムの1つのパラメータ値を可変にして分岐を観測することにより，決定論的カオスの証拠として用いられる場合が多い．第3章で述べるように，カオスへ至る分岐は，多くのレーザシステムにおいて実験や数値計算で観測されている．

2.1.5 リアプノフ指数

カオスの初期値鋭敏性の定量的な指標として，「リアプノフ指数」(Lyapunov exponent) が用いられる．初期値鋭敏性の説明で述べたように，2つのカオス数列の差は指数関数的に増大する．この指数を定量的に評価する指標がリアプノフ指数である．図2.11に示したように，写像の傾きの絶対値が1よりも小さい場合は安定な周期軌道へと収束するが (図2.11 (a))，一方で1よりも大きい場合には周期軌道が不安定化する (図2.11 (b))．このように，写像の傾きの絶対値が軌道の安定性や初期値鋭敏性を決定する重要な要素である．

一次元写像のリアプノフ指数 λ は，写像の傾きの絶対値 $|f'(x_i)|$ の平均から定義できる．

$$\lambda = \lim_{N \to \infty} \frac{1}{N} \sum_{i=1}^{N} \ln |f'(x(i))| \tag{2.9}$$

ここで，定数 e を底とする自然対数 $(\ln = \log_e)$ が用いられる．

式 (2.9) は，傾きの絶対値の平均が1より大きい場合 $(|f'(x)|_{ave} > 1)$，$\lambda > 0$ が満たされる．一方で，傾きの絶対値の平均が1より小さい場合 $(|f'(x)|_{ave} < 1)$，$\lambda < 0$ となる．つまり，$\lambda > 0$ の場合に2つの数列の誤差は指数関数的に拡大し，$\lambda < 0$ の場合には指数関数的に減少する．それゆえに，正のリアプノフ指数 $(\lambda > 0)$ の存在が，決定論的カオスを示している．また式 (2.9) の意味を考えると，1回の写像により，2つのわずかに異なる初期値の

26　第2章　カオスとレーザの基礎

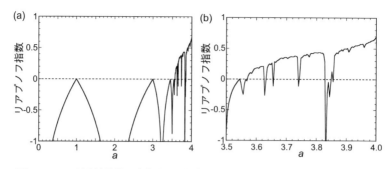

図2.12　aの値を連続的に変化させた場合のロジスティック写像のリアプノフ指数
(a) $0 \leq a \leq 4$ の範囲で変化，(b) $3.5 \leq a \leq 4$ の範囲に拡大した図．正のリアプノフ指数の領域が，図2.9の分岐図のカオス領域に対応する．

差が，e^λ倍に拡大されるということである（$\lambda > 0$のとき）．つまり，傾きの絶対値の平均が1回の写像による拡大率e^λ（または縮小率）に相当することになる．

式(2.9)を用いて，aを変化させた場合のロジスティック写像のリアプノフ指数の数値計算結果を**図2.12**に示す．これは図2.9の分岐図の範囲に対応している．図2.9の分岐図でのカオスの範囲は，図2.12の正のリアプノフ指数の範囲と対応していることが分かる．一方で周期軌道の場合は，0または負のリアプノフ指数に対応していることが分かる．このように，正のリアプノフ指数が決定論的カオスを示すためのよい指標となる．また，$a = 4$の場合，リアプノフ指数は$\lambda = \ln 2$となることが知られており，写像の傾きと$x(n)$の確率密度関数（不変密度）から理論的に求めることも可能である [長島 1992]．

またテント写像やベルヌーイシフトのリアプノフ指数は容易に計算できる．いずれも写像の傾きの絶対値は常に2であるため，リアプノフ指数は$\lambda = \ln 2$となる．これは1回の写像で初期値の差が$e^\lambda = 2$倍されるという意味であり，表2.1の説明とも一致する．このようにリアプノフ指数はカオスの初期値鋭敏性を定量的に表す指標であることが分かる．

2.2 連続時間システムのカオス

2.2.1 ローレンツモデル

前節で示したロジスティック写像は，決定論的カオスの本質を理解するためはよい離散時間モデルである．しかしながら，ダイナミクスを記述するために単純な数式（漸化式）が用いられているため，現実的な自然現象を記述するモデルとはかけ離れているように思える．実際には，連続時間システムで決定論的カオスを観測するためには，少なくとも3つの独立変数が必要であることが数学的に証明されている．

より現実的な自然現象を表すためのモデルは，連続時間システムの常微分方程式を用いることで記述できる．決定論的カオスの典型的なモデルの1つが，「ローレンツモデル」(Lorenz model) である（ローレンツ方程式とも呼ばれる）[Lorenz 1963]．本モデルは，密閉された2次元空間内での流体の対流現象を記述しており，下方向から暖められて上部では冷やされるというモデルである．以下に示すように，ローレンツモデルは非線形に結合された3つの常微分方程式から構成される．

$$\frac{dx(t)}{dt} = \sigma\left(y(t) - x(t)\right) \tag{2.10}$$

$$\frac{dy(t)}{dt} = -x(t)z(t) + rx(t) - y(t) \tag{2.11}$$

$$\frac{dz(t)}{dt} = x(t)y(t) - bz(t) \tag{2.12}$$

ここで $x(t)$, $y(t)$, $z(t)$ は変数であり，流体の速度，空間内における流体の左側と右側の温度差，および流体の上部と下部の温度差を各々表している．また t は時間である．σ はプラントル数，r はレイリー数，b は空間の面積比率を表す固定された値であり，「パラメータ」(parameter) と呼ばれる．カオスを観測するための典型的なパラメータの値は，$\sigma = 10$, $r = 28$, $b = 8/3$ であることが知られている．ローレンツモデルは3つの独立変数から構成されており，連続時間システムにおいて決定論的カオスを観測するための必要条件を満たしている．

コラム　微分方程式とは何か？

　自然界の時間変動する現象（ダイナミクス）を数学的に記述する際には，微分方程式が多く用いられる．微分方程式とは，現在の状態が未来の変化を決定するというモデルである．微分方程式は以下のように記述される．

$$\frac{dx(t)}{dt} = f(t, x(t)) \tag{2.C.1}$$

ここで $x(t)$ は時間に対する変数であり，f は関数である．

　微分方程式の右辺は変化量を表している点が重要である．つまり自然界では変化量に基づいてその後のダイナミクスが決定される．理解を深めるために，具体的な例を以下に示す．

(a)　変化量が一定の場合

　微分方程式の変化量が一定値 a の場合，式 (2.C.1) は以下のように書ける．

$$\frac{dx(t)}{dt} = a \tag{2.C.2}$$

この場合，dt を右辺に移動して両辺積分すると，以下のようになる．

$$\int dx(t) = \int a\, dt \tag{2.C.3}$$

積分を行うと，変数 $x(t)$ は以下のようになる．

$$x(t) = at + C \tag{2.C.4}$$

ここで C は積分定数である．このように変化量が一定の場合には，変数 $x(t)$ は時間に対して線形に増加（$a > 0$）または減少（$a < 0$）することが分かる．

(b)　変化量が時間 t に依存する場合

　微分方程式の変化量が時間 t に依存する場合，式 (2.C.1) は以下のように書ける．

$$\frac{dx(t)}{dt} = at \tag{2.C.5}$$

この場合，dt を右辺に移動して両辺積分すると，以下のようになる．

$$\int dx(t) = \int at\, dt \tag{2.C.6}$$

積分を行うと，変数 $x(t)$ は以下のようになる．

$$x(t) = \frac{at^2}{2} + C \tag{2.C.7}$$

このように変化量が時間 t に依存する場合には，変数 $x(t)$ は時間に対して2次関数的に変化することが分かる．

(c) 変化量が変数 $x(t)$ に依存する場合

微分方程式の変化量が変数 $x(t)$ に依存する場合，式 (2.C.1) は以下のように書ける．

$$\frac{dx(t)}{dt} = ax(t) \tag{2.C.8}$$

この場合，$x(t)$ を左辺に移動し，dt を右辺に移動して両辺積分すると，以下のようになる．

$$\int \frac{1}{x(t)} dx(t) = \int a\, dt \tag{2.C.9}$$

積分を行うと，変数 $x(t)$ は以下のようになる．

$$\ln x(t) = at + c \tag{2.C.10}$$
$$x(t) = C\, e^{at} \tag{2.C.11}$$

ここで $C = e^c$ と置いた．このように変化量が変数 $x(t)$ に依存する場合には，変数 $x(t)$ は時間に対して指数関数的に増加（$a > 0$）または減少（$a < 0$）することが分かる．

この最後の例のように，微分方程式の右辺に変数が含まれていると，その変数は指数関数的に変化することが分かる．この指数関数的な変化は

自然界に多く見られる現象である．レーザのダイナミクスのみならず，感染症の広がりや生物の個体数の変化も同様に微分方程式で記述できる．

2.2.2 時間波形とアトラクタ

常微分方程式を数値計算で解く手法として，「ルンゲクッタ法」(Runge-Kutta method) がよく用いられる (補足 2.A.1 項参照)．ローレンツモデルをルンゲクッタ法により数値計算した結果を図 2.13 に示す．図 2.13 (a) はローレンツモデルの1つの変数 $x(t)$ の時間波形を示しており，カオス的不規則変動がはっきりと観測される．ローレンツモデルは3変数であるため自由度が3であり，図 2.13 (a) で見られるようにカオス的振る舞いを示す．

時間ダイナミクスの他の表し方として，「アトラクタ」(attractor) が知られている．ここで，各変数を軸として構成される空間を「位相空間」(phase space) と呼び，その位相空間内にプロットされたそれらの変数の時間変化を「軌道」(trajectory) と呼ぶ．アトラクタとは，位相空間における軌道が最終的に収束する集合のことを指す．例えば図 2.13 (b) に示すように，3変数 $x(t)$, $y(t)$, $z(t)$ の軸からなる3次元の位相空間を構成し，その時間変化 $(x(t), y(t), z(t))$ がプロットされている．ここで軌道は，$t \to \infty$ で位相空間内のある形に収束し，これをアトラクタと呼ぶ．例えば，すべての変数が一定値に収束するならば，アトラクタは位相空間内で点のアトラクタとなる．また1周期振動アトラクタは円状になり，これは「リミットサイクル」(limit cycle) と

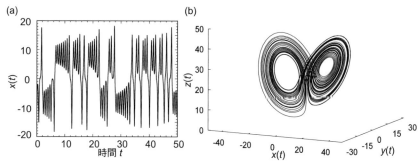

図 2.13　ローレンツモデルの (a) 変数 $x(t)$ の時間波形，(b) 3次元位相空間内におけるカオスアトラクタ

呼ばれる．一方でカオス的なアトラクタは，図2.13 (b) に見られるような奇妙な形に収束する．このため，カオスアトラクタは「ストレンジアトラクタ」(strange attractor) とも呼ばれる．一般的にカオスアトラクタは，「フラクタル」(fractal) と呼ばれる自己相似構造を有していることが知られており，異なるスケールで観測した際に軌道密度の相似性が存在する．また図2.13 (b) に見られるように，ローレンツモデルからは蝶（英語でバタフライ）のような形をしたカオスアトラクタが得られるため，特にバタフライアトラクタとも呼ばれることもある．

2.2.3 初期値鋭敏性

ロジスティック写像と同様に，ローレンツモデルはカオスの初期値鋭敏性を示す．つまり，位相空間でわずかに異なる2つの軌道の距離が指数関数的に拡大する．カオス時間波形の初期値鋭敏性を観測した数値計算結果を図2.14 (a) に示す．わずかに異なる初期値から計算された2つの時間波形（実線と点線で表示）は，はじめは同様に振る舞っているものの，$t = 25$ の後から徐々にその差を広げている．

初期値鋭敏性を調査するために，位相空間上で2つの近接した軌道 $(x(t), y(t), z(t))$ と $(x'(t), y'(t), z'(t))$ の距離 $\delta(t)$ を以下のように定義する．

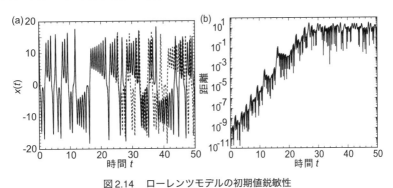

図2.14　ローレンツモデルの初期値鋭敏性

(a) わずかに異なる初期値から計算されたローレンツモデルの変数 $x(t)$ の2つの時間波形，(b) 位相空間内の2つの近接軌道間の距離（片対数表示）．距離は指数関数的に拡大し，初期値鋭敏性を示している．

$$\delta(t) = \sqrt{(x(t) - x'(t))^2 + (y(t) - y'(t))^2 + (z(t) - z'(t))^2}$$
$$= \delta(0)\exp(\lambda_e t) \tag{2.13}$$

図 2.14 (b) は，対数で表示された距離 $\delta(t)$ の時間変化を示している．距離 $\delta(t)$ は平均的に指数関数的に増大し，ある時間以降で飽和する．その指数関数的な増加率は，実効的なリアプノフ指数 λ_e として近似できる．リアプノフ指数の計算方法については 2.2.6 項にて詳細に述べる．

2.2.4 分岐図

ロジスティック写像と同様に，ローレンツモデルにおいても分岐図を作成することができる．連続時間システムで分岐図を作成する際には，極大値（または極小値）を抽出することが重要である．横軸をあるパラメータ値とし，時間波形から得られた複数の極大値を縦軸に沿ってプロットする．そして，パラメータ値を少しだけ変化させる．新たなパラメータ値で計算された時間波形から得られた極大値を再びプロットする．この手順を繰り返すことにより，1 つのパラメータ値の変化（横軸）に対する時間波形の極大値（縦軸）を表す分岐図を作成できる．またパラメータ値を変化させた場合，時間波形（軌道）がアトラクタ上に収束するまでの過渡時間を除去してから，極大値をプロットすることが重要である．

ローレンツモデルの変数 $x(t)$ の時間波形に対する分岐図を図 2.15 に示す．

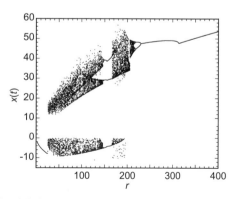

図 2.15　r の値を連続的に変化させた場合のローレンツモデルの変数 $x(t)$ の分岐図

ここではパラメータ r の値を連続的に増加させている．異なる周期振動が観測されており，あるパラメータ値 r に対して $x(t)$ が1つの値では1周期振動を示し，2つの値では2周期振動を示している．また図2.15で縦軸方向に多くの点が存在している範囲は，カオス振動の出現を示している．このようにローレンツモデルにおいても，周期振動からカオス振動への分岐が観測される．またカオス領域の間に周期領域が観測されていることから，周期の窓が存在していることも分かる．

2.2.5 定常解と線形安定性解析

このような分岐が生じるのはなぜであろうか？離散時間システムの1周期軌道の場合と同様に，連続時間システムの場合も一定の値を持つ時間波形について考えることが重要である．連続時間システムの変数が一定の値となり時間変化しない解のことを，「定常解」(steady-state solution) と呼ぶ．定常解は以下のように表せる．

$$x(t) = x_s, \quad y(t) = y_s, \quad z(t) = z_s \tag{2.14}$$

ここで添え字 s は定常解を意味しており，一定値となる．連続時間システムの定常解は，時間を無限大にした場合に一定の値へと収束するため，変数の時間微分が0になる．つまり，式 (2.10)〜(2.12) のローレンツモデルを例に挙げて考えると，以下のような関係を満たす．

$$\frac{dx(t)}{dt} = 0, \quad \frac{dy(t)}{dt} = 0, \quad \frac{dz(t)}{dt} = 0 \tag{2.15}$$

式 (2.14) と (2.15) をローレンツモデルの式 (2.10)〜(2.12) に代入すると，以下のようになる．

$$0 = \sigma(y_s - x_s) \tag{2.16}$$

$$0 = -x_s z_s + r x_s - y_s \tag{2.17}$$

$$0 = x_s y_s - b z_s \tag{2.18}$$

この連立方程式を解くと定常解を求めることができ，以下のようになる．

$$x_s = \pm\sqrt{b(r-1)} \tag{2.19}$$

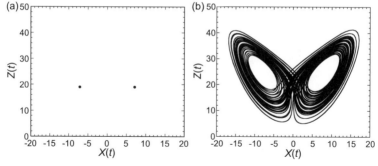

図2.16 ローレンツモデルの定常解の変化
(a) 安定な定常解 ($r = 20$), (b) 定常解が不安定化してカオスアトラクタへと変化 ($r = 26$).

$$y_s = \pm\sqrt{b(r-1)} \tag{2.20}$$
$$z_s = r - 1 \tag{2.21}$$

ここでは，自明の解 $(x_s, y_s, z_s) = (0, 0, 0)$ については考えないことにする．

$r = 20$ の場合の定常解を $x - z$ 平面上に示した図を図2.16 (a) に示す．定常解は $x - z$ 平面上で2つ存在しており，初期条件によりどちらの定常解に収束するかが決まる．このように，ある定常解に収束する初期値の集合のことを「ベイスン」(basin) と呼ぶ．

ここでパラメータ r を変化させると定常解は変化するが，図2.16 (b) のように $r = 26$ の場合にはこの定常解が観測されなくなり，代わりにカオスアトラクタが出現する．これは定常解が不安定化して，カオスへの分岐が生じるためである．分岐構造を観測するためには，定常解の安定性について調査することが重要である．これは前節の離散時間システムにおいて，写像の傾きの絶対値を調査したことと等価的である．

定常解の安定性は，「線形安定性解析」(linear stability analysis) により求めることができる．これはモデル式を線形化して「線形化方程式」(linearized equations) を導出し，そのヤコビ行列の固有値を計算することで求められる．線形化方程式を求めるために，定常解からの微小誤差を示す線形化変数を以下のように導入する．

$$x(t) = x_s + \delta_x(t), \quad y(t) = y_s + \delta_y(t), \quad z(t) = z_s + \delta_z(t) \tag{2.22}$$

ここで $\delta_x(t)$, $\delta_y(t)$, $\delta_z(t)$ は，定常解 x_s, y_s, z_s からの微小誤差を示しており，各々 $x(t)$, $y(t)$, $z(t)$ に対する「線形化変数」(linearized variable) と呼ばれている．また $x(t) \gg \delta_x(t)$, $y(t) \gg \delta_y(t)$, $z(t) \gg \delta_z(t)$ を満たす．式 (2.10)〜(2.12) のローレンツモデルに式 (2.22) を代入すると，線形化方程式は以下のように求められる．

$$\frac{d\delta_x(t)}{dt} = -\sigma\delta_x(t) + \sigma\delta_y(t) \tag{2.23}$$

$$\frac{d\delta_y(t)}{dt} = (r - z_s)\delta_x(t) - \delta_y(t) - x_s\delta_z(t) \tag{2.24}$$

$$\frac{d\delta_z(t)}{dt} = y_s\delta_x(t) + x_s\delta_y(t) - b\delta_z(t) \tag{2.25}$$

ただし，式 (2.16)〜(2.18) を用いて定常解の項を消去した．また線形化変数の2乗以上の項は，$\delta_i(t) \gg \delta_j(t)\delta_k(t)$ (i, j, k は x, y, z のいずれか) の近似により消去した．ここで式 (2.23)〜(2.25) は，行列を用いて以下のように表記できる．

$$\frac{d}{dt}\begin{pmatrix} \delta_x(t) \\ \delta_y(t) \\ \delta_z(t) \end{pmatrix} = \begin{pmatrix} -\sigma & \sigma & 0 \\ r - z_s & -1 & -x_s \\ y_s & x_s & -b \end{pmatrix} \begin{pmatrix} \delta_x(t) \\ \delta_y(t) \\ \delta_z(t) \end{pmatrix}$$

$$= \begin{pmatrix} -\sigma & \sigma & 0 \\ 1 & -1 & -\sqrt{b(r-1)} \\ \sqrt{b(r-1)} & \sqrt{b(r-1)} & -b \end{pmatrix} \begin{pmatrix} \delta_x(t) \\ \delta_y(t) \\ \delta_z(t) \end{pmatrix} \tag{2.26}$$

ここでは式 (2.19)〜(2.21) を用いて，定常解の1つである $x_s = \sqrt{b(r-1)}$, $y_s = \sqrt{b(r-1)}$, $z_s = r - 1$ を代入した．このような行列表記の線形化方程式は，モデル方程式の右辺を偏微分することで，モデル方程式から直接求めることができる (補足 2.A.2 項を参照)．ここで式 (2.26) の右辺の 3×3 行列は，「ヤコビ行列」(Jacobian matrix) と呼ばれている．

式 (2.26) は定常解からのわずかな誤差 $\delta_x(t)$, $\delta_y(t)$, $\delta_z(t)$ がどのように時間変化していくかを表しており，特に誤差が拡大するか縮小するかを決定するのはヤコビ行列の最大固有値である．一般に行列 A の最大固有値を λ とす

ると、A を n 回作用したベクトルの大きさ（ノルム）は λ^n に拡大（$\lambda > 0$）または縮小（$\lambda < 0$）される．つまり定常解の安定性は，ヤコビ行列の最大固有値の実部の符号で判定できる．ヤコビ行列の最大固有値の実部が負の場合（$\lambda < 0$），誤差を表すベクトル（$\delta_x(t)$, $\delta_y(t)$, $\delta_z(t)$）のノルムは 0 へと収束するため，定常解は安定となり定常解を観測することが可能となる．一方で最大固有値の実部が正の場合（$\lambda > 0$），誤差ベクトルのノルムは増加するため，定常解は不安定となり観測できない．

パラメータ r を増加させた場合，式 (2.26) のヤコビ行列の最大固有値の実部は負から正へと変化し，定常解が不安定化する．これが分岐現象であり，定常解の安定性の変化が時間波形の変化を引き起こす．図 2.16 の場合は，定常解が不安定化してカオス波形が出現している．また図 2.15 の分岐図にみられるように，$r = 320$ 付近において r を減少させると，定常解が不安定化して 1 周期振動が観測されている．また $r = 230$ 付近において r を減少させると，1 周期振動が不安定化して 2 周期振動となり，さらにこの 2 周期振動解が不安定化して 4 周期振動となり，周期倍加ルートを経てカオスへと至る．

2.2.6　リアプノフ指数

前項で述べたように，一定値である定常解の安定性を求めるには，線形化方程式からヤコビ行列の最大固有値の実部の符号を計算すればよい．一方で，周期振動やカオスに対して，安定性の調査を行うためにはどうすればよいのであろうか？ここで安定性を評価するための有用な指標がリアプノフ指数である．離散時間システムの場合は式 (2.9) に示したように，リアプノフ指数はアトラクタ上のわずかに異なる 2 点間の距離が指数関数的に変化する割合を表している．リアプノフ指数が正であればカオスを示し，0 または負であれば定常状態，周期振動，準周期振動のいずれかを示す．

一方で連続時間システムにおけるリアプノフ指数の計算には，定常解と同様にモデル方程式の線形化が必要となる．ただし，線形化するための基準を定常解とする代わりに，時間変化する軌道（周期軌道やカオスアトラクタ）を用いる．つまり，線形化変数を以下のように定義する．

$$x(t) = x_s(t) + \delta_x(t), \quad y(t) = y_s(t) + \delta_y(t), \quad z(t) = z_s(t) + \delta_z(t) \quad (2.27)$$

ここで線形化変数 $\delta_x(t)$, $\delta_y(t)$, $\delta_z(t)$ は，時間変化する基準軌道 $x_s(t)$, $y_s(t)$, $z_s(t)$ からの微小誤差を示している点が式 (2.22) と異なる．式 (2.27) をモデル方程式に代入すると，同様に線形化方程式を求めることができる．

$$\frac{d\delta_x(t)}{dt} = -\sigma\delta_x(t) + \sigma\delta_y(t) \tag{2.28}$$

$$\frac{d\delta_y(t)}{dt} = (r - z_s(t))\delta_x(t) - \delta_y(t) - x_s(t)\delta_z(t) \tag{2.29}$$

$$\frac{d\delta_z(t)}{dt} = y_s(t)\delta_x(t) + x_s(t)\delta_y(t) - b\delta_z(t) \tag{2.30}$$

これらの線形化方程式は，式 (2.26) のようにヤコビ行列での表示も可能である．補足 2.A.2 項に示すように，ヤコビ行列を用いて線形化方程式を直接求めることができ，以下のようになる．

$$\begin{aligned}\frac{d}{dt}\begin{pmatrix}\delta_x(t)\\\delta_y(t)\\\delta_z(t)\end{pmatrix} &= \begin{pmatrix}\frac{\partial f}{\partial x} & \frac{\partial f}{\partial y} & \frac{\partial f}{\partial z}\\\frac{\partial g}{\partial x} & \frac{\partial g}{\partial y} & \frac{\partial g}{\partial z}\\\frac{\partial h}{\partial x} & \frac{\partial h}{\partial y} & \frac{\partial h}{\partial z}\end{pmatrix}\begin{pmatrix}\delta_x(t)\\\delta_y(t)\\\delta_z(t)\end{pmatrix}\\ &= \begin{pmatrix}-\sigma & \sigma & 0\\r - z_s(t) & -1 & -x_s(t)\\y_s(t) & x_s(t) & -b\end{pmatrix}\begin{pmatrix}\delta_x(t)\\\delta_y(t)\\\delta_z(t)\end{pmatrix}\end{aligned} \tag{2.31}$$

ここで f, g, h は，式 (2.10)〜(2.12) のローレンツモデルの右辺をそれぞれ表している．式 (2.28)〜(2.30) と式 (2.31) は表記が異なるだけで，同一の線形化方程式である．ここで定常解の場合と同様に，式 (2.31) のヤコビ行列の最大固有値を求めれば，誤差の変化を調べることができる．しかしながらヤコビ行列の成分は変数 $x_s(t)$, $y_s(t)$, $z_s(t)$ を含むため，行列の成分が時間変化するために計算が複雑となる．そこで，ヤコビ行列を用いる代わりに，線形化変数 ($\delta_x(t)$, $\delta_y(t)$, $\delta_z(t)$) をベクトルと見なし，その大きさ（ノルムと呼ばれる）の変化を数値計算することで，安定性の定量化が可能となる．

式 (2.28)〜(2.30) における線形化変数ベクトル ($\delta_x(t)$, $\delta_y(t)$, $\delta_z(t)$) のノルムは，以下のように定義される．

$$D(t) = \sqrt{\delta_x^2(t) + \delta_y^2(t) + \delta_z^2(t)} \tag{2.32}$$

ここでルンゲクッタ法のような数値計算法を用いてリアプノフ指数を計算することを考える（補足 2.A.1 項を参照）．数値計算における計算の刻み幅を h とする．時刻 t から $t+h$ の線形化方程式の 1 ステップの計算の後，線形化変数ベクトルのノルムは次のように変化する．

$$D(t+h) = \sqrt{\delta_x^2(t+h) + \delta_y^2(t+h) + \delta_z^2(t+h)} \tag{2.33}$$

このとき，1 ステップの計算の刻み幅 h におけるノルムの変化率は，次のように表される．

$$d_j = \frac{D(t+h)}{D(t)} \tag{2.34}$$

d_j の値は数値計算の各ステップで保存する必要がある．式 (2.32) から式 (2.34) までの計算を何度も繰り返し行い，ノルムの変化率の対数の平均値がリアプノフ指数となり，以下のように表される．

$$\lambda = \lim_{N \to \infty} \frac{1}{Nh} \sum_{j=1}^{N} \ln(d_j) \tag{2.35}$$

ここで，λ はリアプノフ指数である．$\ln$ は定数 e を底とする自然対数であり，N は繰り返し計算回数である．数値計算においてリアプノフ指数の値が収束するように，N は十分に大きくする必要がある．

ここで数値計算上の注意点として，ノルムの変化率の計算の後，線形化変数が大きくなり過ぎないように，以下のように規格化する必要がある．

$$\delta_{x,\,new}(t+h) = \frac{\delta_x(t+h)}{D(t+h)} \tag{2.36}$$

$$\delta_{y,\,new}(t+h) = \frac{\delta_y(t+h)}{D(t+h)} \tag{2.37}$$

$$\delta_{z,\,new}(t+h) = \frac{\delta_z(t+h)}{D(t+h)} \tag{2.38}$$

規格化の操作は，線形化方程式の線形性を維持するために非常に重要であり，計算の毎ステップごとに行うことが望ましい．式 (2.36)～(2.38) の新しい変数が，次のステップにおける $D(t+h)$ と $D(t+2h)$ 間のノルムの変化率を計算するために用いられる．

式 (2.35) の連続時間システムのリアプノフ指数は，離散時間システムのリアプノフ指数である式 (2.9) と本質的に同じ意味を持つ．式 (2.34) で表される線形化変数のノルムの変化率は，アトラクタ上の2つの軌道間の微小誤差の変化率を表しており，これは離散時間システムにおける写像の傾きの絶対値に相当する．つまり，時間変化する周期軌道やカオス軌道に対しても，その軌道からの誤差の変化率を計算して対数の平均値を求めることにより，リアプノフ指数の計算が可能となる．式 (2.35) は，アトラクタ上の基準軌道からの平均誤差が，単位時間あたり e^λ で拡大（$\lambda > 0$）または縮小（$\lambda < 0$）することを意味している．また時間 t の間に平均誤差は $e^{\lambda t}$ で変化する（λ の単位は 1/s）．

リアプノフ指数の数値計算には，式 (2.28)〜(2.30) の線形化方程式のみならず，基準軌道 $(x_s(t), y_s(t), z_s(t))$ に対する元のモデル方程式（式 (2.10)〜(2.12)）を同時に数値計算する必要がある．基準軌道 $(x_s(t), y_s(t), z_s(t))$ を求めるには，式 (2.10)〜(2.12) において元の変数 $(x(t), y(t), z(t))$ を計算し，その結果を $(x_s(t), y_s(t), z_s(t))$ に置き換えればよい．

ローレンツモデルのパラメータ r の値を連続的に変化させた場合の，リアプノフ指数の数値計算結果を図 2.17 に示す．図 2.15 の分岐図と比較すると，図 2.15 でカオス振動の領域は，図 2.17 において正のリアプノフ指数の領域に対応している．一方で，図 2.15 で定常状態や周期振動の領域では，図 2.17 において 0 や負のリアプノフ指数に対応することが分かる．また同じカオス振動で

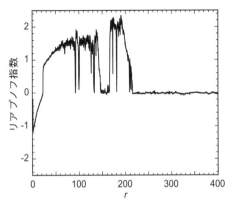

図 2.17　r の値を連続的に変化させた場合のローレンツモデルの最大リアプノフ指数
正のリアプノフ指数の領域が，図 2.15 の分岐図のカオス領域に対応する．

あってもリアプノフ指数の大きさは異なっており，パラメータ値により初期値鋭敏性の大きさが異なることを示している．

このように，リアプノフ指数の計算にはモデル方程式の線形化を行って線形化方程式を導出し，線形化変数のノルムの変化率から求める手法が有用である．一方で，モデル方程式や実験から得られた時間波形を直接用いてアトラクタを再構成して（2.2.9項参照），2つの隣接軌道の差の変化率を計測する方法も提案されている．しかしながら，モデル方程式が存在する場合には，モデル方程式から線形化方程式を導出することができるため，線形化方程式を用いてリアプノフ指数を計算する方法が，非常に正確であり最も推奨されている．

一般的には，システムの変数の個数だけリアプノフ指数が存在する．つまり，ローレンツモデルには3つのリアプノフ指数が存在する．式(2.38)で計算されたリアプノフ指数は，3つのリアプノフ指数のうちの最大値であり，「最大リアプノフ指数」(Maximum Lyapunov exponent) と呼ばれる．最大リアプノフ指数が正であることが決定論的カオスの有力な証拠となる．より詳細な解析のためには，3つのリアプノフ指数のすべてを計算する必要がある．すべてのリアプノフ指数は，「リアプノフスペクトラム」(Lyapunov spectrum) と呼ばれている．リアプノフスペクトラムを求めるためには，式(2.28)〜(2.30)の線形化方程式を変数の数の組だけ用意し（ローレンツモデルでは3組），それぞれ異なる初期値から線形化変数を計算する．その後，線形化変数をベクトルと見なし，3組の線形化方程式から得られた3つの線形化変数ベクトルを直交化する（例えばグラム–シュミットの直交化を用いる）．直交化されたベクトルのノルムの変化率を計算することで，3次元のすべての方向の誤差拡大率（リアプノフ指数）の組を計算することができる．リアプノフスペクトラムの計算により，非線形システムのエントロピーや次元の算出が可能となる．これらの指標は，非線形システムの複雑性と関連付けられる [Kanno 2012, Uchida 2012]．

2.2.7 レスラーモデル

カオス研究分野における他の代表的な数値モデルは，「レスラーモデル」(Rössler model) である．レスラーモデルは，ローレンツモデルと同様に非線

形ダイナミクスを観測するためのよく知られたモデルである．レスラーモデルも3変数から構成されており，周期振動からカオスへの分岐や，正の最大リアプノフ指数といった決定論的カオスの特徴を示すことが知られている．

レスラーモデルは，以下のような連立常微分方程式で記述される．

$$\frac{dx(t)}{dt} = -(y(t) + z(t)) \tag{2.39}$$

$$\frac{dy(t)}{dt} = x(t) + ay(t) \tag{2.40}$$

$$\frac{dz(t)}{dt} = b + z(t)(x(t) - \mu) \tag{2.41}$$

ここで，$a = 0.2$，$b = 0.2$，$\mu = 5.7$ が，カオスを観測するための典型的なパラメータ値である．

ルンゲクッタ法を用いて数値計算により求めたレスラーモデルの時間波形と，3次元位相空間でのカオスアトラクタを図2.18に示す．時間波形は不規則に変動しており，カオスであることが分かる．カオスアトラクタは円盤状の形をしており，濃淡のあるフラクタル構造が観測されている．

また，レスラーモデルの線形化方程式は，以下の通りである．

$$\frac{d\delta_x(t)}{dt} = -\delta_y(t) - \delta_z(t) \tag{2.42}$$

$$\frac{d\delta_y(t)}{dt} = \delta_x(t) + a\delta_y(t) \tag{2.43}$$

$$\frac{d\delta_z(t)}{dt} = z(t)\delta_x(t) + (x(t) - \mu)\delta_z(t) \tag{2.44}$$

行列形式で表すと，以下のようになる．

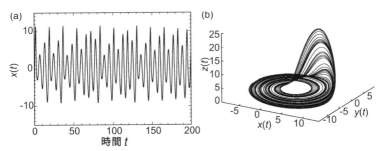

図2.18 レスラーモデルの (a) 変数 $x(t)$ の時間波形，(b)3次元位相空間内におけるカオスアトラクタ

$$\frac{d}{dt}\begin{pmatrix}\delta_x(t)\\\delta_y(t)\\\delta_z(t)\end{pmatrix}=\begin{pmatrix}0 & -1 & -1\\1 & a & 0\\z(t) & 0 & x(t)-\mu\end{pmatrix}\begin{pmatrix}\delta_x(t)\\\delta_y(t)\\\delta_z(t)\end{pmatrix} \tag{2.45}$$

この線形化方程式を用いることで，2.2.6項に示した方法により，レスラーモデルにおいても最大リアプノフ指数の計算が可能となる．

2.2.8 分岐の種類とカオスへ至るルート

前項で説明したように，決定論的カオスの重要な特徴の1つは，分岐とカオスへ至るルート（道筋）である．分岐とは，非線形システムのパラメータ値の1つを変化させたときに，定常状態から周期振動等を経由してカオスへと至る遷移のことである．多くの非線形システムで観測される3種類の分岐とカオスへ至るルートの概念図を，図2.19に示す．これらの3種類の分岐は多くのレーザシステムで観測されており，レーザ実験において決定論的カオスの証拠を示すためにも用いられている（第3章参照）．

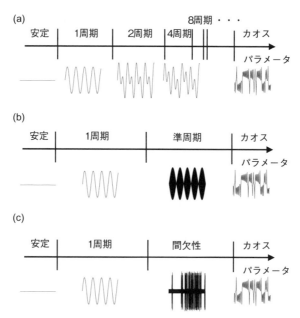

図2.19 パラメータの値を変化させた場合の，典型的なカオスへ至るルート（道筋）の概念図 (a) 周期倍加ルート，(b) 準周期崩壊ルート，(c) 間欠性ルート．

(a) 周期倍加ルート

図2.19 (a) に示すように，周期倍加ルートは定常状態から始まり，1周期，2周期，4周期，…2^n周期（nは正の整数）となり，最終的にカオスへと至るルートである．2.1.4項で説明したように，周期倍加ルートはロジスティック写像において観測されている．また多くのレーザシステムにおいても，実験および数値計算にて観測されている．

(b) 準周期崩壊ルート

図2.19 (b) に示すように，「準周期崩壊ルート」(quasi-periodicity breakdown route) は定常状態から始まり，1周期振動から準周期振動を経由して，カオス振動へと至る分岐である．準周期振動とは，非通約な（整数比で表せない）2つの周波数を有する振動状態のことである．ここでパラメータを変化させると，2つの非通約な周波数成分間の非線形な相互作用により準周期アトラクタ（トーラスアトラクタとも呼ばれる）が崩壊し，カオスアトラクタが生成される．このルートは，2つの固有周波数を有するレーザシステムにおいてよく観測される．例えばレーザに外部変調を加えた場合，レーザの有する内部の固有振動周波数（緩和発振周波数に相当）と外部変調周波数がある程度近くなると，非線形相互作用することによりカオス的不安定性を引き起こす．また時間遅延を有する戻り光を有するレーザの場合でも，レーザ内部の緩和発振周波数と戻り光の外部共振周波数との非線形相互作用によりカオスが生じる．つまり，外部変調や戻り光を有するレーザシステムにおいて，準周期崩壊ルートは多く観測されている．

(c) 間欠性ルート

図2.19 (c) に示すように，「間欠性ルート」(intermittency route) はあるパラメータ値が臨界を超えるときに，定常状態または周期振動（ラミナー部と呼ばれる）が，間欠的に生じる不規則な振る舞い（バースト部と呼ばれる）により遮られ，その後カオスに至るルートのことである．はじめはバースト部が不規則に出現し，パラメータ値により変化する．ラミナー部の平均時間（ラミナー長）は，パラメータが臨界値を超えると減少し始め，パラメータの変化とともに徐々にラミナー部が消えてバースト部が支配的となり，最終的には完全

にカオス状態になるのが特徴的である.

2.2.9 時間遅延信号の埋め込みによる位相空間でのアトラクタの再構築

　実験において非線形ダイナミクスを調査する際には，物理的に観測可能な変数しか用いることができない．例えばレーザシステムの場合では，観測可能な変数は光強度である．一方でレーザのダイナミクスに重要な役割を果たす反転分布（キャリア密度）や原子分極は直接観測することは通常不可能である（2.3.2項を参照）．また電界の位相振動の計測には複雑な装置と高速測定技術が必要となる．そのため観測可能なデータのみから，非線形解析に有用な情報をどのように取り出すことができるかという問題が生じる．例えば簡単な例であるローレンツモデルにおいて，もしも変数 $x(t)$ のみが測定できる場合，モデル全体のダイナミクスの本質を表現することができるか，という問いである．これは，非線形ダイナミクス分野の発展の初期における重要な学術的課題であった．

　この問題は，時間遅延信号の埋め込みによる位相空間における「アトラクタの再構築」(attractor reconstruction) の手法により解決される [Takens 1981]．多次元のシステムにおいて，もしも1つのスカラー変数（例えばレーザの光強度）の時間波形が観測できれば，システムの多次元ダイナミクスの多くの重要な特性が，時間遅延埋め込みによって再構築できるということが数学的に証明されている．

　ローレンツモデルを例として以下に説明する．軸 $x(t)$, $x(t+\tau)$, $x(t+2\tau)$ の時間遅延変数により再構築された3次元位相空間において，時刻 t, $t+\tau$, $t+2\tau$ での変数 $x(t)$ の時間波形をプロットした結果を図2.20に示す．ここで時間遅延 τ の値は，再構築されたアトラクタの形を決定する重要なパラメータである．元のアトラクタ（図2.13 (b)）に似たバタフライアトラクタが，図2.20 (a) に観測されていることが分かる（$\tau = 0.1$ の場合）．一方で τ を変化させると，図2.20 (b) のようにアトラクタの形が変形していることが分かる（$\tau = 0.2$）．このように，時間遅延信号による埋め込みを用いることで，1変数 $x(t)$ のみの時間波形からアトラクタの再構成が可能であることが分かる．さら

2.2 連続時間システムのカオス 45

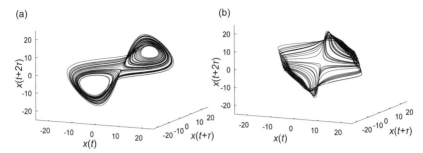

図 2.20 時間遅延データ $x(t), x(t+\tau), x(t+2\tau)$ から構成される位相空間に埋め込まれたローレンツモデルのカオスアトラクタ
(a) 埋め込み遅延時間 $\tau = 0.1$, (b) $\tau = 0.2$.

に図 2.20 では 3 次元位相空間におけるアトラクタの再構築を行ったが, 再構成のために必要な位相空間の次元の設定も重要である.

また 1 変数データから非線形解析を行う他の方法として,「ポアンカレ断面」(Poinecaré section) が挙げられる. これは, ある位相空間上の平面を軌道が通過した際に, その軌道の値を平面上にプロットすることで作成できる. ローレンツモデルにおいて, 3 次元位相空間上でのアトラクタ上の軌道が $z = 27$ を上向きに通過したときの, $x - y$ 平面上でのポアンカレ断面を図 2.21 に示す. もしもダイナミクスが周期ならば, ポアンカレ断面上では周期の数に相当する点を示す. 一方でカオスの場合には, 図 2.21 に見られるように, ポアンカレ断

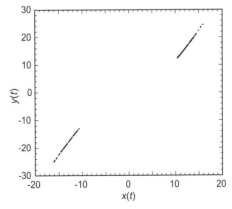

図 2.21 $z = 27$ での $x - y$ 平面上におけるローレンツモデルのカオスアトラクタのポアンカレ断面

面は点の集合から構成される．カオスアトラクタに対するポアンカレ断面は，フラクタルと呼ばれる自己相似構造を有していることが知られている．

以上のように，埋め込みによるアトラクタの再構成やポアンカレ断面を用いることで，1つのスカラー変数から多次元ダイナミクスの特性を調査することが可能となり，多くの非線形ダイナミカルシステムに適用されている．

> ### コラム　カオスの森に迷わないで！
>
> 　カオスを発生する数値モデルの数値計算を行う際の注意点として，初期値の設定とパラメータ値の設定が挙げられる．初期値およびパラメータ値を適切に設定した場合，数値計算は問題なく行われるが，一方でそれらの値が不適切である場合，計算結果が発散したり，反対に常に0に収束する．このような初期値やパラメータ値の選択は，教科書や文献を参考にして適切な結果が得られることを確認してから，その後徐々に値を変化させるとよい．
>
> 　また固定するパラメータと可変のパラメータの選択が非常に重要である．ローレンツモデルの場合はパラメータは3個であるが，第3章で扱う戻り光を有する半導体レーザのLang-Kobayashi方程式には，パラメータが10個以上も存在している．この場合，どのパラメータ値を固定して，どのパラメータを変化させればよいのであろうか？
>
> 　基本的な考え方としては，実験で変えることが可能なパラメータ（注入電流や戻り光量など）を可変パラメータとして設定すればよい．ここで注意すべきは，複数のパラメータを同時に変化させる場合である．例えば2個のパラメータを同時に変化させて分岐図を作成すると，様々なダイナミクスや分岐が出現する．しかしながらこの分岐図は，別の1個のパラメータを変化させると，まったく異なる分岐図となる可能性がある．つまり固定パラメータの設定を変えると，可変パラメータで作成する分岐図が大きく変化する．この場合，固定パラメータをどの値に設定し，可変パラメータをどの範囲で動かすかという基準があいまいになる．
>
> 　このように多くのパラメータ値を有するモデルを数値計算する場合に

は，パラメータ選択に迷いが生じる．著者はこれを「カオスの森」と呼んでいる．カオスの森に迷い込むと，パラメータ設定に応じて様々なダイナミクスが得られるため，どのダイナミクスが本質的に重要なのかが分からなくなる．複雑系やカオスの研究の難しさの1つはこの多様性にある．すべてのパラメータの組合せを探索しようとすると発散してしまうため，ある程度大胆に固定パラメータ値を決定する必要がある．完璧さを求める優秀な方ほど，カオスの森に迷い込む傾向が強いため，数値計算の際には十分に注意されたい．

2.3 レーザの基礎理論

本節では，レーザの基礎理論について概説する．特にレーザのダイナミクスを記述するレート方程式を用いた解説を中心に行う．

2.3.1 光と媒質の相互作用

(a) レーザの構成要素

レーザは「コヒーレント」(coherent)な光を生成するための人工的な光源である．ここでコヒーレントとは，位相の揃った状態の光子のことである．また「光子」(photon)とは，光を構成する基本的な粒子のことである．コヒーレントな光は，光の明るさ，干渉性を高め，光スペクトルの線幅をより狭くする．

コヒーレントな光を得るためには，図2.22に示すように3つの構成要素が

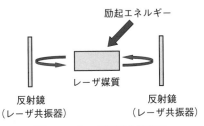

図2.22 レーザの基本構成図

レーザ媒質，レーザ共振器，励起エネルギーから構成される．

必要である．1つ目は光増幅のための「レーザ媒質」(laser medium) であり，2つ目は生成された光を閉じ込めるための「レーザ共振器」(laser cavity) である．また3つ目はレーザを発振させ続けるための「励起エネルギー」(pump energy) である．レーザ媒質は半導体や光ファイバ，固体や気体等を用いており，2つの反射鏡からなるレーザ共振器（ファブリペロー共振器と呼ばれる）に挿入される．励起エネルギーはフラッシュランプ光やレーザ光，電流等を用いてレーザ媒質に与えられる．励起エネルギーはレーザ媒質内の原子を励起状態にさせ，励起された原子は光を増幅する．レーザ媒質は，増幅された光を閉じ込める太めの反射鏡（共振器）に挟まれており，共振器内で何度も光増幅を行うために媒質内で光を繰り返し往復させる．ここで光を増幅し続けるために，励起エネルギーは連続的に加えられる必要がある．共振器内で増幅された光は，レーザ光を部分的に透過する片側の鏡から取り出すことができ，これが出力光となる．

(b) 2準位系とレーザ発振の原理

図2.23に示されるような2つのエネルギー準位を有する原子（2準位系と呼ばれる）のレーザ媒質において，コヒーレントな光が生成される過程について考える．原子内における電子の軌道半径は離散的に分布しており（量子化と呼ばれる），原子核に近いほど電子のエネルギーは低くなる．ここで原子内の電子が存在可能な2つの軌道が存在すると仮定する．原子核に近い軌道に電子が

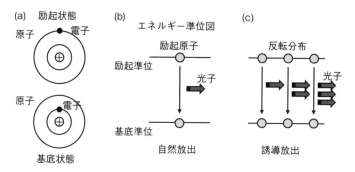

図2.23　2準位系原子モデルにおけるレーザ発振の原理
(a) 基底状態と励起状態の原子，(b) エネルギー準位図における自然放出，(c) エネルギー準位図における誘導放出．

存在する状態を基底状態と呼び，原子核から離れた軌道に電子が存在する状態を励起状態と呼ぶ（図 2.23 (a)）．励起状態のほうが基底状態よりも原子核と電子間の距離は大きく，電子のエネルギーは大きい．ここで電子のエネルギーの大小をエネルギー準位図と呼ばれる図で表現する（図 2.23 (b)）．2つのエネルギー準位の下の準位は基底準位と呼ばれ，上の準位は励起準位と呼ばれる．基底準位に原子がある場合は，原子核と電子の距離が小さい状態の原子を示しており，一方で励起準位に原子がある場合には，原子核と電子の距離が大きい原子を示している．

ここで基底準位にある原子に外部から光を加える場合を考える．原子は光のエネルギーを「吸収」(absorption) し，励起準位へと遷移する．つまり，内側の軌道に存在していた電子が，与えられたエネルギーにより外側の軌道へと遷移して，電子のエネルギーが増加する．次に，励起準位に存在する原子はエネルギー的には不安定であるために，一定時間後に自然に基底状態へと遷移する．このとき余ったエネルギーは光となり放出され，これは「自然放出」(spontaneous emission) と呼ばれる（図 2.23(b)）．つまり自然放出とは，励起準位にある原子が自然に基底準位へと遷移して光子を放出する過程のことである．

それでは図 2.23 (c) のように，励起準位に原子が数多く存在する場合には何が生じるであろうか？ この場合，1つの原子が自然放出を開始して光子を放出する．この光子により，励起準位にある別の原子は誘導的に光を放出し，これは「誘導放出」(stimulated emission) と呼ばれる．つまり誘導放出とは，励起準位にある原子が光子により誘導的に基底準位へと遷移して光を放出する過程のことである．誘導放出により生成される光子の位相や周波数は元の光子と同一であるため，位相の揃ったコヒーレントな光が生成される．雪山における雪崩のように誘導放出は連続して発生し，コヒーレントな光子が次々と生成されて光の増幅が行われる．

誘導放出が生じるためには，励起準位にある原子の個数が基底準位にある原子の数よりも多いことが必要であり，これは「反転分布」(population inversion) と呼ばれている．つまり反転分布とは，励起準位と基底準位の原子数の差のことであり，励起準位の原子数を多くして反転分布を形成するため

に，励起エネルギーが用いられる．このようにコヒーレント光を発生させるためには反転分布の生成が不可欠である．実際のレーザにおいて反転分布を生成するためには，3つ以上のエネルギー準位が必要となることが知られている．

反転分布および誘導放出により増幅されたコヒーレント光はレーザ共振器で反射され，再びレーザ媒質へと注入されることにより，誘導放出が継続して行われる．このようにレーザ共振器内に閉じ込められた光子は，より多くの光子を誘導放出するためにレーザ媒質内を何度も往復する．ここで反射鏡を部分透過にすることで，コヒーレント光をレーザ共振器から外に取り出すことができ，レーザ出力光となる．

誘導放出により光子が生成される間，反転分布を生成するための励起エネルギーが十分に存在する場合に，連続的なレーザ出力が得られる．一方で，誘導放出が反転分布の生成よりも速い場合には，ある周期間隔でしか光子が生成されない場合がある．この場合，連続光の代わりに光パルス出力が得られる．

このようにレーザ光の発生は，光と原子の相互作用に基づいている．光と原子のダイナミクスは非常に強く影響し合っており，それらが独立に決定されることはない．したがって光と原子は非線形相互作用を生じることから，レーザは潜在的に非線形性を有しており，本質的に不安定なデバイスであると言える．第3章で述べるように，多くのレーザはカオス的な不規則出力振動を生成する．光と原子の非線形相互作用は，レーザのダイナミクスを理解するために非常に重要であり，レート方程式を用いて記述できる（2.3.2項参照）．

(c) 半導体レーザにおける電子–正孔対の放射性再結合

図2.23の2準位系を用いた説明は，気体レーザや固体レーザには当てはまるが，半導体レーザには適用できない．半導体レーザでは，エネルギー準位がバンド構造をしているために，反転分布は存在しない．その代わりに，負の電荷を持つ電子と正の電荷を持つ正孔（ホール）からなる「電子–正孔対」(electron-hole pairs) が反転分布と同様の役割を果たす．コヒーレント光は電子–正孔対の「放射性再結合」(radiative recombination) から得ることができる．

半導体レーザの基本的な構造は，p型半導体（多くの正孔を持つ）とn型半

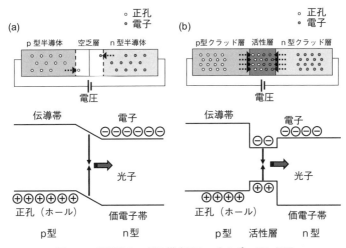

図2.24 半導体レーザの構成図とエネルギーバンド図
(a) pn接合, (b) ダブルヘテロ構造.

導体（多くの電子を持つ）を互いに結合させることにより作られるpn接合である [Agrawal 1993]．pn接合の構造とエネルギーバンド図を図2.24 (a) に示す．外部電圧を加えることにより，pn接合の境界において内部の電界が減少して空乏層が生成され，電子と正孔の混合が可能となる．狭い空乏層において電子と正孔の両方が同時に存在し，再結合して消滅する．再結合の際に余ったエネルギーは光へと変換され，光子が放出される．この現象は放射性再結合と呼ばれている．しかしながら，生成された光子は電子–正孔対を生成する過程と逆の過程により吸収される場合もある．外部電圧があるしきい値を超えるとき，光子の放出率は吸収率を超えて誘導放出による光増幅が達成される．電子–正孔対の量は「キャリア密度」(carrier density) とも呼ばれており，半導体レーザの注入電流に比例して増加する．またキャリア密度は反転分布に対応する量である．しきい値を超えるキャリア密度が存在する場合，コヒーレントなレーザ光を生成することができる．

半導体レーザにおいて室温発振および高出力を得るために，ダブルヘテロ構造が多く使用されている．ダブルヘテロ構造とエネルギーバンド図を図2.24 (b) に示す．ダブルヘテロ構造では，薄いp型活性領域（活性層と呼ばれる）を2つのp型とn型の半導体（クラッド層と呼ばれる）で挟み込んだ構造であ

る．活性層はクラッド層よりも小さいバンドギャップ幅を持つ．ここで外部電圧を加えると，クラッド層の電子と正孔はバンドギャップ幅の小さい活性層へと移動する．このように活性層内に電子と正孔を閉じ込めることが可能となり，電子–正孔対の放射性再結合を効率よく発生させる点が優れている．ダブルヘテロ構造はレーザ発振のしきい値電流の大幅な低下を生じさせるため，半導体レーザの常温動作を実現している．

2.3.2 レーザダイナミクスのレート方程式

レーザの時間ダイナミクスは連立常微分方程式を用いることにより記述できる．レーザにおける主な3つの物理変数は，「電界」(electric field)，「反転分布」(population inversion)，および「原子分極」(atomic polarization) で表される．ここで電界 E（複素数）の2乗は，光強度 I（実数）あるいは光子数 P（実数）に置き換えられる（つまり $I = P = |E|^2$）．複素数の電界 E は，レーザ間の光結合やインジェクションロッキングのように，コヒーレントな干渉として光位相が重要な役割を果たす際に用いられる．一方で実数の光強度 I は，光強度のみがダイナミクスを支配し，光位相を考慮する必要がない場合に用いられる．また半導体レーザの場合，反転分布の変数はキャリア密度の変数に置き換えられる．これらの3つの物理変数の変化量は，レーザ共振器内の物理法則により支配され，「レート方程式」(rate equation) として知られる微分方程式により記述される．その変化量は方程式における各項の符号に依存して増減する．このようにレーザのダイナミクスは決定論的な方程式により記述できる．

光とレーザ媒質の相互作用を考えるために，2準位系原子と光子が相互作用するモデルを考える．光強度と反転分布（またはキャリア密度）の変数を有するモデルのダイナミクスを表す方程式は，以下のように表される [Yariv 1991]．

$$\frac{dI(t)}{dt} = gI(t)N(t) - \frac{I(t)}{\tau_p} \tag{2.46}$$

$$\frac{dN(t)}{dt} = R - gI(t)N(t) - \frac{N(t)}{\tau_s} \tag{2.47}$$

ここで，$I(t)$ は光強度，$N(t)$ は反転分布，g はレーザ利得，R はレーザ発振のための励起エネルギー，τ_p は光子寿命，τ_s は反転分布寿命である．

2.3 レーザの基礎理論　53

　式 (2.46) および (2.47) の右辺の各項について物理的解釈を行う．式 (2.46) は光強度 $I(t)$ の時間ダイナミクスを記述しており，右辺の 2 つの項により支配されている．例として，式 (2.46) の第 2 項を無視し，第 1 項についてのみ考えると，式 (2.46) は以下のように変形できる．

$$\frac{dI(t)}{dt} = gI(t)N(t) \tag{2.48}$$

さらに変形すると，

$$\frac{dI(t)}{I(t)} = gN(t)dt \tag{2.49}$$

簡単のために式 (2.49) の $N(t)$ が定数 N_s であると仮定する．このとき，式 (2.49) の両辺を以下のように積分する．

$$\int \frac{1}{I(t)}dI(t) = \int gN_s dt \tag{2.50}$$

これを解くと，以下のようになる．

$$I(t) = A\exp(gN_s t) \tag{2.51}$$

ここで A は定数である．式 (2.51) に示されるように，光強度 $I(t)$ は指数関数的に増加することから（$gN_s > 0$ の場合），式 (2.46) の最初の項 $gI(t)N(t)$ は誘導放出を示していることが理解できる．ここでは簡単のため $N(t)$ を定数 N_s と仮定したが，実際には指数関数の係数に時間依存変数 $N(t)$ を含んでいる．そのため $I(t)$ のダイナミクスは単純に指数関数的な増加とはならず，$N(t)$ に依存して複雑に変動する．

　同様の議論が式 (2.46) の右辺第 2 項にも適用可能である．第 2 項 $-I(t)/\tau_p$ のみ残すと式 (2.46) は $dI(t)/dt = -I(t)/\tau_p$ となり，これの両辺を積分すると，レーザ強度は $I(t) = B\exp(-t/\tau_p)$（B は定数）と求められる．つまり，光強度は指数関数的に減衰することから，右辺第 2 項は共振器内における光子の損失を表していることが分かる．

　以上の議論から，式 (2.46) は次のように解釈できる．光強度 $I(t)$ のダイナミクスは，誘導放出（$I(t)$ の指数関数的な増加）とレーザ共振器内における光子の損失（$I(t)$ の指数関数的な減少）の間の相互作用により決定される．

次に反転分布 $N(t)$ のダイナミクスを記述する式 (2.47) について解釈を行う．反転分布 $N(t)$ は右辺の3つの項により支配されている．最初の項 R は発振のための励起エネルギーを示しており，反転分布は $N(t) = Rt + C$ と変化する．($dN(t)/dt = R$ を積分した解であり，C は定数である．) このように反転分布は時間に対して線形に増加し，レーザ発振のための励起エネルギーを示している．次に式 (2.47) の右辺第2項のみ考えると，反転分布は $N(t) = D\exp(-gI_s t)$ と求められる．($I(t) = I_s$ と一定値を仮定し，D は定数である．) このように反転分布は指数関数的に減少し，誘導放出の効果を示している．実際には，指数関数の係数は時間依存変数 $I(t)$ に依存しているため，複雑なダイナミクスを生じる．ここで誘導放出の効果は式 (2.46) と (2.47) の両方に存在している．つまり $I(t)$ と $N(t)$ は同じ割合で同時に，ただし逆の符号で変化するため，誘導放出による光強度の増加と反転分布の減少の効果を表していると言える．また式 (2.47) の第3項 $-N(t)/\tau_s$ のみ考えると，反転分布は $N(t) = E\exp(-t/\tau_s)$ (E は定数) と求められる．このように反転分布は指数関数的に減少するため，反転分布の損失を記述している．

以上まとめると，反転分布 $N(t)$ に関する式 (2.47) のダイナミクスは，以下の3つの効果により決定される．レーザ発振のための励起エネルギー ($N(t)$ の線形的な増加)，誘導放出 ($N(t)$ の指数関数的な減少)，および反転分布の損失 ($N(t)$ の指数関数的な減少) である．

上述した式 (2.46) と式 (2.47) の説明を，図 2.25 および図 2.26 に要約する．図 2.25 は，式 (2.46) と式 (2.47) の各項の物理的意味をまとめた図であり，上

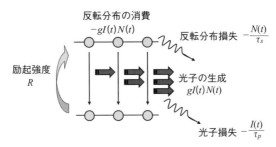

図 2.25 2準位系原子モデルとレート方程式との対応関係

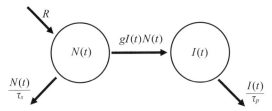

図 2.26　レート方程式のレーザ強度 $I(t)$ と反転分布 $N(t)$ 間のダイナミクスを表すモデル図
図の矢印の方向は，レート方程式の右辺の各項の符号に相当する．

述の説明に対応している．また図 2.26 は光強度と反転分布の変化を模式化した図であり，各項の符号が矢印の向きに対応している．図の矢印はエネルギーの流れを示している．レート方程式の意味は，図 2.26 の関係図から容易に理解することができる．つまり反転分布 $N(t)$ は励起によりエネルギーが注入され，誘導放出によりエネルギーが $I(t)$ へと移動し，また自分自身の損失でもエネルギーが減少する．一方で光強度 $I(t)$ は誘導放出により $N(t)$ からエネルギーを受け取り，損失によりエネルギーが散逸する．

このようにレート方程式はレーザシステムにおいて物理的な変数のダイナミクスを記述するために非常に有用な道具である．一般的にレート方程式には非線形項が存在する．式 (2.46) と (2.47) において，$I(t)$ と $N(t)$ の積が誘導放出に関する非線形項 $gI(t)N(t)$ である．この非線形項を介した $I(t)$ と $N(t)$ の相互作用が，レーザシステムにおける複雑なダイナミクスや決定論的カオスの根源となる．

2.3.3　緩和発振周波数

レーザ出力の光強度の「緩和発振」(relaxation oscillation) は，レーザの時間ダイナミクスの周波数領域を決定するための重要な特性の 1 つである．緩和発振とは，レーザ発振直後に光強度が振動して安定状態へ落ち着くまでのダイナミクスのことである．緩和発振の例を図 2.27 に示す．この振動は光子寿命よりもかなり長い周期で生じる．緩和発振の基本的な物理的原理は，共振器内における光強度と反転分布間の相互作用である．光強度が増加すると，誘導放出の増加率が向上するため，反転分布が減少する．一方で反転分布が減少すると，誘導放出の増加率が減少するため，光強度も減少し始める．光強度が十分

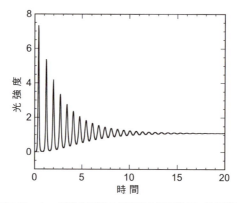

図 2.27 レーザ発振直後の光強度の緩和発振の時間波形

に減少すると,励起エネルギーにより反転分布は再び増加し始める.すると光強度はまた増加するという過程が繰り返される.光強度と反転分布間の振動の振る舞いは数サイクルあるいは数十サイクル続き,光強度と反転分布の定常値へと緩和していく(図2.27参照).したがって,この現象は緩和発振と呼ばれる.

「緩和発振周波数」(relaxation oscillation frequency)はレーザ共振器内の注入電流,キャリア寿命,光子寿命に依存する.緩和発振周波数 f_r は以下のように表される.

$$f_r = \frac{1}{2\pi}\sqrt{\frac{p-1}{\tau_p \tau_s}} \tag{2.52}$$

ここで p は発振しきい値により規格化された励起強度であり,τ_s, τ_p はそれぞれレーザ共振器内における反転分布寿命と光子寿命である.式(2.46)と式(2.47)を用いて,線形安定性解析により緩和発振周波数の式(2.52)を導出することが可能である(補足2.A.3参照).

半導体レーザの場合,キャリア密度寿命が $\sim 10^{-9}$ s であり,光子寿命が $\sim 10^{-12}$ s であるため,緩和発振周波数は $10^9 \sim 10^{10}$ Hz (GHz) 程度と非常に高速である.一方で固体レーザでは,反転分布寿命が $\sim 10^{-3}$ s であり,光子寿命が $\sim 10^{-9}$ s であるため,緩和発振周波数は $10^5 \sim 10^6$ Hz (kHz〜MHz) 程度である.レーザ出力強度における緩和発振は,レーザが発振して定常状態に近づくときに多く観察される.その緩和時間は振動周期よりも相対的に長いため,

レーザ出力強度の緩和発振は容易に観測可能である．

2.3.4　レーザにおけるカオス不安定性の原理

　連続発振するレーザ出力には，小さな不規則振動が存在している．この振る舞いは多くの場合，レーザ媒質に内在する様々なノイズ（量子ノイズ）により連続して引き起こされている緩和発振によるものである．これは「持続的緩和発振」(sustained relaxation oscillation) と呼ばれ，半導体レーザや固体レーザにおいて共通して観察される．またノイズが存在しない場合でも，外部からの摂動により持続的緩和発振が生じる．ここで外部変調や戻り光の付加により，持続的緩和発振周波数と外部変調周波数との間で非線形な周波数混合が生じ，光強度のカオス的振る舞いが生じる．したがって，カオス的時間ダイナミクスは緩和発振周波数と同程度の周波数領域で観察される．そのため，GHzオーダとなる半導体レーザの高速な緩和発振周波数は，光秘密通信や高速乱数生成等への半導体レーザカオスの応用を可能とする．

　光子とキャリア密度間の相互作用は，レーザの光強度ダイナミクスに強く影響を与える．戻り光を有する半導体レーザにおける光子とキャリア密度の相互作用の概念図を図 2.28 に示す．図 2.28 (a) に示すように，通常の発振状態では流入電流によるキャリア密度の生成と光子発生の割合はバランスが取れており，一定に保たれている．しかしながら図 2.28 (b) に示すように，戻り光の一部がレーザ共振器内に再入射されると，戻り光により誘導放出が促進されるために光子とキャリア密度間でのエネルギーの供給と消費のバランスが破壊され

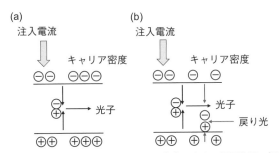

図 2.28　半導体レーザにおけるキャリア密度と光子の相互作用の概念図
(a) 定常発振時，(b) 戻り光がある場合．(b) では，キャリア密度と光子の相互作用のバランスが戻り光により破壊され，レーザ出力のカオス不安定性を生成する．

る．その結果として，不規則な光出力振動が発生する．これは戻り光を有する半導体レーザにおけるカオス的出力強度揺らぎ生成のメカニズムの定性的な解釈である．光子とキャリア密度間の相互作用により，持続的緩和発振周波数と外部共振周波数（戻り光の外部共振器内の共振周波数）との非線形な周波数混合が生じ，カオス的不規則振動出力が生成される．

2.4 カオスとレーザの関連性

カオスとレーザとの関連性は，1975 年にハーケンにより初めて指摘された [Haken 1975]．ハーケンは，レーザのダイナミクスを記述するマクスウェル−ブロッホ方程式と，カオスの代表的なモデルであるローレンツ方程式が，変数変換を行うことで数学的に等価であることを示した．これはローレンツ−ハーケン方程式 (Lorenz-Haken equation) として知られている．ローレンツ−ハーケン方程式におけるカオスの発生条件は，高い励起強度とレーザ共振器の低い Q 値であった．そのためローレンツ−ハーケン型のカオスは実験において観測されたものの，その条件は通常のレーザ動作条件からはかけ離れていた [Weiss 1991]．つまりローレンツ−ハーケン型のカオスの発生は一般に困難であり，通常動作におけるレーザの安定性を示すこととなった．

本節ではレーザの時間ダイナミクスを記述するモデルと，ダイナミクスを支配する変数に基づいたレーザの分類について説明する．

2.4.1 マクスウェル−ブロッホ方程式に基づくシングルモードレーザのモデル

レーザの時間ダイナミクスは，レート方程式と呼ばれる連立常微分方程式により記述できる．単一モードレーザの基本モデルの 1 つは，準古典論に基づいた「マクスウェル−ブロッホ方程式」(Maxwell-Bloch equation) から導出される．レーザの電界はマクスウェル−ブロッホ方程式により記述される．一方でマクロな原子分極は「シュレディンガー方程式」(Schrödinger equation) により表される．さらに光子や原子分極，反転分布の減衰効果が現象論的に付加される．

均一広がりを有する単一モードリングレーザのレート方程式は以下のように記述される [Mandel 1997].

$$\frac{dE(t)}{dt} = -\kappa\left[(1+i\Delta)E(t) + AP(t)\right] \quad (2.53)$$

$$\frac{dP(t)}{dt} = -(1-i\Delta)P(t) - E(t)D(t) \quad (2.54)$$

$$\frac{dD(t)}{dt} = \gamma\left[1 - D(t) + \frac{1}{2}\left(E^*(t)P(t) + E(t)P^*(t)\right)\right] \quad (2.55)$$

ここで $E(t)$ は複素電界,$P(t)$ は原子の複素分極,$D(t)$ は反転分布(実数)である.$E^*(t)$ は $E(t)$ の複素共役を表す.ここで $E(t)$ と $P(t)$ は,光キャリア周波数 ω_c と比較してゆっくりと変化する包絡線成分であることを仮定している.(SVEA 近似と呼ばれる.Slowly-Varying Envelope Approximation の略.)光キャリア周波数を含む電界 $E_{total}(t)$ および原子分極 $P_{total}(t)$ は以下のように表せる.

$$E_{total}(t) = E(t)\exp(-i\omega_c t) + E^*(t)\exp(i\omega_c t) \quad (2.56)$$

$$P_{total}(t) = P(t)\exp(-i\omega_c t) + P^*(t)\exp(i\omega_c t) \quad (2.57)$$

この概念図を図 2.29 に示す.図 2.29 のように,電界の振動は高速な光キャリア周波数 ω_c の振動に加えて,それよりも遅い包絡線振動成分 $E(t)$ が存在しており,この包絡線成分がレート方程式における電界のダイナミクスとして取り扱われる.しかしながら一方で,コヒーレントに光結合されたレーザにおいて,2つのレーザ間の光キャリア周波数の差(デチューニング)は,インジェ

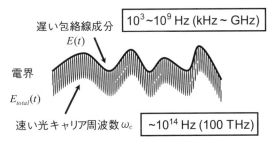

図 2.29 レーザ出力の電界振動 $E_{total}(t)$ が有する 2 つの異なる周波数成分の概念図
速い光キャリア周波数 ω_c と遅い包絡線成分 $E(t)$ が存在している.包絡線近似により光キャリア周波数 ω_c は消去され,遅い包絡線成分 $E(t)$ のダイナミクスがレート方程式にて記述される.

クションロッキングと呼ばれる周波数引き込み効果を考える際には重要な役割を果たす．したがって包絡線成分 $E(t)$ のダイナミクスのみならず，光キャリア周波数 ω_c の差の存在を考えることは重要である．

式 (2.53)–(2.55) における3つの変数の減衰率として，電界の減衰率 κ_c，原子分極の減衰率 $\gamma_\perp$，および反転分布の減衰率 $\gamma_\parallel$ が用いられる．ただし，式 (2.53)–(2.55) の時間は原子分極の減衰率 $\gamma_\perp$ により規格化されている．そのため，式 (2.53) の電界の減衰率は $\kappa = \kappa_c/\gamma_\perp$ に置き換えられ，式 (2.55) の反転分布の減衰率は $\gamma = \gamma_\parallel/\gamma_\perp$ に置き換えられている．また Δ は光キャリア周波数 ω_c と原子の共鳴周波数 ω_a の間の差であり，$\Delta = (\omega_c - \omega_a)/(\kappa_c + \gamma_\perp)$ となる．さらに式 (2.25) は励起エネルギーにより規格化されている．

ここで簡単のため，レーザは共鳴状態 $\omega_c = \omega_a$ にあると仮定する．そのため $\Delta = 0$ を満たし，3つの変数 $E(t)$, $P(t)$, $D(t)$ の虚部は消去される．式 (2.53)–(2.55) は以下のように修正される．

$$\frac{dE(t)}{dt} = -\kappa\left(E(t) + AP(t)\right) \tag{2.58}$$

$$\frac{dP(t)}{dt} = -P(t) - E(t)D(t) \tag{2.59}$$

$$\frac{dD(t)}{dt} = \gamma(1 - D(t) + E(t)P(t)) \tag{2.60}$$

これらの単一モードリングレーザのモデル式は，減衰率に基づくレーザダイナミクスの分類のために次項にて用いられる．

2.4.2 減衰率に基づくレーザダイナミクスの分類

一般にレーザは光増幅を行うためのレーザ媒質（気体，液体，固体，半導体など）により分類されている．一方で，レーザダイナミクスの観点から，レーザを分類する方法が提案されている [Arecchi 1984]．単一モードレーザは式 (2.58) - (2.60) に示される3つの方程式により記述され，その変数は電界，原子分極，反転分布である．これら3つの変数は，多くの場合大きく異なる時間スケールで減衰する．減衰時間の逆数は κ_c（電界の減衰率），$\gamma_\parallel$（反転分布の減衰率），$\gamma_\perp$（原子分極の減衰率）によりそれぞれ与えられる．もしもこれらの減衰率の1つが他よりも大きければ，その変数は速く減衰して他の変数に追

従して変化する．つまり大きな減衰率を有する変数の時間ダイナミクスは他の変数よりも速く，この変数は他の変数に従属していると考えられる．それゆえに，大きい減衰率を有する変数は小さい減衰率を持つ変数の従属変数とみなすことができ，ダイナミクスを記述するレート方程式の個数を減らすことが可能となる．このような近似は，変数の「断熱消去」(adiabatic elimination) として知られている [Mandel 1997, Otsuka 1999]．変数の個数に応じて，レーザはクラス A，B，C の 3 つのタイプに分類される．クラス A は 1 変数（電界）であり，クラス B は 2 変数（電界と反転分布）となり，クラス C は 3 変数（電界，反転分布，原子分極）でそれぞれ記述される．

(a) クラス C レーザ

クラス C レーザでは，電界，反転分布，原子分極の減衰率は同じオーダであり，以下の関係を満たす．

$$\kappa_c \approx \gamma_\perp \approx \gamma_\parallel \tag{2.61}$$

電界，原子分極および反転分布の 3 つの減衰率が同じオーダの場合，レーザのダイナミクスは式 (2.58) - (2.60) の 3 変数のまま記述される．電界が他の 2 変数と同等の減衰率を有するということは，電界がレーザ共振器内に十分閉じ込められていないことを意味している．つまりレーザ共振器の閉じ込めを表す「Q 値」(quality factor) が低く，損失の多い共振器となっている．このように共振器の Q 値が低いレーザは，クラス C レーザとして分類される．クラス C レーザは 3 つの独立変数で記述されるため，カオスを生成する条件を満たしている．（連続時間システムにおけるカオス発生には，少なくとも 3 つの独立変数が必要であることが数学的に証明されている．）そのため，外部変調等の付加的な効果を加えなくてもカオス的な振る舞いが観測される [Weiss 1991]．クラス C レーザの例として，波長 $3.39\,\mu\mathrm{m}$ の He–Ne レーザや，$3.51\,\mu\mathrm{m}$ の He–Xe レーザ，NH_3 レーザが挙げられる．

(b) クラス B レーザ

クラス B レーザでは，原子分極の減衰率が電界と反転分布の減衰率よりも非常に大きく，電界の減衰率が反転分布の減衰率よりも大きい場合であり，以下

の関係を満たす.

$$\gamma_\perp \gg \kappa_c > \gamma_\parallel \tag{2.62}$$

これより,原子分極のダイナミクスは他の2つの変数よりも非常に速く応答するため,原子分極の変数は他の2つの変数の従属変数であるとみなされる.この場合,式 (2.59) の左辺の項は0と置くことができ ($dP(t)/dt = 0$),式 (2.59) は以下のようになる.

$$P(t) = -E(t)D(t) \tag{2.63}$$

式 (2.63) を式 (2.58) と (2.60) に代入すると,以下のようになる.

$$\frac{dE(t)}{dt} = \kappa \left(-1 + AD(t)\right) E(t) \tag{2.64}$$

$$\frac{dD(t)}{dt} = \gamma \left(1 - D(t) - E^2(t)D(t)\right) \tag{2.65}$$

このように,クラスBレーザのダイナミクスは電界 $E(t)$ と反転分布 $D(t)$ の2変数により記述される.式 (2.64) において,右辺の第1項はレーザ共振器内の電界の損失を示しており,第2項は誘導放出を表している.また式 (2.65) において,右辺の第1項は励起エネルギーに相当し,第2項は反転分布の損失であり,第3項は誘導放出を表している.このように,式 (2.64) および (2.65) は,光強度 $I(t)$ の代わりに電界 $E(t)$ を用いている点を除いて ($I(t) = |E(t)|^2$),本質的に 2.3.2 項の式 (2.46) および (2.47) と等価である.つまり,式 (2.46) と (2.47) はクラスBレーザのダイナミクスを表している.

2.3.3 項で述べたように,電界(光子)と反転分布間の相互作用は緩和発振を生じさせる.これは反転分布が電界の変化に追従することができないためである ($\kappa_c > \gamma_\parallel$).加えて,クラスBレーザは2つの独立変数しか持たないため,カオス生成のための必要条件を満たさない.つまりクラスBレーザは,緩和発振を経た後には安定状態へと落ち着く.しかしながら,外部から新たな自由度を追加することで,レーザ出力を不安定化させることが可能となる.特に,外部変調や光注入,戻り光の導入などにより,クラスBレーザにおいてカオスが観測されることが報告されている.

多くの商用レーザはクラスBレーザに分類され，半導体レーザ，固体レーザ，CO_2 レーザなどがクラスBレーザに含まれる．クラスBレーザにおけるカオスの発生方法については，第3章にて詳細に述べる．

(c) クラスAレーザ

クラスAレーザでは，電界の減衰率は原子分極や反転分布の減衰率よりも非常に小さく，以下の関係を満たす．

$$\gamma_\perp \approx \gamma_\parallel \gg \kappa_c \tag{2.66}$$

このように原子分極や反転分布の変数は電界よりも非常に速く変化するため，電界の変化に追従し，従属変数とみなすことができる．この場合，式(2.65)の左辺の項は0とみなされ（$dD(t)/dt = 0$)，式(2.65)は以下のようになる．

$$D(t) = \frac{1}{1 + E^2(t)} \tag{2.67}$$

ここで，式(2.67)を式(2.64)に代入すると，以下のようになる．

$$\frac{dE(t)}{dt} = \kappa \left(-1 + \frac{A}{1 + E^2(t)}\right) E(t)$$

$$\approx \kappa \left(-1 + A - AE^2(t)\right) E(t) \tag{2.68}$$

ここでは発振しきい値近辺の動作（$E^2(t) \ll 1$）を仮定し，$1/(1 + E^2(t)) \approx 1 - E^2(t)$ の近似を行った．式(2.68)のように，クラスAレーザでは電界 $E(t)$ のみの変数がレーザのダイナミクスを記述するために用いられる．式(2.68)の右辺の第1項はレーザ共振器内における電界の損失を表し，第2項は誘導放出に相当し，第3項は飽和効果を表している．式(2.66)のように電界の減衰率が小さいことから，クラスAレーザは高いQ値を持つレーザ共振器を用いて実現できる．つまり，光をよく閉じ込める共振器が必要となる．クラスAレーザは独立変数が1つであり，3つのクラスのレーザの中で最も安定なレーザである．しかしながらクラスBレーザと同様に，2つまたはそれ以上の自由度を加えることで，カオスを発生させることが可能となる．クラスAレーザの例として，波長632.8 nm の He–Ne レーザや色素レーザが挙げられる．

本項で示した分類方法は，2準位系原子の単一モードレーザのモデルから導出されている．実際にダイナミクスを記述するために必要とされる変数の個数はレーザの種類のみならず，マルチモードレーザではレーザのモード数にも依存している．したがってマルチモードレーザの場合には，クラスAやクラスBレーザにおいても付加的な自由度なしでカオスが発生する可能性がある．

またクラスCレーザは3変数を有しているためにカオスを生成するためのよい候補であるように見えるかもしれない．しかしながら，レーザ共振器のQ値が低いために，レーザ発振させることが難しく，レーザとして適していない．市販の半導体レーザや固体レーザはクラスBレーザであり，実験で容易にカオスを発生させるためには，クラスBレーザに自由度を追加する例が多く報告されている．レーザにおけるカオスの発生方法は，第3章にて詳細に述べる．

第2章 補足

2.A.1　常微分方程式の初期値問題のためのルンゲクッタ法

常微分方程式の初期値問題を解く方法について説明する．初期値問題は，すべての初期値 $x_i(0)$ が開始時間 t_0 で与えられ，最終時間 t_n で $x_i(t_n)$ を見つける問題のことである．N 個の連続常微分方程式は，以下のように記述される．

$$\frac{dx_i(t)}{dt} = f_i(t, x_1, x_2, \cdots, x_N), \quad i = 1, 2, \cdots, N \tag{2.A.1}$$

ここで，右辺の関数 f_i は既知であるとする．また変数 $x_i(0)$ の初期値も与えられている．初期値問題を解くために，基本となる考えは以下の通りである．Δx_i と Δt を有限の幅として式 (2.A.1) で dx_i と dt を書き換え，Δt を右辺に乗算する．つまり，$\Delta x_i = f_i \Delta t$ となる．これは変数の変化幅 Δx_i が，関数 f_i と時間幅 Δt との積により求められることを意味する．ここで Δt が十分に小さければ，式 (2.A.1) のよい近似式となっている．この方法を適用したのが，オイラー法である．

オイラー法について以下に述べる．$x_i(t+h)$ を $x_i(t)$ と $f_i(t, x_1, \cdots, x_N)$ の値から求めることを考える．ここで，h は数値計算のための刻み幅（有限時間）である．式 (2.A.1) の左辺は，導関数の定義により以下のように書き換えられる．

$$\frac{dx_i(t)}{dt} = \lim_{h \to 0} \frac{x_i(t+h) - x_i(t)}{h} \tag{2.A.2}$$

式 (2.A.2) を式 (2.A.1) に代入して，簡単のため，$f_i(t, x_1, \cdots, x_N)$ を $f_i(t, x_i)$ に書き換えると，以下のようになる（ここで x_i はすべての変数 $x_1, \cdots, x_N$ を含んでいるとする）．

$$x_i(t+h) = x_i(t) + h f_i(t, x_i) \tag{2.A.3}$$

式 (2.A.3) がオイラー法の公式である．刻み幅 h の間隔で解が求められ，導関数 $f_i(t, x_i)$ の情報のみを利用している．これは計算ステップの誤差が，h より

も小さいことを意味する（つまり $O(h^2)$）．オイラー法は累積誤差が大きいために，実用的な数値計算には推奨されないが，概念的には非常に重要である．すべての実用的な方法は，オイラー法と同様の概念に基づいている．

精度を向上させるために，ステップ間隔 h の中点で導関数の計算をすることを考える．以下のように2つの導関数を計算する．

$$k_{1,i} = f_i(t, x_i) \tag{2.A.4}$$

$$k_{2,i} = f_i(t + \frac{1}{2}h, x_i + \frac{1}{2}h\,k_{1,i}) \tag{2.A.5}$$

$$x_i(t+h) = x_i(t) + h\,k_{2,i} \tag{2.A.6}$$

この場合計算ステップの誤差は，h^2 よりも小さい（つまり $O(h^3)$）．この方法は，ホイン法や中点法と呼ばれる．

さらに精度を向上させるためには，高次誤差項の異なる係数を持った右辺の項 $f_i(t, x_i)$ を計算すればよい．これらの誤差項を級数により推定するというのが，ルンゲクッタ法の基礎的な考えである．ルンゲクッタ法は，常微分方程式の初期値問題のための実用的な数値計算方法として有名である．ルンゲクッタ法は，複数のステップでテイラー級数展開をして得られた情報を結合することにより，計算精度を向上させている．最もよく使われる方法は，4次のルンゲクッタ法であり，以下の通りである．

$$k_{1,i} = f_i(t, x_i) \tag{2.A.7}$$

$$k_{2,i} = f_i(t + \frac{1}{2}h,\ x_i + \frac{1}{2}h\,k_{1,i}) \tag{2.A.8}$$

$$k_{3,i} = f_i(t + \frac{1}{2}h,\ x_i + \frac{1}{2}h\,k_{2,i}) \tag{2.A.9}$$

$$k_{4,i} = f_i(t + h, x_i + h k_{3,i}) \tag{2.A.10}$$

$$x_i(t+h) = x_i(t) + h\left(\frac{1}{6}k_{1,i} + \frac{1}{3}k_{2,i} + \frac{1}{3}k_{3,i} + \frac{1}{6}k_{4,i}\right) \tag{2.A.11}$$

4次のルンゲクッタ法は，時間幅 h ごとに，右辺項の4つの導関数を必要とする．これは，上述のホイン法より優れており，計算誤差は h^4 よりも小さく，$O(h^5)$ となる．

ルンゲクッタ法は，個々のステップを独立に計算することができる点が優れ

ている．すべてのステップが独立に扱われるため，ルンゲクッタ法のプログラム上への実装は容易となり，多くの数値計算にて用いられている．

2.A.2 線形化方程式の導出方法

線形化方程式は，非線形システムの安定性の指標となるリアプノフ指数を計算するために用いられる．はじめに線形化方程式の計算方法について説明する．簡単な例として，以下のような3つの常微分方程式を考える．

$$\frac{dx(t)}{dt} = f(t, x, y, z) \tag{2.A.12}$$

$$\frac{dy(t)}{dt} = g(t, x, y, z) \tag{2.A.13}$$

$$\frac{dz(t)}{dt} = h(t, x, y, z) \tag{2.A.14}$$

線形化方程式を求めるために，アトラクタの軌道からの微小誤差を示す線形化変数を以下のように導入する．

$$x(t) = x_s + \delta_x(t), \quad y(t) = y_s + \delta_y(t), \quad z(t) = z_s + \delta_z(t) \tag{2.A.15}$$

ここで $\delta_x(t)$, $\delta_y(t)$, $\delta_z(t)$ は，それぞれ $x(t)$, $y(t)$, $z(t)$ に対する線形化変数である．これらを用いて，線形化方程式は以下のような行列形式で表される．

$$\frac{d}{dt}\begin{pmatrix} \delta_x(t) \\ \delta_y(t) \\ \delta_z(t) \end{pmatrix} = \begin{pmatrix} \frac{\partial f}{\partial x} & \frac{\partial f}{\partial y} & \frac{\partial f}{\partial z} \\ \frac{\partial g}{\partial x} & \frac{\partial g}{\partial y} & \frac{\partial g}{\partial z} \\ \frac{\partial h}{\partial x} & \frac{\partial h}{\partial y} & \frac{\partial h}{\partial z} \end{pmatrix} \begin{pmatrix} \delta_x(t) \\ \delta_y(t) \\ \delta_z(t) \end{pmatrix} \tag{2.A.16}$$

ここで右辺の 3×3 の行列は，ヤコビ行列と呼ばれている．式 (2.A.16) を書き換えると以下のようになり，これらは線形化方程式と呼ばれている．

$$\frac{d\delta_x(t)}{dt} = \frac{\partial f}{\partial x}\delta_x(t) + \frac{\partial f}{\partial y}\delta_y(t) + \frac{\partial f}{\partial z}\delta_z(t) \tag{2.A.17}$$

$$\frac{d\delta_y(t)}{dt} = \frac{\partial g}{\partial x}\delta_x(t) + \frac{\partial g}{\partial y}\delta_y(t) + \frac{\partial g}{\partial z}\delta_z(t) \tag{2.A.18}$$

$$\frac{d\delta_z(t)}{dt} = \frac{\partial h}{\partial x}\delta_x(t) + \frac{\partial h}{\partial y}\delta_y(t) + \frac{\partial h}{\partial z}\delta_z(t) \tag{2.A.19}$$

2.A.3　緩和発振周波数の導出方法

2.3.3 項の式 (2.52) の緩和発振周波数は，2.3.2 項の式 (2.46) および (2.47) から導出することができる．式 (2.46) と (2.47) を以下に再掲する．

$$\frac{dI(t)}{dt} = gI(t)N(t) - \frac{I(t)}{\tau_p} \tag{2.A.20}$$

$$\frac{dN(t)}{dt} = R - gI(t)N(t) - \frac{N(t)}{\tau_s} \tag{2.A.21}$$

はじめに，$dI/dt = dN/dt = 0$ の条件の元で，式 (2.A.20) と (2.A.21) の定常解を得る必要がある．定常解 N_s と I_s は，$I_s \neq 0$ のとき，以下のように表される．

$$N_s = \frac{1}{g\tau_p} \tag{2.A.22}$$

$$I_s = R\tau_p - \frac{1}{g\tau_s} \tag{2.A.23}$$

ここで線形化方程式を求めるために，定常解からの微小誤差を示す線形化変数を以下のように導入する．

$$I(t) = I_s + \delta_I(t) \tag{2.A.24}$$

$$N(t) = N_s + \delta_N(t) \tag{2.A.25}$$

ここで $\delta_I(t)$，$\delta_N(t)$ は，それぞれ $I(t)$，$N(t)$ に対する線形化変数である．式 (2.A.22)〜(2.A.25) を式 (2.A.20) と (2.A.21) に代入すると，線形化方程式は以下のような行列形式で表される（補足 2.A.2 項も参照）．

$$\begin{pmatrix} \frac{d\delta_I(t)}{dt} \\ \frac{d\delta_N(t)}{dt} \end{pmatrix} = \begin{pmatrix} \frac{\partial f_I}{\partial I} & \frac{\partial f_I}{\partial N} \\ \frac{\partial f_N}{\partial I} & \frac{\partial f_N}{\partial N} \end{pmatrix} \begin{pmatrix} \delta_I(t) \\ \delta_N(t) \end{pmatrix}$$

$$= \begin{pmatrix} 0 & gR\tau_p - \frac{1}{\tau_s} \\ -\frac{1}{\tau_p} & -gR\tau_p \end{pmatrix} \begin{pmatrix} \delta_I(t) \\ \delta_N(t) \end{pmatrix} \tag{2.A.26}$$

ここで右辺の 2×2 行列はヤコビ行列と呼ばれている．ヤコビ行列 **J** の固有値 λ を得るために，その特性方程式を計算する．ここでヤコビ行列の固有値の実部と虚部が，それぞれ定常解の安定性と振動周波数を示す点が重要である．ヤコビ行列 **J** の特性方程式は以下のように求められる．

$$|\mathbf{J} - \lambda \mathbf{I}| = \begin{vmatrix} -\lambda & gR\tau_p - \frac{1}{\tau_s} \\ -\frac{1}{\tau_p} & -gR\tau_p - \lambda \end{vmatrix}$$

$$= \lambda^2 + gR\tau_p \lambda + \left(gR - \frac{1}{\tau_p \tau_s}\right) = 0 \tag{2.A.27}$$

ここで，新たな励起パラメータ $p = gR\tau_p\tau_s$ を導入し，式 (2.A.27) へ代入する．

$$\lambda^2 + \frac{p}{\tau_s}\lambda + \frac{1}{\tau_p \tau_s}(p-1) = 0 \tag{2.A.28}$$

式 (2.A.28) の解は，二次方程式の解の公式から得られ，以下のようになる．

$$\lambda = -\frac{p}{2\tau_s} \pm i\sqrt{\frac{1}{\tau_p \tau_s}(p-1) - \left(\frac{p}{2\tau_s}\right)^2} \tag{2.A.29}$$

ここで，$\tau_p \ll \tau_s$ かつ $p \approx 1$ の場合，次の条件が満たされる．

$$\frac{1}{\tau_p \tau_s}(p-1) \gg \left(\frac{p}{2\tau_s}\right)^2 \tag{2.A.30}$$

式 (2.A.30) を用いて式 (2.A.29) の解を近似すると，以下のようになる．

$$\lambda = -\frac{p}{2\tau_s} \pm i\sqrt{\frac{p-1}{\tau_p \tau_s}} \tag{2.A.31}$$

ここで複素解を $\lambda = \lambda_{Re} \pm i\lambda_{Im}$ と表すと，緩和発振周波数 f_r は λ の虚部（つまり $f_r = \lambda_{Im}/2\pi$）から，以下のように求めることができる．

$$f_r = \frac{1}{2\pi}\sqrt{\frac{p-1}{\tau_p \tau_s}} \tag{2.A.32}$$

式 (2.A.32) は，2.3.3 項の式 (2.52) と一致している．

第3章 レーザにおけるカオスの生成方法

3.1 レーザにおけるカオスの生成方法の分類

　本章ではレーザにおけるカオスの生成方法について述べる．市販されているレーザ（半導体レーザや固体レーザを含むクラスBレーザ）では，電界と反転分布（キャリア密度）の2変数間でのダイナミクスが主となる．電界と反転分布のダイナミクス変化の時間スケールは，緩和発振周波数に対応している．緩和発振周波数は，光子寿命，キャリア寿命，規格化注入電流の3つのパラメータ値により決定される（2.3.3項の式(2.52)参照）．クラスBレーザは電界と反転分布の2変数のみであるため，決定論的カオスを生成するための必要条件（3変数以上）が満たされず，多くの場合は安定な光強度が得られる．そのため，クラスBレーザにおけるカオスの発生には，少なくとも1変数以上（1自由度以上）を追加する必要がある．

　付加的な変数を意図的に加えることで，クラスBレーザにおいてもカオス的出力振動は生成可能であり，実際に多くの非線形ダイナミクスの調査が報告されている．レーザにおける新たな変数の追加によるカオスの生成方法は，以下のように分類できる．

- (a) 時間遅延した戻り光（光フィードバック）
- (b) 光結合と光注入
- (c) 外部変調（励起変調または損失変調）
- (d) 非線形素子の挿入

　これらに加えて，以下のレーザや光システムにおいては，自発的にカオスダイ

ナミクスが得られる．

(e) 池田型受動光システム
(f) マルチモードレーザ
(g) ローレンツ–ハーケンカオスの条件を満たしているクラスCレーザ

これらの方法は図3.1にまとめられおり，以下で詳しく説明する．

3.1.1 時間遅延した戻り光（光フィードバック）

レーザ共振器への自身の「戻り光」(optical feedback) により，レーザ出力はカオス的不規則振動を生じる [Ohtsubo 2013, Soriano 2013a]．時間遅延した戻り光を有する半導体レーザはその一例である．その概念図を図3.1 (a) に示す．外部鏡がレーザ共振器の前面に設置され，レーザ光は外部鏡により反射されて，戻り光としてレーザ共振器へ再注入される．この戻り光は，レーザ媒質内で光子とキャリア密度の相互作用のバランスを乱し，光強度を不安定に

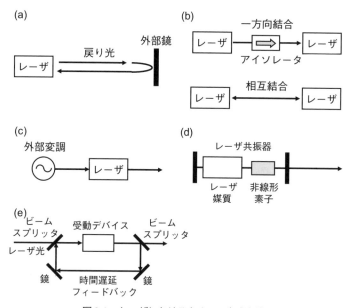

図3.1　レーザにおけるカオスの生成方法
(a) 時間遅延した戻り光（光フィードバック），(b) 光結合と光注入（上：一方向結合，下：相互結合），(c) 外部変調，(d) 非線形素子の挿入，(e) 池田型受動光システム．

する．この場合の時間ダイナミクスは，緩和発振周波数と外部共振周波数の2つの主要な周波数成分によって決定される．緩和発振周波数は，2.3.3項の式(2.52)に示されるように，規格化された注入電流をキャリア寿命と光子寿命で除算した平方根に比例する．したがって，緩和発振周波数は半導体レーザの媒質の特性により決定される．半導体レーザの緩和発振周波数の典型的な値は数GHz である．一方で，「外部共振周波数」(external-cavity frequency) f_{ext} はレーザ共振器の端面と外部鏡との距離（外部共振器長）に依存する．f_{ext} は以下のように求められる．

$$f_{ext} = \frac{c}{2nL_{ext}} = \frac{1}{\tau} \tag{3.1}$$

ここで L_{ext} は外部共振器長（片道），n は外部共振器の屈折率，c は光速となる．また式 (3.1) のように，外部共振周波数は外部共振器内での光伝搬の往復時間（遅延時間 τ と呼ぶ）の逆数に対応する．例として，外部共振器長が $L_{ext} = 0.3 \, \mathrm{m}$（片道）で $n = 1$ のとき，外部共振周波数は $f_{ext} = \sim 0.5 \, \mathrm{GHz}$ であり，遅延時間は $\tau = \sim 2 \, \mathrm{ns}$ である（光速 $c = 2.998 \times 10^8 \, \mathrm{m/s}$）．（光は真空中で $0.3 \, \mathrm{m}$ の距離を伝搬するのに約 $1 \, \mathrm{ns}$ (10^{-9} s) を要することを憶えておくと役に立つ．）

時間遅延した戻り光を有する半導体レーザでは，緩和発振周波数と外部共振周波数との非線形相互作用により，戻り光量を増加させることで，準周期崩壊ルートを経てカオスとなる．さらに，時間遅延フィードバックを有するシステムは高次元システムと見なせるので，時間遅延した戻り光の存在はダイナミクスの複雑性を向上させる．

様々な種類の戻り光がカオス生成に利用できる．例えば，偏光方向を回転した戻り光は，カオスを生成するために用いられる．この方式ではレーザ出力の偏光方向を 90° 回転させて，レーザ共振器へとフィードバックする．2つの電界の直交偏光モードが，キャリア密度を通じて非線形相互作用することにより，カオスが生成される．

また，光–電気フィードバック信号も半導体レーザにおけるカオスの生成に利用される．この方式では，レーザ出力は光検出器により検出されて電気信号に変換される．電気信号はレーザ出力を不安定にするために励起用の注入電流

へ戻される．光強度のフィードバック信号はキャリア密度のダイナミクスとのみ相互作用する．したがって，フィードバック信号は非干渉性の（インコヒーレント）フィードバックと見なされる．この場合，光検出器や電気部品の周波数帯域が，ダイナミクスに強く影響する．

3.1.2 光結合と光注入

図3.1 (b) に示すように，あるレーザからもう一方のレーザへの一方向結合や，2つのレーザ間の相互結合により，レーザ出力のカオス的不規則振動が生成される．2.4.1項の図2.29に示したように，レーザの電界は2つの主要な周波数成分を有している．1つ目の周波数成分は高速な光キャリア周波数 f_c であり，波長 λ と光速 c により以下のように決定される．

$$f_c = \frac{c}{\lambda} \tag{3.2}$$

光キャリア周波数は半導体レーザにおいて数百 THz (10^{14} Hz) オーダとなる．（例えば $\lambda = 1.5\,\mu\mathrm{m}$, $c = 2.998 \times 10^8$ m/s の場合，$f_c = \sim 200\,\mathrm{THz}$ となる．）一方で，2つ目の周波数成分は緩和発振周波数 f_r であり，kHz $\sim$ GHz (10^3–10^9 Hz) の範囲となる．

ここで結合された2つのレーザ間の光キャリア周波数の差が，緩和発振周波数と同じオーダとなる場合，光キャリア周波数差と緩和発振周波数の非線形相互作用が発生し，カオス的不安定出力が得られる．この方式において，光キャリア周波数差は，結合強度と同様にカオス生成のために重要なパラメータである．

3.1.3 外部変調

図3.1 (c) に示すように，外部変調がレーザシステムの励起強度へ追加される場合，光強度のカオス的不安定性が現れる．外部変調周波数と緩和発振周波数の間の非線形相互作用によりカオスが生成されるため，外部変調周波数はレーザの緩和発振周波数付近に設定する必要がある．外部変調は励起強度のみならず，レーザ共振器の損失にも適用される（損失変調）．外部変調強度の増加により，準周期崩壊ルートを経てカオスが観測される．

3.1.4 非線形素子の挿入

図 3.1 (d) に示すように，レーザ共振器内への非線形素子の挿入は，カオスを発生させる．例えば，非線形結晶を含む固体レーザにおいて第二次高調波を発生させる場合，光強度のカオス的不規則振動が観測される．基本波と第二次高調波との間に非線形相互作用が生じることで，カオスが観測される．また，気体レーザの共振器内部に可飽和吸収体が挿入される場合，複雑なカオス的出力振動が観測される．このように非線形素子の追加は，レーザ媒質での光子-反転分布間の相互作用を不安定にし，カオスを発生させる．

3.1.5 池田型受動光システム

図 3.1 (e) に示すように，池田型受動光システムは，受動デバイスである非線形素子と時間遅延フィードバックループから構成される．時間遅延フィードバックにより，光システムの非線形ダイナミクスが引き起こされる．この種のカオスは，発見者にちなんで池田カオス（池田不安定性）として知られており，高調波振動の発生の分岐を通してカオスが生成される [Ikeda 1979].

カオス生成において上述した方法と大きく異なるのは，非線形素子として受動デバイスを使用する点である．この方式では，カオス生成のために光子と反転分布間の相互作用を基にしたレーザダイナミクスは利用されない．その代わりにレーザは線形な光源として用いられ，付加された受動デバイスを非線形素子として利用し，これに時間遅延フィードバックを加えることでカオスが生成される．本システムのダイナミクスは簡単な遅延微分方程式により記述でき，ある条件下では一次元写像への変換も可能である．また電気-光システムを用いて，多くの実験的実装が行われている．

3.1.6 マルチモードレーザ

複数のモードを有するマルチモードレーザでは，追加要素なしでカオスを生成できる．ここで言うモードとは，縦モード（波長），横モード（ビームの空間形状），または偏光モードのすべてを含んでいる．モード間に強い非線形相互作用がある場合，クラス B レーザにおいてもマルチモードレーザの場合には 2 変数より多くの自由度を有しており，カオス生成の条件（少なくとも 3 以上の

自由度が必要）を満たしている．そのため，ある種のマルチモードレーザでは通常発振時において，カオスの発生が避けられない場合がある．マルチモードレーザでカオスを除去して安定化させるためには，レーザのモード制御技術が重要となる．

ブロードエリア半導体レーザのように空間方向に自由度を有しているレーザでは，単体発振においてカオス的不規則振動が発生する．キャリア密度を介した空間モード間の相互作用により，カオス振動が観測される．そのため空間モードの制御はカオス振動の安定化のために重要である．単体のレーザでカオスを発生するこれらのマルチモードレーザは，レーザ工学の観点からはよくないレーザとして扱われることが多い．一方で非線形ダイナミクスの観点からは，実験可能な非線形ダイナミカルシステムとして大いに価値があり，複雑な流体ダイナミクスや生物システムのような大自由度を有する非線形ダイナミカルシステムの代わりとなる解析ツールとして有用である．

3.1.7　ローレンツ–ハーケンカオスの条件を満たすクラスCレーザ

2.4.2項で述べた3つの物理変数（電界，反転分布，原子分極）を有するクラスCレーザは，カオスを発生する．高い励起強度とレーザ共振器の低いQ値（悪い共振器条件）を満たす場合に，カオスが発生可能となる．この種類のカオスは，ローレンツモデルとレーザのレート方程式との等価性を初めて指摘したハーケンにちなんで，「ローレンツ–ハーケンカオス」(Lorenz-Haken chaos)と呼ばれている．クラスCの気体レーザにおいて，ローレンツ–ハーケンカオスの観測が実験および数値計算にて行われている．ローレンツ–ハーケンカオスは歴史的には重要であるものの，その動作条件は通常のレーザ発振から大きくかけ離れており，非常に特殊なカオス発生法である．

3.2 戻り光を有する半導体レーザにおけるカオス発生

3.2.1 戻り光量による領域の分類とL-I特性

本節では，戻り光を有する半導体レーザにおけるカオス発生方法について詳細に述べる．半導体レーザにおいてカオスを引き起こすための簡単な方法は，戻り光（光フィードバック）の付加である．このモデル図は図 3.1 (a) に示した通りである．半導体レーザの前面に外部鏡を設置すると，レーザ光は外部鏡により反射されてレーザ共振器へと戻される．戻り光の強度に応じて，様々な非線形ダイナミクスが観測される．通常の半導体レーザは，光強度の反射率が約 30% のへき開面を有しており，これがレーザ共振器として動作する．そのため，半導体レーザは外部光に対して敏感に応答する．戻り光による不安定性を除去するために，光通信や光ディスクへの応用においては，光アイソレータが通常使用される．

戻り光を有する半導体レーザのダイナミクスは，戻り光量に応じて以下のような領域に分類される [Tkach 1986, Ohtsubo 2013]．

領域 I：電界振幅の戻り光量が 0.01% 未満の場合である．非常に小さい戻り光量のため，半導体レーザへの影響は小さい．またレーザのスペクトル線幅は，戻り光量に応じて広くなるか，または狭くなる．

領域 II：電界振幅の戻り光量が 0.1% 未満の場合である．戻り光の影響は無視できないが，その影響はまだ小さい．この場合，外部共振器モードが発生し，内部共振器モードと外部共振器モードとの間でモードホッピングを起こす．

領域 III：電界振幅の戻り光量が 0.1% 程度の場合である．モードホッピングノイズが抑制され，レーザは狭いスペクトル線幅で発振する．

領域 IV：電界振幅の戻り光量が 1% 程度の場合である．半導体レーザはカオス

的な不安定振動出力を生じる．この状態ではノイズレベルが増大し，レーザのスペクトル線幅が非常に広くなるため，「コヒーレンス崩壊」(coherence collapse) とも呼ばれている．

領域 V：電界振幅の戻り光量が10%より大きい場合である．内部共振器モードと外部共振器モードがロッキングして，半導体レーザは単一モードで動作する．レーザ出力は安定化し，レーザのスペクトル振幅は非常に狭くなる．

これらの領域において電界振幅の戻り光量は，半導体レーザの活性層内部におけるレーザと戻り光の電界振幅の比であり，外部鏡の反射率とは一致しないことに注意されたい．（電界振幅の戻り光量を2乗すると，光強度の戻り光量に変換される．）上述のように，電界振幅の1%程度の戻り光量があれば，半導体レーザの光強度出力は不安定化する．

戻り光を有する半導体レーザの典型的な特徴は，発振しきい値電流の低減効果である．半導体レーザの光出力強度は，発振しきい値を超えた後には注入電流に比例して増加する．戻り光がある場合とない場合の半導体レーザにおける光出力パワーと注入電流の関係の実験結果を図3.2に示す．このグラフは「L-I特性」(Light power - Injection current characteristics) と呼ばれている．実線は戻り光がない場合のL-I特性であり，破線と点線は異なる戻り光量に対するL-I特性である．戻り光がない場合，発振しきい値 ($I_{th} = 9.50\,\mathrm{mA}$) 付近で

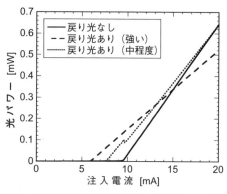

図3.2　半導体レーザの注入電流変化に対する光出力パワー特性（L-I特性）

発振し始め，発振しきい値を超えると光出力はほぼ線形に増加していく．しかしながら戻り光がある場合は，発振しきい値が低減していることが分かる．さらに，L-I 特性の傾きも減少している．図 3.2 に示すように，強い戻り光がある場合は，発振しきい値電流の 36% に相当する 6.05 mA まで低減している．このような発振しきい値電流の低減効果は，戻り光を有する半導体レーザの 1 つの大きな特徴である．しきい値低減を観測することで，戻り光の効果や戻り光量を実験的に推定することができる．また中程度の戻り光量では，L-I 特性が 9.5 mA 付近で不連続になっており，これは「キンク」(kink) と呼ばれる現象である．これは，戻り光がある場合に注入電流を増加させると，外部共振器モードが連続的に選択されてモードホッピングが発生するためである．キンクの発生する領域において，外部共振器モードの変化により半導体レーザ出力の不安定性やカオス振動が観測されることが多い．

3.2.2 カオス生成実験

時間遅延した戻り光を有する半導体レーザの時間ダイナミクスを観測するための実験装置を図 3.3 に示す．本実験では，光通信用に開発された分布帰還型 (DFB) 半導体レーザ（波長：1547 nm）を使用する．外部鏡をレーザの前面に配置することで外部共振器を形成し，戻り光を生成する．レーザ光の一部をレーザ共振器に戻すことにより，レーザ出力がカオス的に揺らぐ．戻り光量は可変減光器により調節される．またレーザ出力の一部はビームスプリッタにより取り出され，光アイソレータを通してファイバレンズに注入される．さら

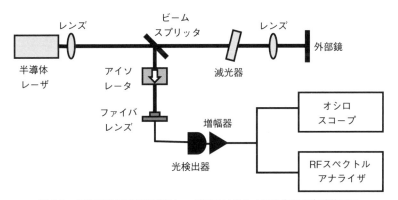

図 3.3　戻り光を有する半導体レーザにおけるカオス発生用の実験装置図

に光ファイバを伝搬し，光検出器によりレーザの出力光強度が検出されて電気信号へと変換される．変換された電気信号は，電気信号増幅器により増幅される．電気信号の時間波形はオシロスコープにより観測され，周波数スペクトルはRFスペクトルアナライザにより観測される．

戻り光を有する半導体レーザにおいて，戻り光量を変化させた場合のレーザ出力強度の時間波形を図3.4 (a)〜(c)に示す．戻り光がない場合（図3.4 (a)），持続した緩和発振が観測され，レーザ出力の小さな揺らぎが観測される．これは緩和発振によりレーザ内部のノイズが増幅されているために生じる．戻り光量を増加させると，図3.4 (b)に示されるように準周期振動が観測される．ここで観測される準周期振動は，緩和発振周波数と外部共振周波数の2つの異なる周波数成分を有している．またこの場合の戻り光量は，上述した領域IIIまたはIVに対応している．戻り光量をさらに増加させると，図3.4 (c)に示されるように不規則出力振動であるカオスが現れる．この振動は領域IVに対応しており，コヒーレンス崩壊と呼ばれるカオス的ダイナミクスである．戻り光量を増加させるとカオス振動はさらに不規則となる．このように，緩和振動から準周期振動を経てカオス振動へと至る分岐は，準周期崩壊ルートと呼ばれている．

このような時間ダイナミクスの変化は，RF (Radio Frequency) スペクトルを観測することにより明確に分類できる．RFスペクトルとは，レーザ光を光検出器で検出して電気信号へと変換し，光キャリア周波数よりも遅いGHzオーダの遅い包絡線成分の周波数分布を示す図である．図3.4 (d)〜(f)は，図3.4 (a)〜(c)に各々対応するRFスペクトルである．戻り光がない場合（図3.4 (d)），2.86 GHz付近にスペクトルのピークが存在しており，これは半導体レーザの緩和発振周波数に対応している．戻り光量を増加させると（図3.4 (e)），緩和発振周波数付近に0.234 GHzの間隔で多くのスペクトル成分が観測される．これは外部共振器長から決定される外部共振周波数である．このように緩和発振周波数と外部共振周波数の2つの非通約な（非整数比の）周波数成分の存在が，準周期振動を示している．さらに戻り光量を増加させると，スペクトル成分は拡大してカオス振動を示す（図3.4 (f)）．スペクトルのピークの高低差は戻り光量の増加に伴い減少し，カオスにおいては平坦で広いスペクトルが

3.2 戻り光を有する半導体レーザにおけるカオス発生　81

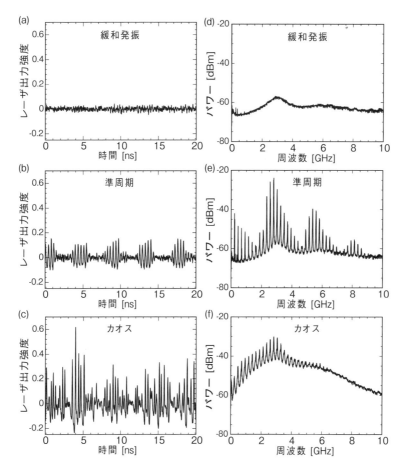

図 3.4　戻り光量を変化させた場合の半導体レーザ出力強度の，(a)-(c) 時間波形と，(d)-(f) RF スペクトルの実験結果

注入電流は 13.02 mA ($J = 1.5J_{th}$) に設定し，外部共振器長は $L_{ext} = 0.64$ m に設定した．(a), (d) 緩和発振．(b), (e) 準周期振動．(c), (f) カオス振動．レーザ出力強度の単位は任意単位 (arbitrary unit) であり，本書では省略する．

得られる．特に，準周期振動に比べてカオス振動の RF スペクトルはフロアレベル（スペクトルの低い成分の部分）が上昇している点が特徴的である．このように図 3.4 (f) は，戻り光を有する半導体レーザのカオス出力振動における典型的な RF スペクトルである．

3.2.3 数値計算結果と分岐図

(a) Lang-Kobayashi 方程式

半導体レーザにおける非線形ダイナミクスは，数値計算においても調査することができる．戻り光を有するシングルモード半導体レーザにおける時間ダイナミクスは，「Lang-Kobayashi 方程式」(Lang-Kobayashi equations) により記述される [Lang 1980]．Lang-Kobayashi 方程式は，半導体レーザの非線形ダイナミクス研究における歴史的に重要な数値モデルの 1 つであり，時間遅延した戻り光の効果が含まれている．このモデルに対応する図は，図 3.1 (a) に示した通りである．

Lang-Kobayashi 方程式は電界振幅 $E(t)$，電界位相 $\Phi(t)$，キャリア密度 $N(t)$ の 3 つの実変数からなり，以下のように記述される [Ohtsubo 2013, Uchida 2012]．

$$\frac{dE(t)}{dt} = \frac{1}{2}\left[G_N\left(N(t)-N_0\right) - \frac{1}{\tau_p}\right] E(t) + \kappa\, E(t-\tau)\cos\Theta(t) \quad (3.3)$$

$$\frac{d\Phi(t)}{dt} = \frac{\alpha}{2}\left[G_N\left(N(t)-N_0\right) - \frac{1}{\tau_p}\right] - \kappa\frac{E(t-\tau)}{E(t)}\sin\Theta(t) \quad (3.4)$$

$$\frac{dN(t)}{dt} = J - \frac{N(t)}{\tau_s} - G_N\left(N(t)-N_0\right) E^2(t) \quad (3.5)$$

$$\Theta(t) = \omega_0\tau + \Phi(t) - \Phi(t-\tau) \quad (3.6)$$

式 (3.3)〜(3.6) におけるパラメータの意味と，数値計算に用いるためのパラメータ値を表 3.1 にまとめる．ここでレーザ出力の光強度は，電界振幅の 2 乗 $I(t) = E^2(t)$ で計算できる．

2.3.2 項と同様に，Lang-Kobayashi 方程式のダイナミクスの相関関係を示すモデル図を図 3.5 に示す．この図を用いて，Lang-Kobayashi 方程式の右辺各項の意味について説明する．電界振幅の式 (3.3) において，右辺の第一項を見てみると，G_N を含む項は誘導放出を表しており，$-1/\tau_p$ は内部共振器内の損失による電界振幅の減衰を表している．また，式 (3.3) の右辺の第二項 (κ を含む項) は，時間遅延した戻り光を表す．これは式 (3.4) の電界位相の式についても同様である．キャリア密度の式 (3.5) において，右辺の第一項である J は励起用注入電流を表しており，第二項の $-1/\tau_s$ を含む項はキャリア密度の減衰

3.2 戻り光を有する半導体レーザにおけるカオス発生

表 3.1 Lang-Kobayashi 方程式のパラメータと典型的な値

記号	パラメータ	値
G_N	利得係数	8.40×10^{-13} m^{3}s^{-1}
N_0	透過キャリア密度	1.40×10^{24} m^{-3}
τ_p	光子寿命	1.927×10^{-12} s
τ_s	キャリア寿命	2.04×10^{-9} s
τ_{in}	内部共振器の光の往復時間	8.0×10^{-12} s
r_2	レーザ出力端面の電界振幅の反射率	0.556
r_3	外部鏡の電界振幅の反射率	0.01
$j = J/J_{th}$	規格化注入電流	1.11
L	外部共振器長	0.225 m
α	線幅増大係数 (α パラメータ)	3.0
λ	波長	1.537×10^{-6} m
c	光速	2.998×10^{8} ms^{-1}
$\kappa = \frac{(1-r_2^2)r_3}{r_2}\frac{1}{\tau_{in}}$	電界振幅の戻り光量	1.553×10^{9} s^{-1} (1.553 ns^{-1})
$\tau = \frac{2L}{c}$	外部共振器の往復時間（戻り光の遅延時間）	1.501×10^{-9} s
$N_{th} = N_0 + \frac{1}{G_N \tau_p}$	しきい値キャリア密度	2.018×10^{24} m^{-3}
$J_{th} = \frac{N_{th}}{\tau_s}$	しきい値注入電流	9.892×10^{32} m^{-3} s^{-1}
$\omega_0 = \frac{2\pi c}{\lambda}$	光角周波数	1.226×10^{15} s^{-1}

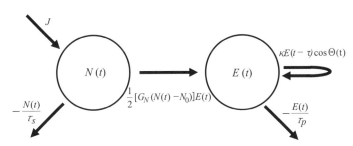

図 3.5 Lang-Kobayashi 方程式の電界 $E(t)$ とキャリア密度 $N(t)$ 間のダイナミクスを表すモデル図

を表す．また，右辺の第三項の G_N を含む項は誘導放出を表している．また式 (3.6) は，初期位相差 $\omega_0 \tau$ と共振器内部電界と戻り光電界の間の位相差を表す．

戻り光を有する半導体レーザの Lang-Kobayashi 方程式の導出方法や具体的な計算方法については，参考文献 [Uchida 2012] に詳細に書かれているので，参考にされたい．また，利得飽和を考慮した Lang-Kobayashi 方程式を 3.A.4 項に示す．

(b) 時間ダイナミクスの数値計算結果

レーザのモデル式から時間ダイナミクスを調査するために，数値計算は有効な手法である．数値計算により得られた時間波形，周波数スペクトル，アトラクタ，および分岐図を以下に示す．

表 3.1 に示すパラメータ値を用いて，式 (3.3)～(3.6) の Lang-Kobayashi 方程式を数値計算する．4 次のルンゲクッタ法（2.A.1 項を参照）を数値計算に用いる．はじめに，戻り光量を変化させた場合の時間波形の計算結果を示す．ここで戻り光量 κ は，レーザの電界振幅（光強度ではない点に注意）に対する戻り光の電界振幅の比として定義され，以下のように求められる．

$$\kappa = \frac{(1-r_2^2)\, r_3}{r_2} \frac{1}{\tau_{in}} \tag{3.7}$$

ここで r_3 は外部鏡の電界振幅の反射率であり，r_2 はレーザ出力端面の電界振幅の反射率であり，τ_{in} はレーザ内部共振器の光の往復時間を表す．ここで**表 3.1 のパラメータ値**を用いると，κ と r_3 の間に以下のような関係がある．

$$\kappa = 1.553 \times 10^{11} \cdot r_3 = 155.3\, r_3 \quad [\text{ns}^{-1}] \tag{3.8}$$

戻り光量を変化させた場合の，光強度（$I(t) = E^2(t)$）の時間波形の数値計算結果を図 3.6 に示す．$\kappa = 0.777\,\text{ns}^{-1}$（$r_3 = 0.0050$）では，図 3.6 (a) のように 1 周期振動が観測される．κ を $1.056\,\text{ns}^{-1}$（$r_3 = 0.0068$）まで増加させると，他の振動成分が 1 周期上に表れ，図 3.6 (b) では準周期振動となる．さらに $\kappa = 1.553\,\text{ns}^{-1}$（$r_3 = 0.0100$）では，図 3.6 (c) のようにカオス振動が観測される．このように周期振動から準周期振動を経てカオス振動へ遷移する現象は，準周期崩壊ルートとして知られており，決定論的カオスの存在を示している．

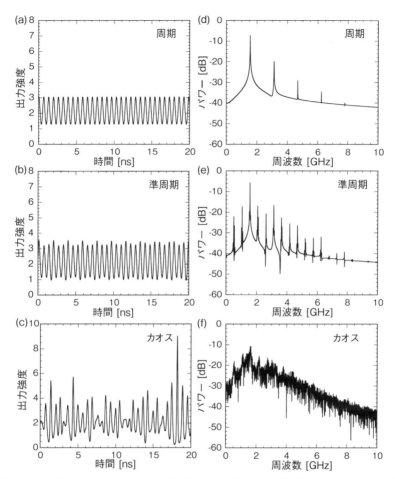

図 3.6 戻り光量 κ（外部鏡反射率 r_3）を変化させた場合のレーザ出力強度の (a), (b), (c) 時間波形と，(d), (e), (f) 高速フーリエ変換 (FFT) の数値計算結果

(a), (d) 1 周期振動 ($\kappa = 0.777\,\mathrm{ns}^{-1}$, $r_3 = 0.0050$). (b), (e) 準周期振動 ($\kappa = 1.056\,\mathrm{ns}^{-1}$, $r_3 = 0.0068$). (c), (f) カオス振動 ($\kappa = 1.553\,\mathrm{ns}^{-1}$, $r_3 = 0.0100$).

周期振動からカオス振動への遷移は，周波数領域でも観測される．図 3.6 (a) ～(c) に示した時間波形から，「高速フーリエ変換」(Fast Fourier Transform, FFT) を計算することにより，周波数スペクトルを求めることができる．図 3.6 (a)～(c) に対応する周波数スペクトルを図 3.6 (d)～(f) に示す．数値解析における高速フーリエ変換の計算結果は，実験における RF スペクトルの観測結果

と対応する．$\kappa = 0.777\,\mathrm{ns}^{-1}$ の場合，図 3.6 (d) において，緩和発振周波数に近い 1.56 GHz で大きな鋭いピークが観測され，その高調波も観測される．ここで，戻り光がない半導体レーザの緩和発振周波数は以下のように表せる（導出は 3.A.3 項を参照）．

$$f_r = \frac{1}{2\pi}\sqrt{\frac{(j-1)}{\tau_s \tau_p}\left(1 + G_N N_0 \tau_p\right)} \tag{3.9}$$

ここで表 3.1 の値を用いると，戻り光がない半導体レーザの緩和発振周波数は 1.52 GHz となる．1.56 GHz で観測される大きな鋭いピークは，戻り光の影響のため元の緩和発振周波数からわずかにずれている．

次に κ を $1.056\,\mathrm{ns}^{-1}$ に増加させると，図 3.6 (e) のように多くの周波数領域において鋭いピークが表れる．緩和発振周波数を中心に，外部共振周波数に近い周波数間隔でピークが出現しており，これは準周期振動を表している．さらに κ を $1.553\,\mathrm{ns}^{-1}$ に増加させると，図 3.6 (f) のように，広帯域で連続的なスペクトルとなりカオス振動が出現する．このように緩和発振周波数と外部共振周波数の間での非線形相互作用により，戻り光量を増加させるにつれて準周期からカオスへの分岐が観測される．

非線形ダイナミクスの他の表現方法として，位相空間上のアトラクタが有用である．例えば 2 つの変数として，各時刻におけるレーザ出力の光強度 ($I(t) = E^2(t)$) とキャリア密度 $N(t)$ の時間変化を，2 次元平面上（位相空間上）にプロットした図がアトラクタである．図 3.6 (a)〜(c) の時間波形に対応するアトラクタを図 3.7 に示す．$\kappa = 0.777\,\mathrm{ns}^{-1}$ の場合，図 3.7 (a) では円形のプロットが観測され，これは 1 周期アトラクタ（リミットサイクル）を表している．κ を $1.056\,\mathrm{ns}^{-1}$ に増加させると，図 3.7 (b) ではリミットサイクルが少し太くなり，円筒が交差するように見える．これは準周期アトラクタ（トーラスアトラクタ）である．図 3.7 (c) の $\kappa = 1.553\,\mathrm{ns}^{-1}$ ではさらに複雑な形状が観測され，カオスアトラクタ（ストレンジアトラクタ）が現れる．このように位相空間上でのアトラクタは，異なるダイナミクス状態を視覚的に区別するために有用である．

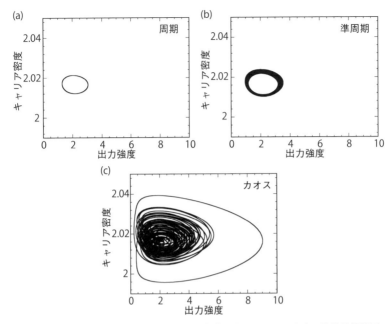

図3.7 戻り光量 κ を変化させた場合の位相空間上でのアトラクタの数値計算結果

二次元位相空間は,レーザ出力強度 $I(t) = E^2(t)$ とキャリア密度 $N(t)$ から構成される.図3.7(a)〜(c) のアトラクタは,図3.6(a)〜(c) の時間波形に対応する.

(c) 分岐図

周期からカオス振動への遷移を系統的に調査するためには,分岐図が有用である.時間波形から分岐図を作成するための方法は以下の通りである.レーザパラメータの1つを分岐パラメータ(例えば戻り光量 κ)として選択する.はじめに,選択したパラメータ値を固定し,時間波形を計算する.時間波形の極大値(振動のピーク値)を抽出して,複数の極大値を保存する.極大値は,分岐図上の縦軸にプロットされ,横軸は,選択したパラメータの値に対応する.次にパラメータ値をわずかに変化させて,時間波形の極大値を再び分岐図上にプロットする.パラメータ値を増加(または減少)させてこの過程を繰り返し,様々なパラメータ値での時間波形の振幅の極大値をプロットした図が分岐図となる.ここであるパラメータ値に対する分岐図上の点の個数がダイナミクス状態を示す.例えば,1つの点は定常状態か1周期振動を示し,2つの点は2周期振動である.また狭い範囲内での多くの点は準周期振動を示し,広範囲に

88　第3章　レーザにおけるカオスの生成方法

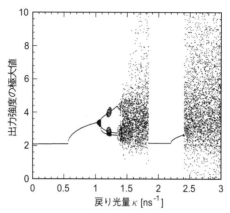

図3.8　戻り光量 κ を変化させた場合の1次元分岐図の数値計算結果
レーザ出力強度の時間波形の極大値をプロットして作成した．

散らばる多くの点はカオス振動を示している．

　戻り光量 κ を変化させた場合の分岐図を図3.8に示す．図3.8の分岐図は，定常状態から1周期振動，準周期振動への分岐が観測される（$0 \leq \kappa \leq 1.08$ の範囲）．またその後は，3周期振動や，準周期振動へと変化し，最終的にはカオス振動が得られていることが分かる（$1.08 \leq \kappa \leq 1.84$）．カオス領域の後，定常状態と1周期振動が再び現れ，さらに異なるカオス振動が突然に出現している（$\kappa \geq 1.84$）．このように，分岐図は非線形システムのダイナミクスの連続的な遷移を観測するために有用である．分岐の存在とカオスへ至るルートは，決定論的カオスの最も重要な特徴の1つであり，不規則な時間波形が決定論的カオスから生じるのかどうかを調査するために，分岐図は頻繁に用いられる．

　以上のように，時間波形，周波数スペクトル（FFT），アトラクタ，および分岐図の数値計算結果は，非線形システムにおけるカオス的ダイナミクスの振る舞いを調査するための基本的かつ有用な道具である．さらに数値計算においてカオスを判定する指標として，最大リアプノフ指数が多く用いられている．最大リアプノフ指数は，線形化された Lang-Kobayashi 方程式を数値計算することにより，求めることができる（詳細は3.A.1項を参照）．

　一方で実際の実験データにおいては，検出される時間波形にノイズが混入するため，半導体レーザのような高周波振動を有する時間波形からきれいな分岐

図を作成することは容易ではない．実験データの時間波形から分岐図を作成すると，定常状態や周期振動の時間波形であってもその極大値は有限の幅を有しており，準周期やカオスとの区別が難しい．そこで時間波形を用いる代わりに，RF スペクトルを用いた分岐の調査が多く行われている．図 3.4 (d)〜(f) に示したように，RF スペクトルのピークの個数やその幅を観測することで，ダイナミクスの分類や分岐を実験データから判定することが可能となる．

3.2.4　低周波不規則振動 (LFF)

「低周波不規則振動」(low frequency fluctuation, LFF) とは，戻り光を有する半導体レーザで低い注入電流と強い戻り光量の条件下において観測される特有の不規則振動現象である．LFF の一般的な特徴は，光強度の急激な低減であり（ドロップアウトと呼ばれる），低減後に光強度はゆるやかに回復する．LFF の周波数は数 MHz〜数十 MHz のオーダであり，緩和発振周波数オーダ (〜GHz) で発生するカオス振動よりも大幅に低いことが，低周波不規則振動という名称の由来である．LFF は MHz オーダのダイナミクスであるが，その内部には高速な振動現象が存在しており，ナノ秒以下の高速な不規則パルス列で構成されている [Fischer 1996]．LFF は，通常のカオス振動（コヒーレンス崩壊）とは異なるダイナミクスを示すことが知られている．

　実験で得られた LFF の時間波形を図 3.9（左，a）に示す [Fischer 1996]．これはローパスフィルタを通した時間波形であり，数十〜数百 ns（ナノ秒）の間隔で光強度のドロップアウトが観測されている．一方で ns よりも短い高速な時間振動は観測されていない．LFF の一般的な特徴は，図 3.9（左，a）に示されるような定常出力の後の頻繁なドロップアウトと，その後のゆるやかな光強度の回復である．レーザが発振しきい値付近で動作するとき，戻り光により出力強度が急激に減少する．光強度の低減は不規則に発生し，その平均周波数は図 3.9（左，a）では約 15 MHz となる．図 3.9（左，b）は，高速ストリークカメラにより観測された LFF の ns オーダでの時間波形である．時間波形は，平均周期 300 ps（ピコ秒）の高速パルス列から構成されている．

　図 3.9（右，a）は LFF の光強度のドロップアウトを拡大した図である [Ohtsubo 2013]．また，低減からの回復過程を明確に示すために，複数のド

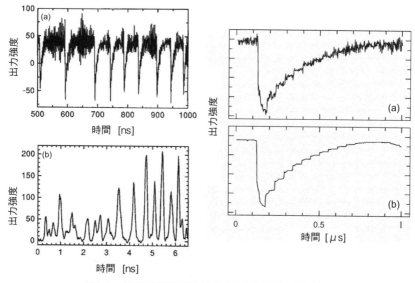

図3.9　低周波不規則振動 (LFF) の時間波形の実験結果

(左) 戻り光を有する半導体レーザにおける LFF．(a) 遅い光検出器による観測，(b) 高速ストリークカメラによる観測．注入電流は $J = 1.3J_{th}$ であり，遅延時間は $\tau = 3.6\,\mathrm{ns}$ に設定した．(出典：[Fischer 1996] Fig.3)

(右) (a) 1回の測定における LFF の時間波形と，(b) 3000 波形を平均した LFF の時間波形．外部共振器長は $L = 8.10\,\mathrm{m}$ であり，注入電流は $J = 1.07J_{th}$ であり，外部反射率は $r_2 = 0.12$ に設定した．(出典：[Ohtsubo 2013] Fig.5.20)

ロップアウトの時間波形を平均化した図を図3.9 (右, b) に示す．光強度の段階的な回復が図3.9 (右, b) から明確に観測されている．光強度の回復過程における階段状の持続時間は，外部共振器における光の往復伝搬時間 (遅延時間 τ) と等しいことが知られている．このように外部共振器の往復伝搬時間の存在が，LFF の時間波形における1つの特徴である．実際に，LFF は異なる3つの時間スケールの不規則振動成分から構成される．1つ目は $\mu\mathrm{s}$（マイクロ秒）での低周波不規則振動であり，2つ目は数十 ns での外部共振器の往復伝搬時間での光強度の回復過程であり，3つ目は ns 以下での高速パルス振動である．

LFF の発生領域を調査するために，戻り光量 γ と注入電流 I を同時に変化させた場合の2次元分岐図を作成した．図3.10 は $\gamma - I$ パラメータ空間での半導体レーザのダイナミクスの2次元分岐図を表している [Heil 1998]．この2次元分岐図において，LFF は強い戻り光量と低い注入電流において観測され

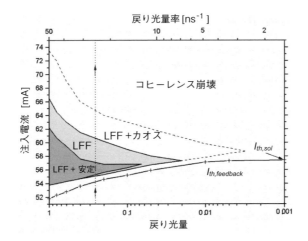

図3.10 戻り光量 (γ) と注入電流 (I) を同時に変化させた場合の，戻り光を有する半導体レーザのダイナミクス

横軸は左へ行くほど戻り光量が増加することに注意．薄灰色：LFF 領域．濃灰色：安定状態と LFF の共存領域．白色：コヒーレンス崩壊によるカオス領域．破線部分：LFF とカオスの共存領域．（出典：[Heil 1998] Fig.2）

ることが分かる．さらに LFF とカオスの共存領域や，LFF と安定状態の共存領域も観測されている．また，外部共振器が長い場合に LFF が出現しやすいことも報告されている．

　LFF の発生原理は，戻り光により生成される不安定性のために，位相空間上においてレーザ出力強度が不安定な定常解の周りを変遷するモデルを使うことで説明可能であり，「カオス遍歴」(chaotic itinerancy) としても知られている（詳細は 3.A.2 項を参照）[Sano 1994]．定常解は，振動周波数とキャリア密度で構成される位相空間に表示される．光キャリア角周波数差 $\Delta\omega_{s,0} = \omega_s - \omega_0$ とキャリア密度差 $\Delta N_{s,th} = N_s - N_{th}$ において，戻り光を有する半導体レーザでは多数の定常解が存在する（パラメータの記号や計算方法は 3.A.2 項を参照）．図3.11 (a) は $(\Delta\omega_{s,0}\, \tau, \Delta N_{s,th})$ の位相空間における定常解の分布が示されている（3.A.2 項の式 (3.A.33) 参照）[Ohtsubo 2013]．定常解の光キャリア角周波数差とキャリア密度差は楕円上に離散的に分布している．ここで定常解は，「外部共振器モード」(external-cavity mode) と呼ばれている．特に，楕円の下半分の定常解は「モード」(mode) と呼ばれ，楕円の上半分の定常解

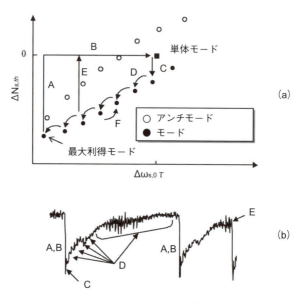

図 3.11　LFF の発生原理
(a) 光周波数差とキャリア密度を軸とした位相空間におけるモードとアンチモードの分布，(b) (a) に対応する LFF の時間波形．(出典：[Ohtsubo 2013] Fig. 5.22)

は「アンチモード」(anti-mode) と呼ばれている．このモードとアンチモードは，分岐の過程で対として発生する．発生時において，モードは安定な定常解であり，アンチモードは不安定な定常解であることが知られている．図 3.11 (a) における定常解の分布において，戻り光を有する半導体レーザが最も発振しやすいモードは楕円の左下部のモードであり，これは「最大利得モード」(maximum gain mode, MGM) と呼ばれている．しかしながら，レーザは常にこのモードで発振するわけではない．以下に示すように，戻り光の存在によりレーザは位相空間でモードおよびアンチモード間を自発的に遷移して変動することが知られている．

　図 3.11 (a) の位相空間に対応する LFF の時間波形を図 3.11 (b) に示す．はじめにレーザは最大利得モード付近で発振し，小さい振幅で揺らいでいる．ここで光強度の急激な低減が発生すると，キャリア密度は急激に増加し（図 3.11 の A），その後戻り光なしの場合の定常解である「単体モード」(solitary mode) へと遷移する (B)．その後，単体モードに近い安定なモードの 1 つへと遷移す

る (C). さらに，最大利得モードに向かって連続的にモードを遷移していく (D). これは LFF の光強度低減の回復過程に対応している．最大利得モードに達した後，上述の A から D の過程を繰り返す．非線形効果のためにこの過程中に揺らぎが存在するので，LFF の発生は規則的でなく不規則となる．例えば，カオス振動が光強度の回復過程で大きな振幅を持つ場合，レーザは対応するアンチモードへと引き寄せられ，最大利得モードに達する前に光強度の急激な低減が生じる場合もある（図 3.11 の E）．他にも，光強度低減の回復中に反対方向へと変化し，最大利得モードに逆らった方向へ変化する場合も考えられる (F). このように，位相空間における定常解の周りのカオス的遍歴が LFF の発生原理である．

3.2.5 規則的パルスパッケージ (RPP)

これまでに述べてきた半導体レーザのダイナミクスは外部共振周波数 f_{ext} (式 (3.1) 参照) が緩和発振周波数 f_r より小さい場合 ($f_{ext} < f_r$) であり，これは「長い外部共振器条件」(long-cavity regime) として知られている．一方で，外部共振器長が数 cm またはさらに短い距離に設定されるとき，$f_r < f_{ext}$ のように大小関係が反転し，これは「短い外部共振器条件」(short-cavity regime) と呼ばれている．短い外部共振器を有する半導体レーザにおいて，f_{ext} の速い周波数でパルス発振し，さらに f_r の遅い周波数で包絡線が変調されるといった，「規則的パルスパッケージ」(regular pulse package, RPP) と呼ばれるダイナミクスが観測されている．また短い外部共振器のダイナミクスは，外部共振器やレーザを一体化した光集積回路でも観測されている（3.2.6 項参照）．

短い外部共振器での戻り光を有する半導体レーザにおけるダイナミクスの観測結果を図 3.12 に示す [Heil 2001b]．図 3.12（左，a）と（左，b）は，規則的パルスパッケージにおける実験的に観測された RF スペクトルである．図 3.12（左，a）で，レーザは 390 MHz の遅い周波数でのパルスパッケージを示している．パルスパッケージは規則的であり，パルスパッケージから次のパルスパッケージへの軌道の変化は小さい．また，3.3 cm の短い外部共振器長に対応する 4.5 GHz の外部共振周波数のピークがスペクトル上に観測される．図 3.12（左，a）の差込図は，デジタルオシロスコープにより直接観測された時間

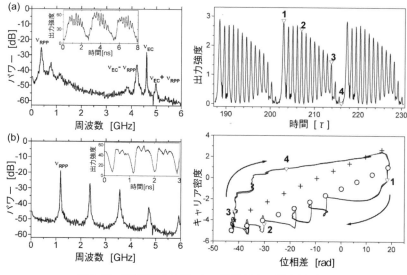

図 3.12 規則的パルスパッケージ (RPP) のダイナミクス

(左) 短い外部共振器長を有する半導体レーザの RF スペクトルと時間波形 (差込図) の実験結果. (a) 緩和発振周波数は $f_r = 1.1\,\mathrm{GHz}$, 注入電流は $I = 1.08I_{th}$, 外部共振周波数は $v_{EC} = 4.5\,\mathrm{GHz}$, 外部共振器長は $L = 3.3\,\mathrm{cm}$ に設定した. (b) 緩和発振周波数は $f_r = 3.8\,\mathrm{GHz}$, 注入電流は $I = 1.80I_{th}$, 外部共振周波数は $v_{EC} = 14.0\,\mathrm{GHz}$, 外部共振器長は $L = 1.1\,\mathrm{cm}$ に設定した. v_{RPP} は規則的パルスパッケージ (RPP) の周波数を表す.
(右) RPP の数値計算結果. 上部:レーザ出力強度の時間波形. 下部:キャリア密度 N と位相差 $\varphi(t-\tau) - \varphi(t)$ の位相空間における定常解 (モードとアンチモード) と, RPP の軌道を表す. 図中の数字は時間波形と位相空間の軌道で対応している. (出典:[Heil 2001b] Fig.3, Fig.4)

波形であり, 周期的なパルス列とそれよりも遅い包絡線の振動が観測されている. 図 3.12 (左, b) では外部共振器長を 1.1 cm とさらに短く設定しており, 規則的パルスパッケージの周波数は 1.195 GHz と高速になっている. 図 3.12 (左, b) において外部共振周波数は 14 GHz であるため図には表示されず, 規則的パルスパッケージの周波数のみが表示されている. また差込図の時間波形を見ると, 速い振動と遅い振動から構成されていることが分かる.

図 3.12 (右上) は, 戻り光を有する半導体レーザのダイナミクスを記述する Lang-Kobayashi 方程式を基にした, 規則的パルスパッケージの数値計算結果である [Heil 2001b]. 光強度の時間波形を示しており, 高速なパルス列と遅い包絡線成分から構成され, パルス列が周期的に繰り返されていることが分かる. また図 3.12 (右下) は位相空間における規則的パルスパッケージの軌道

を表している．位相空間上では，モードが円で，アンチモードが十字で示されている．図中の数字は時間波形と位相空間で1対1に対応している．このように，位相空間におけるモード間の遷移が規則パルスパッケージの原理となっており，LFFと似たダイナミクスであることが分かる．しかしながらLFFと比較して，規則的パルスパッケージは周期的に位相空間を遷移する点が大きく異なっている．

3.2.6 光集積回路への実装

　時間遅延した戻り光を有する半導体レーザを，単一基板上へ集積化した「光集積回路」(photonic integrated circuit) が報告されている．これは小型のレーザカオス発生装置として，光秘密通信や高速物理乱数生成への応用に使用されている（5章と6章を参照）．本項ではこの光集積回路の非線形ダイナミクスついて述べる．

　時間遅延した戻り光を有する半導体レーザを搭載した光集積回路を図3.13 (左) に示す [Argyris 2008]．光集積回路は，波長1561 nmのDFB半導体レーザ，半導体光増幅器，位相変調器，および10 mmの光導波路から構成される．導波路の端面には高反射膜（95%の反射率）が施されており，戻り光を生じさせる．また戻り光量の調整には光増幅器が用いられる．光増幅器に正の電流を流すと戻り光が増幅され，負の電流を流すと戻り光が吸収される．また戻り光の位相の調整には位相変調器が用いられる．短い外部共振器の場合，戻り光の位相がダイナミクスに強く影響を与えることが知られている．

　光集積回路におけるダイナミクスは，DFBレーザの注入電流よりも戻り光の条件を変化させることで観測されている．DFBレーザの注入電流を$3I_{th}$（発振しきい値$I_{th} = 10.6$ mA）に固定して，戻り光量や戻り光の位相を変化させると様々な種類のダイナミクスが観測される．光増幅器に負の電流を流した場合，戻り光は非常に小さいか0であるために，1周期状態または安定状態が観測される．一方で光増幅器の注入電流を0 mAに設定した場合（弱い戻り光量），位相変調器の注入電流により戻り光の位相を変化させることで，ダイナミクスは大きく変化する．また戻り光の位相が2π変化するたびに，ダイナミクスの繰り返しが観測される．戻り光の位相を変化させたときの異なるアト

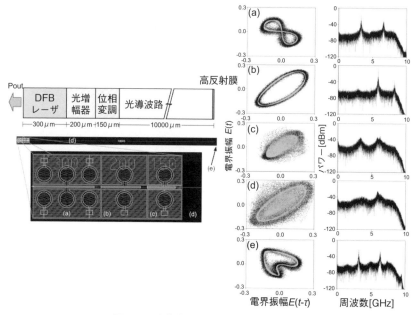

図3.13　光集積回路の構成とダイナミクス

(左) 戻り光を有する半導体レーザの光集積回路，(右) 光集積回路で観測されたアトラクタとRFスペクトル (出典：[Argyris 2008] Fig.1，Fig.2)

ラクタとRFスペクトルを図3.13 (右) に示す．図3.13 (a, 右) の場合には1周期アトラクタ (リミットサイクル) が観測されており，対応するRFスペクトルには3.3 GHz と 6.6 GHz のピークが存在している．3.3 GHz のピークは外部共振器周波数にほぼ一致している．ここで位相変調器への注入電流を変化させて戻り光の位相を変化させると，図3.13 (b, 右) に示すように別のリミットサイクルが出現し，RFスペクトルのピークの位置が高周波へシフトする．さらに戻り光の位相を変化させると，図3.13 (c, 右) に示すようにコヒーレンス崩壊が生じてカオスアトラクタが出現し，RFスペクトルも連続的に広がっていることが分かる．図3.13 (d, 右) ではカオスアトラクタが大きくなり，RFスペクトルもより連続的な分布へと変化している．このときのRFスペクトルは広帯域であり，光検出器のカットオフ周波数 (約 8 GHz) まで広がっている．さらに戻り光の位相を変化させると，図3.13 (e, 右) のようにリミットサイクルへと変化する．

ここで光増幅器の注入電流を 5 mA に設定すると，戻り光量が増加するために，戻り光の位相を変化させた場合にカオスが観測される範囲が広がる．さらに光増幅器の注入電流を 10 mA に設定して戻り光量を増加させると，位相変化に対して常にカオス振動状態となり，戻り光の位相変化に対するダイナミクスの依存性が消滅する．このように戻り光量を増加させることで広い範囲でカオス状態を得ることができる．光集積回路で発生するこのようなカオス振動は，小型のカオス発生装置として，光秘密通信や高速乱数生成への応用が期待されている．

コラム　半導体レーザに戻り光を加えるとなぜカオスが生じるのか？

時間遅延した戻り光を有する半導体レーザにおいてカオスが発生することを 3.2.2 項で紹介したが，半導体レーザに戻り光を加えるだけでなぜカオスが発生するのであろうか？　直感的な理解を助けるために，ここでは定性的な説明について述べる．重要となるのは，「時間遅延＋非線形性」がカオスを引き起こすという点である．半導体レーザが定常発振している場合，レーザ内部の電界（光子）とキャリア密度間のダイナミクスは変化せず，一定のバランスが保たれている．つまり注入電流によりキャリア密度が供給される割合と，レーザ電界が発生して光が出力される割合が一定になっている．ここで戻り光が加えられると（図 3.C.1 (a)），レーザ内部の電界が急激に増加して誘導放出が促進され，キャリア密度は急激に消費される．一方でキャリア密度が減った後しばらくすると電界も減少し，その後はキャリア密度の回復とともに電界は再度増加し始める．これが緩和発振であり，電界－キャリア密度間の非線形なダイナミクスによりレーザ出力は緩和発振を生じるのである．一定強度の戻り光が加えられる場合は，緩和発振が続いてしばらくするとまた一定の光出力に落ち着く．しかしながら，もしも緩和発振が一定に落ち着く時間よりも戻り光の遅延時間 τ を短く設定すると，τ だけ経過した後には緩和発振を有

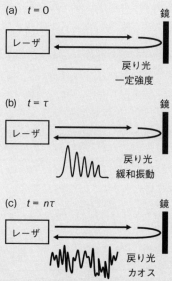

図3.C.1　戻り光を有する半導体レーザにおけるダイナミクスの変化
(a) 戻り光が一定強度の場合，(b) 戻り光が緩和振動に変化，(c) 戻り光がカオスに変化．

する変動した戻り光がレーザ内部へと再入射されることになる（図3.C.1 (b)）．この場合は戻り光自体が振動しているため，レーザ内部の電界–キャリア密度間のダイナミクスはより複雑になり，その光出力は単なる緩和発振よりも不規則な出力となる．さらにτだけ経過した後には，この不規則振動した出力光が戻り光として再入射される．この過程が何度も繰り返されることにより，最終的には複雑なカオス光出力が得られる（図3.C.1 (c)）．このようにレーザの有する電界–キャリア密度間の非線形ダイナミクスと，適切な遅延時間の設定により，戻り光を有する半導体レーザでカオスが発生すると理解できる．

このことから，戻り光の遅延時間τをレーザの緩和発振周波数と同オーダに設定することがカオスを発生させるために重要であることが分かる．τが長すぎる場合には，戻り光により生成された緩和発振が定常解へ落ち着いてしまうため，τだけ経過した後に加えられる戻り光は一定値となり，単に緩和振動が繰り返し観測されるだけとなる．一方でτが短すぎる場合には，レーザ内部のダイナミクスが変化する前にτだけ経過した戻

り光が戻るため，戻り光がダイナミクスに影響を与えなくなるのである．
　戻り光を有する半導体レーザに限らず，「時間遅延＋非線形性」を有する光システムがカオスを発生するという事例は古くから報告されており，池田カオスがその典型例である．

3.3 半導体レーザにおけるその他のカオス発生方法

3.3.1 偏光回転した戻り光を有する半導体レーザ

　半導体レーザでカオスを生成させる他の手法として，戻り光の直線偏光方向を90度回転させてレーザ共振器に光を戻す方法が提案されている．2つの直交する直線偏光モードとしてTEモード(Transverse-Electric mode)とTMモード(Transverse-Magnetic mode)が知られている．TEモードは活性層と電界振動の方向が並行な直線偏光モードであり，TMモードは活性層と電界振動方向が垂直な直線偏光モードである．通常の半導体レーザではTEモードの利得がTMモードよりも高いため，TEモードのみが放出される．しかしながら，TEモード光の偏光方向を90度回転させて半導体レーザの共振器へ戻すことで，TMモードの利得を増加させてTMモードを発振させることが可能となる．ここでTEモードとTMモードが非線形相互作用することにより，カオス的不安定出力が発生する．

　「偏光回転した戻り光」(polarization-rotated optical feedback) を有するDFB半導体レーザの実験装置を図3.14（上）に示す [Heil 2003]．光波長は単一縦モードを有しており，1537 nmである．戻り光がない場合，発振しきい値の2倍の注入電流においてレーザのTMモード出力は1000分の1以下に抑制され，TEモードのみでの発振を示す．ここで戻り光を生成するために，鏡(M)を用いて外部に光ループを形成する．光ループ内において，TEモードのレーザ光は1/2波長板(λ/2)を用いて偏光方向を90度回転させて，偏光板(TM-Pol)を通過させることでTMモードに変換する．この偏光回転したTM

100　第3章　レーザにおけるカオスの生成方法

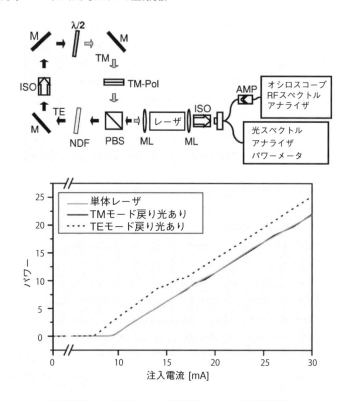

図 3.14　偏光回転した戻り光を有する半導体レーザの実験装置図と L-I 特性

(上) 実験装置図．Amp：増幅器，ISO：光アイソレータ，M：鏡，ML：小型レンズ，NDF：可変減光器，PBS：偏光ビームスプリッタ，TE：TE 偏光モード，TM：TM 偏光モード，TM-Pol：TM 偏光板，λ/2：1/2 波長板．
(下) 実験で観測された出力強度–注入電流特性（L-I 特性）．灰色の実線：戻り光のない半導体レーザ．黒の実線：TM モードの偏光回転した戻り光を有する半導体レーザ．点線：TE モードの通常の戻り光を有する半導体レーザ．(出典：[Heil 2003] Fig.1, Fig.2)

モードの光のみを偏光ビームスプリッタ (PBS) によりレーザ共振器へ戻り光として注入する．偏光ビームスプリッタは TE モードを透過させ，TM モードを 90 度反射させる光学素子である．また光アイソレータ (ISO) は，光ループ内での伝搬を一方向に行うために用いられる．また可変減光器 (NDF) は，戻り光量を調節するために用いられる．光ループ内での光の伝搬時間により発生する遅延時間は 7.4 ns であり，これは外部共振周波数の 0.135 GHz に相当する．また無反射 (Anti-Reflection, AR) コーティングされたレーザ端面は，戻

り光を注入するために用いられ，コーティングされていない端面からの出力光は検出のために使用される．光検出器により光出力強度の時間ダイナミクスを検出し，高速デジタルオシロスコープとRFスペクトルアナライザで時間波形とRFスペクトルを各々取得する．

　偏光回転した戻り光を有する半導体レーザのダイナミクスは，3.2節で述べた通常の（偏光回転しない）戻り光によるダイナミクスとは異なる．図3.14（下）はL-I特性の実験結果を示しており，戻り光のない半導体レーザ（灰色の実線），偏光回転した戻り光（TMモード）を有する半導体レーザ（黒色の実線），通常の戻り光（TEモード）を有する半導体レーザ（点線）を各々表している [Heil 2003]．レーザ出力は不規則に変動する場合もあるが，これらのL-I特性は光強度の平均値を示している．戻り光がない場合と比較すると，通常の戻り光の場合のL-I特性では発振しきい値が低減しており，この場合はしきい値が20％低下している．一方で偏光回転した戻り光の場合にはしきい値低減は観測されず，戻り光のない場合のL-I特性とほぼ同様となる．このようにレーザ出力の平均光強度は，偏光回転した戻り光による影響をほとんど受けないことが分かる．

　次に偏光回転した戻り光を有する半導体レーザにおいて，異なる注入電流に対するレーザ出力の時間波形の実験結果を図3.15（左）に示す [Heil 2003]．また時間波形に対応するRFスペクトルを図3.15（右）に示す．図3.15（左，a）では，低い注入電流において小さな振幅の準周期的な不安定出力振動が観測されている．また図3.15（右，a）のRFスペクトルでは，外部共振周波数の間隔で複数のピークが出現している．これらのピーク値の包絡線は，緩和発振周波数付近($\sim$1.5 GHz)において最大値となることが分かる．ここで注入電流を増加させると，時間波形の振幅も増加する．図3.15（左，b）は，準周期に近いカオス的不安定出力の時間波形の例を示している．また図3.15（右，b）は図3.15（右，a）の場合と同様に，外部共振周波数と緩和発振周波数の2つの基本周波数により不安定性のダイナミクスが決定されていることを示している．注入電流の増加により，緩和発振周波数は増加しているものの，外部共振周波数はほぼ一定である．注入電流をさらに増加させると，図3.15（左，c）に示すように，時間波形の振幅は減少し，安定な出力へと変化する．また図3.15

102　第3章　レーザにおけるカオスの生成方法

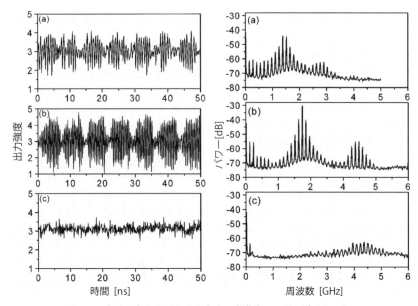

図 3.15　偏光回転した戻り光を有する半導体レーザのダイナミクス

(左) 半導体レーザ出力の時間波形の実験結果，(右) 時間波形に対応する RF スペクトル．注入電流は (a) $J = 1.15 J_{th,sol}$，(b) $J = 1.25 J_{th,sol}$，(c) $J = 2.0 J_{th,sol}$ に設定した（$J_{th,sol}$ は発振しきい値電流）．(出典：[Heil 2003] Fig.3, Fig.4)

(右，c)のように，スペクトルのピーク値も小さくなる．このようにカオス的不安定出力は中程度の注入電流において最も大きくなることが分かった．一方で，高い注入電流においては時間波形が安定化することが明らかとなった．

実験で観測されたカオスの振る舞いを説明するために，偏光回転した戻り光を有する半導体レーザのダイナミクスを表すモデルが提案されている．モデルには，2つの直線偏光モードと複素電界（振幅と位相を含む）の戻り光が含まれている [Heil 2003]．実験で得られたカオスの特徴を再現するためには，2つの偏光モードの相互作用を考慮したモデルが必要となる．

3.3.2　光–電気フィードバックを有する半導体レーザ

戻り光を有する半導体レーザの場合，戻り光の電界振幅と位相の両者がダイナミクスに強い影響を与えるため，「コヒーレントフィードバック」(coherent feedback) と呼ばれている．一方で，戻り光の強度情報のみがダイナミクス

3.3 半導体レーザにおけるその他のカオス発生方法

に強い影響を与える場合,「インコヒーレントフィードバック」(incoherent feedback) と呼ばれている.つまり,戻り光の位相がダイナミクスに影響を与えるか否かにより,コヒーレントまたはインコヒーレントフィードバックと分類される.

「光−電気フィードバック」(opto-electronic feedback) を有する半導体レーザは,インコヒーレントフィードバックを実装する手法として提案されている.光−電気フィードバックを有する半導体レーザのモデルを図 3.16(上)に

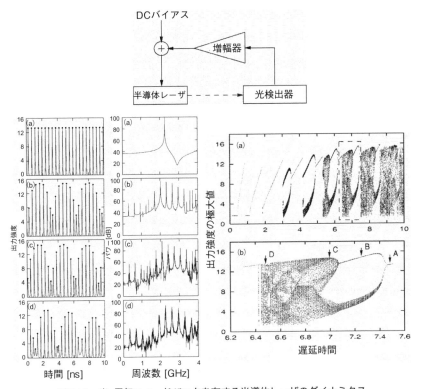

図 3.16 光−電気フィードバックを有する半導体レーザのダイナミクス

(上)光−電気フィードバックを有する半導体レーザの構成図.波線と実線はそれぞれ光信号と電気信号を表す.
(左)光−電気フィードバックを有する半導体レーザの時間波形と RF スペクトルの数値計算結果.
(a) 遅延時間 $\tau = 7.47$ での 1 周期振動.(b) $\tau = 7.25$ での準周期振動.(c) $\tau = 7.00$ でのカオス振動.(d) $\tau = 6.48$ でのカオス振動.時間波形のピーク強度は黒丸で示されている.
(右)(a) 遅延時間 τ を 0 から 10 まで変化させた場合の分岐図.(b) (a) の波線の長方形で囲まれた領域の拡大図.A-D は,(左) の時間波形に対応する.(出典:[Tang 2001a] Fig.1, Fig.2, Fig.3)

示す [Tang 2001a]．半導体レーザから出力された光は，光検出器により検出されて電気信号へと変換される．変換された電気信号は増幅されて，バイアスティ回路を経て注入電流へ戻される．ここで増幅器の出力の極性に依存して正または負のフィードバックに設定できる．光–電気フィードバックにおいては，光出力強度に比例した電気信号を注入電流に加えることにより，半導体レーザ内部のキャリア密度を直接変調している．したがってレーザ電界の位相はダイナミクスに影響を与えないため，インコヒーレントフィードバックに相当する．

本システムは光–電気システムの混合回路であるため，電気回路の周波数帯域がダイナミクスに大きく影響を与える．特に電気フィードバック回路の応答時間がレーザの緩和発振周波数の逆数と同じオーダの場合には，電気回路の有限応答時間の影響を考慮する必要がある．

光–電気フィードバックを有する半導体レーザにおいて，遅延時間を変化させた場合のレーザ出力のダイナミクスの数値計算結果を図 3.16（左）に示す [Tang 2001a]．遅延時間は 2.5 GHz の緩和発振周波数の逆数により規格化されている．図 3.16（左, a）に示すように振幅が一定の周期的なパルス列が現れる．また対応する RF スペクトルでは，レーザの緩和発振周波数に近い $f_1 = 2.3$ GHz にピークが出現している．ここで遅延時間を減少させると，図 3.16（左, b）に示すようにレーザ出力は別の周波数 f_2 で強度変調された準周期振動状態となる．この新たな変調周波数は $f_2 = 320$ MHz であり，フィードバック遅延時間の逆数に近い値である．2 つの非通約な周波数成分 f_1, f_2 の出現は，準周期振動を示している．さらに遅延時間を減少させると，図 3.16（左, c）のように時間波形は不規則に変化し始める．RF スペクトルを見ると，f_1, f_2 以外の成分が出現し始め，連続的なスペクトルへと変化していることが分かる．さらに遅延時間を減少させると，図 3.16（左, d）に示すように，レーザ出力の時間波形はカオス的に変動し，RF スペクトルはより連続的に分布する．カオス状態の時間波形は振幅のみならずパルス間隔も不規則に変動しており，対応する RF スペクトルは広帯域になっている．このようなスペクトルの変化は，レーザの緩和発振周波数とフィードバック遅延時間の逆数の周波数間での非線形相互作用に起因している．これらの数値計算結果は，実験において

も観測されている．

　光–電気フィードバックを有する半導体レーザにおけるカオスへ至るルートを示すために，分岐図の数値計算結果を図3.16（右）に示す．これは，遅延時間を変化させた場合の，レーザ出力強度の時間波形の極大値を示した1次元分岐図である．遅延時間を変化させると，レーザ出力は安定状態から，一定の振動ピークと一定の時間間隔を持つ周期振動へと変化する．遅延時間をさらに変化させると，レーザ出力は準周期振動を経てカオス振動へと至る．このように準周期崩壊ルートが観測されており，図3.16（右，a）を見ると準周期崩壊ルートが繰り返し発生していることが分かる．また図3.16（右，b）は，図3.16（右，a）の分岐図において波線の長方形で示されている部分を拡大した図である．図3.16（右，b）のA-Dは，図3.16（左）に示す時間波形やRFスペクトルに対応している．このことから，Aは1周期振動，Bは準周期振動，CとDはカオス振動に対応していることが分かる．

3.3.3　光注入（光結合）された半導体レーザ

(a)　時間波形と分岐図

　半導体レーザの出力光を別の半導体レーザへ「光注入」(optical injection) することで，様々な非線形ダイナミクスが観測できる．アイソレータを介して一方向に光結合された2つの半導体レーザのモデルを図3.17（上）に示す．一方の半導体レーザ（送信レーザと呼ぶ）からの出力光は，もう一方の半導体レーザ（受信レーザと呼ぶ）の活性層へと注入される．一般にこの構成は，「インジェクションロッキング」(injection locking) と呼ばれる光キャリア周波数を一致させる方法を用いて，レーザ発振波長を安定化するために用いられている [Siegman 1986]．インジェクションロッキングした半導体レーザは，レーザの安定化のために有用であるが，一方でインジェクションロッキングの範囲外では様々な非線形ダイナミクスを示す．光注入はレーザの安定化を目的として進展してきたため，光注入によりレーザの不安定化が引き起こされることは大変興味深い．非線形ダイナミクスの観点からは，レーザへの光注入は新たな自由度を追加することに相当し，カオスの発生を可能とする．

　注入電流を固定して，送信レーザと受信レーザ間の光キャリア周波数差を変

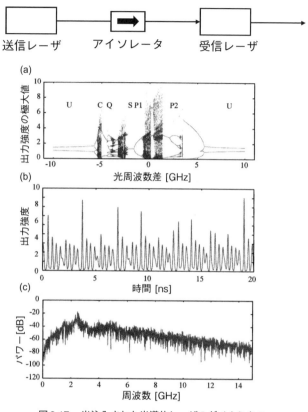

図 3.17 光注入された半導体レーザのダイナミクス

(上) 光注入された半導体レーザの構成図.
(下) (a) 光キャリア周波数差の変化に対する分岐図. 注入電流は $J = 1.3 J_{th}$ に設定した. S：安定状態, U：不安定ロッキング状態, P1：1 周期振動, P2：2 周期振動, Q：準周期振動, C：カオス振動. (b) 光キャリア周波数差が $\Delta f = 1.0\,\mathrm{GHz}$ の場合のカオス時間波形. (c) (b) に対応する RF スペクトル. (出典：[Ohtsubo 2013] Fig. 6.2)

化させた場合の，光注入された受信レーザの分岐図を図 3.17（下，a）に示す [Ohtsubo 2013]．2つのレーザ間の光キャリア周波数差の変化により，安定状態や周期振動，準周期振動，およびカオス振動が観測される．図 3.17（下，b）と図 3.17（下，c）は，光キャリア周波数差が $\Delta f = 1.0\,\mathrm{GHz}$ の場合における時間波形と RF スペクトルを示している．カオス的に変動する時間波形と広帯域な RF スペクトルが観測されている．このようなカオス的不規則振動は，インジェクションロッキングの範囲外（すなわち2つのレーザの光キャリア周波

3.3 半導体レーザにおけるその他のカオス発生方法　107

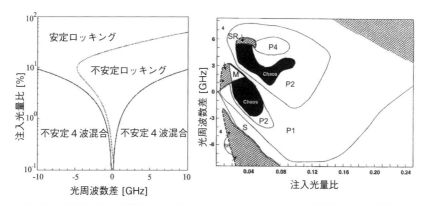

図 3.18　光注入された半導体レーザのインジェクションロッキング領域と 2 次元分岐図
（左）光キャリア周波数差と注入光量の変化に対する，光注入された半導体レーザのインジェクションロッキング領域．（出典：[Ohtsubo 2013] Fig. 6.3）
（右）光注入された半導体レーザにおける光スペクトルから作成された 2 次元分岐図の実験結果．光キャリア周波数差と注入光量を変化させている．（左）と比較して，横軸と縦軸が入れ替わっていることに注意する．注入電流は $J = 1.67J_{th}$ に設定した．4：四波混合，S：安定なインジェクションロッキング，P1：1 周期振動，P2：2 周期振動，P4：4 周期振動，chaos：カオス振動，M：多周波混合，SR：分周波混合．（出典：[Hwang 2000] Fig.7）

数が一致しない領域）で観測される．

　光キャリア周波数が一致するというインジェクションロッキングの特性は，光注入された半導体レーザの非線形ダイナミクスを考えるうえで非常に重要である．光キャリア周波数差と注入光量を変化させた場合の，インジェクションロッキング領域を図 3.18（左）に示す [Ohtsubo 2013]．実線はインジェクションロッキングとロッキングしていない範囲の境界を示している．インジェクションロッキングが達成されない範囲で，かつ周波数差が 0 から遠くない場合において，カオス振動や四波混合といった様々な時間ダイナミクスが観測される．またインジェクションロッキングの範囲内においても，安定および不安定なロッキング領域が存在しており，その境界は図 3.18（左）の点線で示される．この不安定なロッキング領域においても，カオス振動が観測される．ここで安定なインジェクションロッキング領域が光キャリア周波数差に対して非対称に分布している点は，半導体レーザの特徴である．これは，半導体レーザにおいて線幅増大係数（α パラメータとも呼ばれる）が 0 ではないことに起因している．つまり光キャリア周波数の異なる外部光の注入により，レーザ光の波

長が実効的にシフトするため,インジェクションロッキング領域が非対称な分布となるのである.αパラメータが大きくなると,図3.18(左)の安定なロッキング領域がさらに非対称な分布となる.

　光注入された半導体レーザの時間ダイナミクスを調査するために,2次元分岐図の作成が行われている.光注入された半導体レーザの時間ダイナミクスを示す2次元分岐図の実験結果を図3.18(右)に示す [Hwang 2000].ここで図3.18(右)の縦軸は光キャリア周波数差であり,横軸は注入光量を示しており,図3.18(左)の横軸および縦軸と入れ替わっていることに注意されたい.光注入が小さい場合,2つのレーザの光キャリア周波数差に対応する周波数を有する周期振動が出現する.光キャリア周波数差と注入光量の両方を増加させると,2周期振動や4周期振動,さらにはカオスが出現する.このような周期倍加ルートやカオス振動は,不安定なロッキング領域で発生する.また負の光キャリア周波数差においてロッキング領域の境界線付近では,小さなヒステリシス(双安定性)を有するモードホッピング領域が存在している.このような不規則現象は,2つのレーザ間の光キャリア周波数差と緩和発振周波数との非線形相互作用により生じている.つまりカオスを発生させるためには,光キャリア周波数差を緩和発振周波数に近づけて,かつインジェクションロッキングを達成させないことが重要となる.

(b)　光注入による半導体レーザカオスの周波数帯域拡大

　光注入はカオス的レーザ出力の「周波数帯域拡大」(bandwidth enhancement)の手法としても用いられており,カオス光秘密通信や高速物理乱数生成への応用が可能である [Hirano 2010].通常の半導体レーザで生成されるカオスの周波数帯域は,数 GHz の緩和発振周波数により制限される.一方で異なるレーザからの強い光注入により,カオスの周波数帯域を数十 GHz までで拡大することが可能である.

　2つの半導体レーザを一方向に結合し,2つのレーザの一方または両方に外部鏡を設けて戻り光を付加する手法が用いられる.戻り光によりカオスを発生させ,さらに光注入により周波数帯域を拡大させるという方法である.半導体レーザにおける周波数帯域拡大カオスは,光キャリア周波数差(または光波長

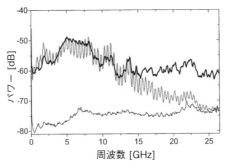

図 3.19 カオス出力を光注入された半導体レーザの RF スペクトルの帯域拡大実験結果
灰色線：元のレーザ出力．黒太線：光注入されたレーザ出力．黒細線：フロアレベル．（出典：[Uchida 2003b] Fig.2）

差）の設定を正確に行うことが重要である．特に，2つのレーザの光キャリア周波数を一致させないように，インジェクションロッキングの範囲外に設定する必要がある．光キャリア周波数差を緩和発振周波数よりも高く設定し，それらの周波数間で非線形な周波数混合を達成させる．その効果により，光キャリア周波数差と緩和発振周波数のピーク以外の周波数が連続的に出現し，RF スペクトルの周波数帯域が拡大する．

帯域拡大された半導体レーザカオス出力の RF スペクトルの例を図 3.19 に示す [Uchida 2003b]．灰色の曲線は送信レーザの RF スペクトルを示しており，黒色の太い曲線は光注入された受信レーザの RF スペクトルを示している．黒色の細い曲線は，フロアレベル（計測ノイズ）を示している．送信レーザの RF スペクトルには，外部共振周波数の間隔で多くのピークが存在しており，戻り光により発生した半導体レーザのカオス出力の典型的なスペクトルである．また 5 GHz 付近にレーザの緩和発振周波数に相当するピークが観測される．5 GHz よりも高い周波数ではピークが減少し，20 GHz 付近でフロアレベルに近づく．一方で，光注入された受信レーザの出力は，20 GHz においてもフロアレベルより 15 dB 大きく，20 GHz を超える広帯域で平坦なスペクトルである．また 22.5 GHz 付近に観測されるピークは，2つのレーザの光キャリア周波数差に相当している．さらに受信レーザでは，送信レーザに見られる外部共振周波数の細かいピークが消滅しており，より平坦なスペクトルであることが分かる．このように光注入によりカオスの周波数帯域拡大が実験的に観

測されている．さらに，結合されたレート方程式を用いることにより，光注入によるカオスの周波数帯域拡大の理論解析が行われている [Ohtsubo 2013].

3.3.4 注入電流変調された半導体レーザ

半導体レーザの注入電流を正弦波などの周期波形で変調した場合，変調振幅が小さい場合には変調信号と同じ波形のレーザ出力が得られる．一方で，緩和発振周波数付近の周波数において大きい振幅で注入電流変調を行った場合，レーザ出力は変調周波数とは異なる振動や，カオスへの周期倍加ルートなどの多くの非線形ダイナミクスを示す．注入電流変調された半導体レーザにおけるカオスへの分岐は，理論的な興味のみならず，特に光通信におけるアナログ変調の応用のために研究が行われてきた．

注入電流変調された半導体レーザの不安定現象は，変調周波数と変調振幅を変化させて数値計算にて2次元分岐図の作成が行われている [Kao 1993]．変調周波数を緩和発振周波数付近に設定して，変調振幅を中程度に設定した場合に，カオスが発生することが報告されている．また緩和発振周波数の1/2の周波数の変調でもカオスが発生する．さらにカオスへ至る周期倍加ルートも観測されている．

コラム　カオスとノイズの判別方法

一見ランダムに見える時間波形を実験で得た場合，それがカオスかノイズかをどのように判定したらよいのであろうか？ここで，カオスとは決定論的な物理法則から生成される不規則な時間波形であり，一方でノイズとは確率過程により生成される不規則な時間波形である．一例として，デジタルオシロスコープを使用して測定した光出力強度の時間波形の実験データを図3.C.2に示す．これら実験データから，カオスまたはノイズであるかを判別できるであろうか？

図3.C.2 (a) は時間遅延した戻り光を有する半導体レーザから生成されるカオスの例である．一方で，図3.C.2 (b) は半導体レーザの有するノイズの例を示しており，レーザ内部の量子雑音や熱雑音により光強度の小さな揺らぎが持続する緩和発振（持続的緩和発振）として知られている．

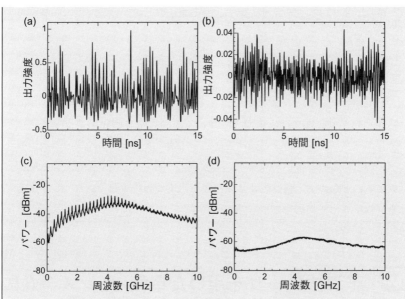

図3.C.2 半導体レーザにおけるレーザ出力強度の(a), (b) 時間波形と, (c), (d) RFスペクトルの実験結果

(a), (c) 時間遅延した戻り光により生じるカオス. (b), (d) 持続的緩和発振ノイズ.

図3.C.2 (a) と図3.C.2 (b) を比較すると, 時間波形のデータのみからカオスとノイズの判別をすることは容易ではないことが分かる.

次に, RFスペクトルアナライザを用いて観測されたカオスとノイズのRFスペクトルを図3.C.2 (c) と図3.C.2 (d) にそれぞれ示す. RFスペクトルの観測はカオスとノイズを判別するために有用である. 図3.C.2 (c) のカオスのRFスペクトルには, 周期的なピークが観測されている. これは戻り光を有する半導体レーザの外部共振周波数に対応するピーク間隔であり, レーザの物理パラメータに対応した構造がRFスペクトル上にて観測される. 一方で, 図3.C.2 (d) のノイズのRFスペクトルには, 大きな特徴的な周波数成分は存在しない. 異なる周波数成分の非線形混合は, 準周期振動を経てカオスへ至る準周期崩壊ルートに見られるように, 決定論的カオスを生成するための分岐の原理である. したがって, RFスペクトル上においてレーザの物理パラメータに関連する特徴的な周波数成分の変化を観測することで, 分岐現象が観測できる. このように実験デー

タからカオスの存在を示すための1つの方法として，分岐現象の観測が有用である．

さらに，カオスの存在を示すための別の方法としては，決定論的な法則を見つけるために，数値モデルを用いた数値計算との比較が有用である．実験で得られた結果が数値計算により再現できれば，決定論的な非線形微分方程式で記述される数値モデルにて実験結果を記述できることを意味しており，カオスの決定論性の存在を示すことになる．つまり，数値モデルから得られる数値計算結果と実験結果（例えば分岐現象など）とを比較することが，決定論的カオスの存在を示すために重要であり，カオス現象を解析するための標準的な手法である．

3.4 半導体レーザを用いた電気–光システムにおけるカオス

前節までに述べたレーザカオスの発生方法は，レーザ内部の電界とキャリア密度との間の非線形ダイナミクスに基づいている．本節では，レーザ内部のダイナミクスを用いないでカオスを発生させる方法について紹介する．この方法では，非線形光学素子と電気–光フィードバックによりカオスを発生させる [Larger 2004]．本システムは「電気–光システム」(electro-opitc system) と呼ばれている．本システムの特徴は，レーザの応答時間（緩和発振周波数の逆数）よりも遥かに長いフィードバックループの遅延時間が存在することである．カオスのダイナミクスはレーザの内部ダイナミクスには依存せず，フィードバックループ内の非線形光学素子により決定される．つまりレーザは単なる光源として扱われ，レーザ内部の緩和発振のダイナミクスは考慮されない．

本システムにおける非線形光学素子は単純な非線形関数によりモデル化できるため，本システムのダイナミクスは遅延微分方程式で記述できる．これは「池田モデル」(Ikeda model) として知られている [Ikeda 1979]．

3.4.1 池田モデル

池田モデルは先駆的な光カオス生成システムの1つである．池田モデルの概念図を図3.20（上，a）に示す．一定の光強度 I_0 を有するレーザ光をリング型共振器へと入力する．リング型共振器は，入力と出力用の2枚の部分反射鏡と，2枚の全反射鏡から構成される．ここで共振器の長さ L は，共振器内の伝搬時間 $\tau_R = L/c$ （c は光速）を決定し，フィードバックループの遅延時間となる．また τ_R はレーザのコヒーレント長よりも短く設定し，入力光とフィードバック光が干渉するようにする．ここで「カー効果」(Kerr effect) のような非線形効果を引き起こすために，リング型共振器内に2準位系の原子セルを挿入する．原子セルへの入力光と共振器内を一周したフィードバック光はお互いに干渉するが，カー効果により光強度の変化に対して光の位相が変化するため，干渉した光強度出力は非線形に変化する．原子セルを伝搬する光ビームの位相は入力光強度 $I_{in}(t)$ に比例して変化し，位相の変化は $2\pi n_2 I_{in}(t) l/\lambda$ として表される．このとき，l は媒質の長さ，λ はレーザ波長，n_2 はカー係数である．入力光に対するリング型共振器からの出力強度 $I(t)$ は，図3.20（下）に示すような正弦関数で記述できる．さらに，原子セル内のダイナミクスは上準位寿命

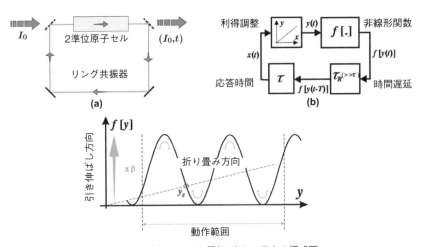

図 3.20　池田モデルと電気-光システムの構成図

（上）非線形光学素子と時間遅延フィードバックから構成される池田モデルの (a) 概念図と，(b) ブロック図．（下）電気-光システムに用いられる非線形関数の例．（出典：[Larger 2004] Fig.1, Fig.2）

τ により決定されるため，遅延時間 τ_R よりも高速な変動が得られる．

上述のダイナミクスを一般化したブロック図を図 3.20（上，b）に示す [Larger 2004]．はじめに入力信号 $x(t)$ に対して利得 β だけ増加させる．次に増幅信号 $y(t)$ に対して非線形変換 $f(y(t))$ を行い，これは共振器内での入力光とフィードバック光との干渉光を表す．さらに共振器内を伝搬することで時間遅延 τ_R が加えられる．またダイナミクスの応答時間は，原子セルの上準位寿命 τ により決定される．このプロセスを繰り返すことで，光強度のダイナミクスが変化する．

池田モデルは変数 $y(t)$ の微分方程式で記述でき，以下のように書ける．

$$y(t) + \tau \cdot \frac{dy(t)}{dt} = \beta \cdot f\left[y(t-\tau_R)\right] \tag{3.10}$$

ここで左辺の τ はシステムの応答時間であり，変数 $y(t)$ の振動時間スケールを決定する．また右辺の f は有限範囲内の非線形関数であり，例えば図 3.20（下）に示すような正弦関数（$\sin^2 y$ または $\cos^2 y$）である．また非線形関数の出力は，入力となる遅延変数 $y(t-\tau_R)$ により決定される．ここで τ_R は遅延フィードバックループの遅延時間であり，システムの応答時間よりも長く設定する（$\tau_R > \tau$）．

式 (3.10) を数値計算するためには，初期条件 $y(t_0)$ のみならず，時間間隔 $[t_0 - \tau_R; t_0]$ におけるすべての変数 $y(t)$ の値が必要であるため，等価的に高次元なシステムであると見なすことができる．そのため時間遅延フィードバックを有するシステムは複雑で高次元のカオスを生成できる．実際に池田モデルのリアプノフ指数の計算からカプラン–ヨーク次元を算出すると，最大で 470 次元という高い複雑性を得られることが報告されている [Larger 2004]．

カオスの複雑性を決定する要素として，図 3.20（下）に示す非線形関数 f の極大値の数と係数 β の大きさ，および遅延時間 τ_R が重要である．本システムは電気–光システムへの実験的実装が可能である．

3.4.2 電気–光システムの実装方法

式 (3.10) で表される池田モデルは，電気–光システムを用いて実験的に実装されている．異なる非線形光学素子を用いることで，様々な変数に対するカオ

スが観測されている．例えば，非線形光学素子として複屈折干渉板を用いることで，波長カオスの生成が可能となる．また非線形光学素子として電気光学強度変調器を用いることで，強度カオスが生成される．さらには，位相変調器を用いることで，位相カオスの生成が可能となる．本項ではこれらの実装方法について述べる．

(a) 波長カオス

「波長カオス」(wavelength chaos) を生成する電気–光システムの実験装置図を図 3.21（上）に示す [Larger 1998a]．本システムは，波長可変の分布ブラッグ反射型 (Distributed Bragg Reflector, DBR) 半導体レーザと複屈折干渉板およびフィードバックループから構成される．波長可変 DBR 半導体レーザは $1.55\,\mu\mathrm{m}$ の中心波長の付近で，数 nm の範囲でレーザ波長を可変にするために用いられる．2つの直交した偏光子の間に配置される方解石結晶は複屈折干渉板として用いられ，波長に応じて干渉後の出力強度が変化する．つまりレーザ出力強度は，波長に対して図 3.20（下）のような正弦関数で変化し，これが非線形関数として利用される．干渉後の光出力強度は光検出器により検出されて電気信号へと変換され，電気遅延回路により遅延時間 $\tau_R = 512\,\mu\mathrm{s}$ が加えられる．遅延信号は増幅されてカットオフ周波数 $f_c = 18\,\mathrm{kHz}$ のローパスフィルタが適用された後，DBR レーザの波長可変用の注入電流へと戻される．このフィードバックされた信号強度の大きさにより波長が変化し，その光出力が再び複屈折干渉板へと入射されて波長に応じた出力が得られる．このように波長の関数である非線形素子の光出力をフィードバックさせてレーザの波長を変化させることで，波長のダイナミクスが発生する．

非線形関数の利得 β を変化させた場合の波長のダイナミクスの時間波形を図 3.21（下）に示す [Larger 1998b]．ここでは横軸が時間であり，縦軸は波長を表している．β が小さい場合，図 3.21（下，a）に示すような $4\tau_R$（遅延時間の4倍）の周期を有する矩形波が得られる．β を増加させると，図 3.21（下，b）に示すようにカオス的不規則振動を含む周期波形が得られる．$\beta > 2.166$ の場合には $n\tau_R$（遅延時間の n 倍）の周期振動に加えて，応答時間 τ のオーダで高速振動するカオス的不規則振動が出現する（図 3.21（下，c））[Ikeda 1982]．

116　第3章　レーザにおけるカオスの生成方法

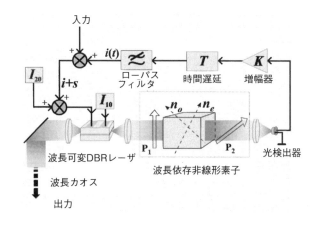

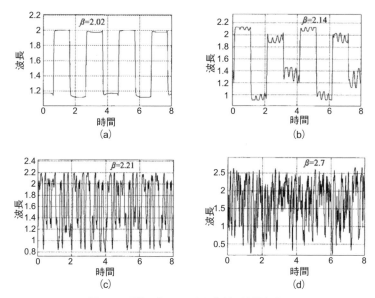

図 3.21　電気–光システムにおける波長カオス

（上）非線形素子と時間遅延フィードバックループを有する波長可変 DBR 半導体レーザによる波長カオス生成の実験装置図．（出典：[Larger 1998a] Fig.2）
（下）数値計算により得られた時間波形．(a) 非線形関数の利得 $\beta = 2.02$，(b) $\beta = 2.14$，(c) $\beta = 2.21$，(d) $\beta = 2.7$．（出典：[Larger 1998b] Fig.6）

さらに β を増加させると，図 3.21（下，d）に示すように遅延時間の周期性は消滅して高速なカオスが得られる．

(b) 強度カオス

　電気–光システムにおいてレーザと非線形素子を変更することで，波長のみならず光出力強度のカオスを生成することも可能である．「強度カオス」(intensity chaos) を発生させるためには，光通信において一般的に使用されるマッハ–ツェンダ型の電気光学強度変調器 (electro-optic modulator, EOM) を非線形素子として用いる．ニオブ酸リチウム ($LiNbO_3$) を用いた電気光学強度変調器は 10 Gb/s や 40 Gb/s の変調速度が商用化されており，高速なカオスの生成が可能となる．電気光学強度変調器は，入力電圧に対して干渉光の出力が正弦関数になり，非線形素子として利用される．入力電圧に対する光強度変調の大きさは，電気光学強度変調器の半波長電圧 (V_π) で決定される．この電圧の数倍以上の範囲で駆動させることにより，非線形関数の極大値の個数を増加させることができ，より複雑なダイナミクスを生成することができる．

　電気光学強度変調器を用いた電気–光システムの実験装置図を図 3.22（上）に示す [Larger 2005]．レーザ光源としてパルスレーザまたは連続 (CW) 発振するレーザが利用できるが，多くの場合は連続発振する半導体レーザが用いられる．一定強度のレーザ出力は電気光学強度変調器へ入力される．電気光学強度変調器はバイアス電圧入力に対して非線形関数 $\cos^2 x$ に従い光強度を出力する．出力光は遅延用ファイバを経由して，光検出器に入力されて電気信号へと変換される．この電気信号は増幅されて RF ドライバにより強度変調器のバイアス電圧へとフィードバックされる．この時間遅延フィードバックと強度変調器の非線形関数により，光出力強度のカオス振動が発生可能となる．

　非線形関数の利得 β を変化させた場合の光出力強度の分岐図を図 3.22（下）に示す．利得 β が増加するにつれて周期振動の周期が倍加して最終的にカオスが発生している．このように周期倍加ルートが観測されており，決定論的カオスの存在が確認できる．また数値計算結果（図 3.22（左下））と実験結果（図 3.22（右下））はよく一致している．

　本システムのダイナミクスは，フィードバックループにおける電気回路のバンドパスフィルタ特性に強く依存している．光検出器や電気光学強度変調器の周波数特性に起因する低周波域または高周波域のカットオフ周波数が，システムのダイナミクスの振動周波数を決定する．したがって実験における実装時に

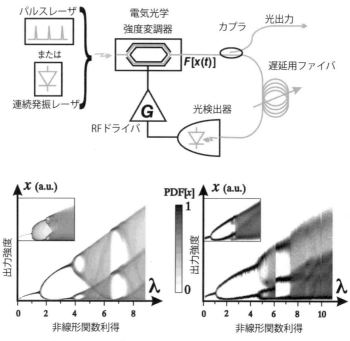

図 3.22　電気–光システムにおける強度カオス

（上）電気光学強度変調器と時間遅延フィードバックループを有する半導体レーザを用いた光強度カオス生成の実験装置図.
（下）非線形関数の利得 β を変化させた場合の光出力強度の分岐図.（左）数値計算結果,（右）実験結果.（出典：[Larger 2005] Fig.1, Fig.2）

は，電気部品の周波数特性を十分に考慮する必要がある．

(c)　位相カオス

　高速なカオスを発生させるために，位相がカオス的に振動する「位相カオス」(phase chaos) を生成するための電気–光システムも提案されている．本方式では，電気光学変調器で強度を変調する代わりに，位相を変調する．さらには光路長の異なる干渉計を用いて位相振動を強度振動へと変換し，この信号を位相変調器へとフィードバックする方式である．

　位相カオスを発生させるための電気–光システムの実験装置図を図 3.23（左）に示す [Lavrov 2009]．本装置では，波長 $1.55\,\mu\mathrm{m}$ の DFB 半導体レーザが用いられる．レーザは定常発振しており，可変減光器 (VA) によりレーザ出力の光

3.4 半導体レーザを用いた電気–光システムにおけるカオス

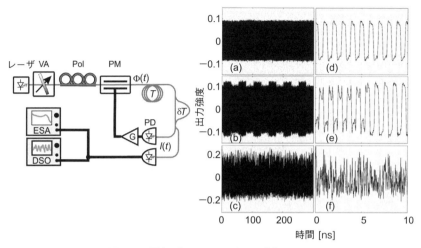

図 3.23 電気–光システムにおける位相カオス

(左) 位相変調器と時間遅延フィードバックを有する位相カオス生成の実験装置図. DSO:オシロスコープ, ESA:RFスペクトルアナライザ, PD:光検出器, PM:電気光学位相変調器, Pol:偏光コントローラ, T:遅延用光ファイバ, VA:可変減光器.
(右) レーザ出力の時間波形とその拡大図. 非線形関数の利得 β を変化. (a), (d) $\beta = 0.6$, (b), (e) $\beta = 1.3$, (c), (f) $\beta = 5.1$. (出典:[Lavrov 2009] Fig.1, Fig.2)

強度を調整してから,電気光学位相変調器 (PM, 帯域 20 GHz) へと注入する.位相変調器の入力電圧に応じて光位相が変調され,その出力は遅延用光ファイバ (T) を通過する.さらに一方の光路長に時間遅延 δT を加えられたマッハ–ツェンダ干渉計を経由して位相振動が強度振動へと変換される.干渉計による位相–強度変換は非線形関数 $\cos^2 x$ に相当している.この位相振動の検出には,コヒーレント通信に用いられる差動位相シフトキーイング (Differential Phase Shift Keying, DPSK) の検出装置が用いられる.干渉光は光検出器 (PD, 帯域 13 GHz) により電気信号へと変化される.検出された電気信号は増幅されて,位相変調器の入力電圧へとフィードバックされる.このように位相変調器へ繰り返しフィードバックを行うことにより,位相カオスを発生させることができる.また干渉した信号を別の光検出器で検出することで,位相のダイナミクスを光強度に変換して計測する.電気機器を含む全体の遅延時間は 24.35 ns に相当する.

実験で得られた長時間スケールと短時間スケールでの位相ダイナミクスの時

間波形を図 3.23（右）に示す [Lavrov 2009]．これらの時間波形は，非線形関数の利得 β に応じて異なるダイナミクスが生じている．利得 β が小さい場合は安定した定常状態が観測される．利得 β を増加させると ($\beta = 0.6$)，図 3.23（右，a, d）に示すように，定常状態は安定性を失い周期振動が出現する．さらに β を増加させると ($\beta = 1.3$)，ダイナミクスは 1 GHz 程度の高速振動（図 3.23（右，e））と，遅延時間の 2 倍の周期を有する遅い包絡線振動（図 3.23（右，b））との異なる時間スケールでのダイナミクスが出現する．このような遅延時間に対応する遅い振動が出現することは，時間遅延システムの特徴である．さらに β を増加させると ($\beta = 5.1$)，遅い振動成分は消滅して，連続的に変動する高速なカオス的不規則振動が出現する（図 3.23（右，c, f））．この時の周波数成分は 13 GHz まで有しており，これはフィードバック内の光検出器の高周波域カットオフ周波数に対応している．このように本システムを用いて，高速な位相カオスを発生させることが可能となる．

第3章 補 足

3.A.1 線形安定性解析と最大リアプノフ指数

(a) 線形化方程式

ここでは，戻り光を有する半導体レーザを記述する Lang-Kobayashi 方程式を用いて，周期軌道やカオス軌道に対する「線形安定性解析」(linear stability analysis) について紹介する．線形安定性解析により，最大リアプノフ指数を求めることができ，決定論的カオスを定量的に評価することができる．また最大リアプノフ指数が正であることは，カオスの存在を示す1つの証拠となる．

3.2.3項の式(3.3)〜(3.5)より，Lang-Kobayashi 方程式の線形化方程式を求める [Kanno 2012, Uchida 2012]．アトラクタ上の振動軌道からのわずかな摂動を，以下のように導入する．

$$E(t) = E_s(t) + \delta_E(t) \tag{3.A.1}$$

$$\Phi(t) = (\omega_s(t) - \omega_0)\, t + \delta_\Phi(t) \tag{3.A.2}$$

$$N(t) = N_s(t) + \delta_N(t) \tag{3.A.3}$$

ここで，$\delta_E(t), \delta_\Phi(t), \delta_N(t)$ は，線形化方程式のための新たな変数（線形化変数と呼ぶ）である（ここで，$E(t) \gg \delta_E(t), \Phi(t) \gg \delta_\Phi(t), N(t) \gg \delta_N(t)$）．$\delta_E(t), \delta_\Phi(t), \delta_N(t)$ は，それぞれ $E_s(t), (\omega_s(t) - \omega_0)t, N_s(t)$ からのわずかな摂動の変数である．また $E_s(t), \omega_s(t), N_s(t)$ は，基準となる周期軌道やカオス軌道であり，時間的に変動する．

時間遅延システムにおいて，時間遅延を有する線形化変数を，以下のように導入する．

$$E_\tau(t) = E(t - \tau) = E_s(t - \tau) + \delta_E(t - \tau) \tag{3.A.4}$$

$$\Phi_\tau(t) = \Phi(t - \tau) = (\omega_s(t - \tau) - \omega_0)(t - \tau) + \delta_\Phi(t - \tau) \tag{3.A.5}$$

時間遅延システムで線形化方程式を得るためには，変数 $E(t)$ と $E(t - \tau)$ を独

立変数として扱う点が重要である．同様に $\Phi(t)$ と $\Phi(t-\tau)$ も独立変数として扱う．線形化変数に関しても，$\delta_E(t)$ と $\delta_E(t-\tau)$，および $\delta_\Phi(t)$ と $\delta_\Phi(t-\tau)$ をそれぞれ独立変数として扱う必要がある．

これらの線形化変数を用いると，式 (3.3)～(3.5) の Lang-Kobayashi 方程式の線形化方程式は，以下のように行列形式で記述される．

$$\begin{pmatrix} \dfrac{d\delta_E(t)}{dt} \\ \dfrac{d\delta_\Phi(t)}{dt} \\ \dfrac{d\delta_N(t)}{dt} \end{pmatrix} = \begin{pmatrix} \dfrac{\partial f_E}{\partial E} & \dfrac{\partial f_E}{\partial \Phi} & \dfrac{\partial f_E}{\partial N} & \dfrac{\partial f_E}{\partial E_\tau} & \dfrac{\partial f_E}{\partial \Phi_\tau} \\ \dfrac{\partial f_\Phi}{\partial E} & \dfrac{\partial f_\Phi}{\partial \Phi} & \dfrac{\partial f_\Phi}{\partial N} & \dfrac{\partial f_\Phi}{\partial E_\tau} & \dfrac{\partial f_\Phi}{\partial \Phi_\tau} \\ \dfrac{\partial f_N}{\partial E} & \dfrac{\partial f_N}{\partial \Phi} & \dfrac{\partial f_N}{\partial N} & \dfrac{\partial f_N}{\partial E_\tau} & \dfrac{\partial f_N}{\partial \Phi_\tau} \end{pmatrix} \begin{pmatrix} \delta_E(t) \\ \delta_\Phi(t) \\ \delta_N(t) \\ \delta_E(t-\tau) \\ \delta_\Phi(t-\tau) \end{pmatrix}$$

$$= \begin{pmatrix} \frac{1}{2}\left[G_N(N(t)-N_0) - \frac{1}{\tau_p}\right] & -\kappa E(t-\tau)\sin\Theta(t) & \frac{1}{2}G_N E(t) & \kappa\cos\Theta(t) & \kappa E(t-\tau)\sin\Theta(t) \\ \kappa\frac{E(t-\tau)}{E^2(t)}\sin\Theta(t) & -\kappa\frac{E(t-\tau)}{E(t)}\cos\Theta(t) & \frac{\alpha}{2}G_N & -\kappa\frac{1}{E(t)}\sin\Theta(t) & \kappa\frac{E(t-\tau)}{E(t)}\cos\Theta(t) \\ -2G_N(N(t)-N_0)E(t) & 0 & -\frac{1}{\tau_s} - G_N E^2(t) & 0 & 0 \end{pmatrix} \begin{pmatrix} \delta_E(t) \\ \delta_\Phi(t) \\ \delta_N(t) \\ \delta_E(t-\tau) \\ \delta_\Phi(t-\tau) \end{pmatrix}$$

(3.A.6)

ここで，f_E, f_Φ, f_N はそれぞれ式 (3.3)～(3.5) の右辺の項である．また式 (3.A.6) の右辺の行列はヤコビ行列と呼ばれている．式 (3.A.6) から行列を計算すると，Lang-Kobayashi 方程式の線形化方程式は，以下のように記述される．

$$\frac{d\delta_E(t)}{dt} = \frac{1}{2}\left[G_N(N(t)-N_0) - \frac{1}{\tau_p}\right]\delta_E(t) - \kappa E(t-\tau)\sin\Theta(t)\delta_\Phi(t)$$
$$+ \frac{1}{2}G_N E(t)\delta_N(t)$$
$$+ \kappa\cos\Theta(t)\delta_E(t-\tau) + \kappa E(t-\tau)\sin\Theta(t)\delta_\Phi(t-\tau) \quad (3.\text{A}.7)$$

$$\frac{d\delta_\Phi(t)}{dt} = \kappa\frac{E(t-\tau)}{E^2(t)}\sin\Theta(t)\delta_E(t) - \kappa\frac{E(t-\tau)}{E(t)}\cos\Theta(t)\delta_\Phi(t) + \frac{\alpha}{2}G_N\delta_N(t)$$
$$- \kappa\frac{1}{E(t)}\sin\Theta(t)\delta_E(t-\tau) + \kappa\frac{E(t-\tau)}{E(t)}\cos\Theta(t)\delta_\Phi(t-\tau) \quad (3.\text{A}.8)$$

$$\frac{d\delta_N(t)}{dt} = -2G_N(N(t)-N_0)E(t)\delta_E(t) - \left(\frac{1}{\tau_s} + G_N E^2(t)\right)\delta_N(t) \quad (3.\text{A}.9)$$

ここで見やすくするため，$E_s(t)$, $\omega_s(t)$, $N_s(t)$ の時間変動波形は，$E(t)$, $N(t)$, $\omega(t)$ の元の変数によって置き換えている．また式 (3.A.7)～(3.A.9) には，元

の変数 $E(t)$, $\Phi(t)$, $N(t)$, $\Theta(t)$ が含まれていることに注意されたい．つまり，$\delta_E(t)$, $\delta_\Phi(t)$, $\delta_N(t)$ の変数のダイナミクスを記述する線形化方程式（式(3.A.7)〜(3.A.9)）を解くためには，元の方程式（式(3.3)〜(3.5)）と同時に数値計算する必要がある．

システムの安定性を解析するためには，式(3.A.6)のヤコビ行列の最大固有値を計算する必要がある．しかしながら，時間依存変数 $E(t)$, $\Phi(t)$, $N(t)$, $\Theta(t)$ が式(3.A.6)には含まれているため，固有値を解析的に求めることは簡単ではない．そこで固有値を計算する代わりに，最大リアプノフ指数の計算が有用である．

(b) 最大リアプノフ指数

最大リアプノフ指数は，非線形システムの安定性を定量的に評価するための最も重要な尺度の1つである．最大リアプノフ指数は，時間波形やアトラクタ上の近接した2点間の距離の拡散（または収束）度合いを表す．最大リアプノフ指数が正であるとき，アトラクタ上の2つの近傍点は指数関数的に広がり始め，過渡状態の後に2つの軌道はまったく異なる．これは，カオスの初期値鋭敏性を示している．一方で最大リアプノフ指数が負であるとき，アトラクタ上の2つの近傍点は収束しはじめ，最終的に安定状態（または周期振動）の時間波形が得られる．このように最大リアプノフ指数は，非線形システムにおけるカオスの判定の指標となる．最大リアプノフ指数が正であることが，決定論的カオスの証拠の1つとなる．

最大リアプノフ指数は，式(3.A.7)〜(3.A.9)の線形化方程式から計算できる．時間遅延がない非線形システムにおいて，線形化変数の大きさ（ノルム）は，すべての線形化変数からなるベクトルのユークリッド距離 $D(t) = \sqrt{\delta_E^2(t) + \delta_\Phi^2(t) + \delta_N^2(t)}$ として定義される（2.2.6項式(2.32)参照）．しかしながら，時間遅延を有する非線形システムのダイナミクスは，遅延時間τ内の変数（つまり，$E(0) \sim E(\tau)$）のすべての初期状態に依存して決定されるため，付加的な自由度（次元）を有していると考えられる．最大リアプノフ指数の計算の際に，時間遅延内の変数からのすべての寄与を考慮することは，非常に重要である．

時間遅延を有する非線形システムにおいては，t から $t+\tau$ におけるすべての線形化変数のノルムを計算する必要がある（τ は戻り光の遅延時間）[Pyragas 1998, Kanno 2012]．はじめに，遅延時間 τ の間には，数値計算の刻み幅 h の間隔で変数が存在していると考え，その変数の個数を $M = \tau/h$ と定義する．時間遅延を有する非線形システムでは，数値計算の M ステップごと（遅延時間 τ ごと）にノルムを計算する．さらに遅延時間内の各変数は，独立変数として考える必要がある．

ノルム $D(t)$ の計算方法の概念を図 3.A.1 に示す．式 (3.A.7)～(3.A.9) より，t と $t + 2\tau$ の間の時間間隔において，$\delta_E(t)$, $\delta_\Phi(t)$, $\delta_N(t)$ の線形化変数を計算して求めることができる．数値計算は刻み幅 h で行われるため，線形化変数は $\delta_E(t), \delta_E(t+h), \delta_E(t+2h), \ldots$ と求められる．ここで時間 t から $t+\tau$ ($= t+Mh$) までのすべての線形化変数のノルム（ただし $t+Mh$ を除く）は，以下のように定義される [Pyragas 1998, Kanno 2012]．

$$D(t) = \sqrt{\sum_{k=0}^{M-1} \left(\delta_E^2(t+kh) + \delta_\Phi^2(t+kh) + \delta_N^2(t+kh) \right)} \quad (3.\text{A}.10)$$

同様に，時間 $t+\tau$ から $t+2\tau$ のノルムも，以下のように定義される．

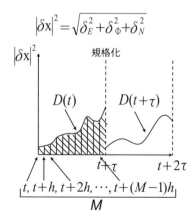

図 3.A.1 時間遅延ダイナミカルシステムにおける線形化変数のノルム $D(t)$ を計算するための概念図

時刻 t から時刻 $t+\tau$ までのすべての線形化変数を用いてノルムを計算する．

$$D(t+\tau) = \sqrt{\sum_{k=0}^{M-1}\left(\delta_E^2(t+\tau+kh) + \delta_\Phi^2(t+\tau+kh) + \delta_N^2(t+\tau+kh)\right)}$$
(3.A.11)

ここで，t から $t+\tau$ の間隔と，$t+\tau$ から $t+2\tau$ の間隔のノルム比率 d_j を以下のように計算する．

$$d_j = \frac{D(t+\tau)}{D(t)} \tag{3.A.12}$$

d_j の値は，数値計算の M ステップごとに保存される．

ノルム比率の計算を N 回繰り返し行うことで，最大リアプノフ指数は以下のように求められる．

$$\lambda_{\max} = \lim_{N\to\infty} \frac{1}{N\tau} \sum_{j=1}^{N} \ln(d_j) \tag{3.A.13}$$

ここで，ln は定数 e を底とする自然対数である．また数値計算の M ステップごとに計算しているため，遅延時間 τ で割る必要がある（$\lambda_{\max}$ の単位は 1/s）．このように最大リアプノフ指数は，遅延時間内におけるすべての線形化変数のノルムの変化率の対数の平均から求められることが分かる．

ここで数値計算上の注意点として，1つのノルム比率 d_j を計算した後，ノルム $D(t+\tau)$ により $t+\tau$ から $t+2\tau$ のすべての線形化変数を以下のように規格化し，新たな線形化変数として置き換える必要がある．

$$\delta_{E,\,new}(t+\tau+kh) = \frac{\delta_E(t+\tau+kh)}{D(t+\tau)} \tag{3.A.14}$$

$$\delta_{\Phi,\,new}(t+\tau+kh) = \frac{\delta_\Phi(t+\tau+kh)}{D(t+\tau)} \tag{3.A.15}$$

$$\delta_{N,\,new}(t+\tau+kh) = \frac{\delta_N(t+\tau+kh)}{D(t+\tau)} \tag{3.A.16}$$

ここで，$k = 0,\,1,\,\cdots,\,M-1$ である．式 (3.A.14)〜(3.A.16) の規格化の操作は，安定性解析の線形性（つまり振動軌道からの微小摂動を仮定）を保持するために非常に重要な手順である．式 (3.A.14)〜(3.A.16) の新たな変数が，次の $t+2\tau$ と $t+3\tau$ 間の変数の計算や，$D(t+\tau)$ と $D(t+2\tau)$ 間とのノルム比

率を計算するために用いられる．

上述した最大リアプノフ指数の計算手順は，位相空間上におけるアトラクタ内の基準軌道からの微小摂動の変化率を，線形化変数により評価していることに相当する．また最大リアプノフ指数を求めるためには，元の Lang-Kobayashi 方程式（式 (3.3)～(3.5)）と線形化方程式（式 (3.A.7)～(3.A.9)）を同時に数値計算する必要がある．

戻り光量 κ の変化に対する最大リアプノフ指数の数値計算結果を図 3.A.2 に示す．図 3.A.2 は，3.2.3 項の図 3.8 の 1 次元分岐図と対応している．図 3.A.2 と図 3.8 を比較すると，最大リアプノフ指数は，定常状態，周期振動，準周期振動では，ほぼ 0 である．一方で周期窓の領域を除いて，カオス振動での最大リアプノフ指数は正であることが分かる．カオス領域では，κ が増加すると最大リアプノフ指数の値が単調に増加している．このように最大リアプノフ指数は，決定論的カオスの初期値鋭敏性の定量的な指標を表しており，戻り光量 κ が増加するにつれて，初期値鋭敏性も増加することが分かる．

これまでに，線形化方程式を用いずに元の微分方程式や実験データの時間波形から直接アトラクタを再構成し，その指数関数的な拡大率を直接計算することにより，最大リアプノフ指数を計算する手法が提案されている [Kantz 1997]．しかしながら，元の時間波形から直接見積もられた最大リアプノフ指

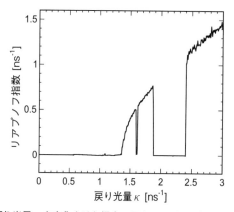

図 3.A.2　戻り光量 κ を変化させた場合の最大リアプノフ指数の数値計算結果

図 3.8 の 1 次元分岐図に対応している．図 3.A.2 の正の最大リアプノフ指数の領域は，図 3.8 の 1 次元分岐図でのカオス領域に一致する．

数の値は正確ではない．例えば，位相空間上のアトラクタの再構成に必要な埋め込み遅延時間や次元数のようなパラメータ値の設定方法を変化させると，求められる最大リアプノフ指数が大きく変動するため，計算結果の信頼性は高くない．もしも非線形システムがモデル化できる場合には（つまり微分方程式で記述できる場合），線形化方程式を用いて最大リアプノフ指数を求めることが推奨されている．

3.A.2　戻り光を有する半導体レーザの定常解とLFFの発生原理

本項では，戻り光を有する半導体レーザを記述するLang-Kobayashi方程式の定常解を求め，LFFの発生原理について考察する．3.2.3項のLang-Kobayashi方程式（式 (3.3)～(3.6)）の定常解を以下のように定義する．

$$E(t) = E(t-\tau) = E_s, \ \Phi(t) = (\omega_s - \omega_0)\, t, \ \Phi(t-\tau) = (\omega_s - \omega_0)(t-\tau),$$
$$N(t) = N_s, \ \ \Theta(t) = \Theta_s \tag{3.A.17}$$

ここで E_s, ω_s, N_s は，電界振幅，光キャリア角周波数，およびキャリア密度の定常解を表している．また，$E_s = 0$ の自明な解については考えずに，レーザ発振状態の定常解について考える（$E_s \neq 0$）．定常解は時間変化しない一定の値であるため，以下の条件を満たす．

$$\frac{dE(t)}{dt} = 0, \ \ \frac{d\Phi(t)}{dt} = \omega_s - \omega_0, \ \ \frac{dN(t)}{dt} = 0 \tag{3.A.18}$$

式 (3.A.17) と式 (3.A.18) を Lang-Kobayashi 方程式（式 (3.3)～(3.6)）に代入すると，以下のようになる．

$$0 = \frac{1}{2}\left[G_N(N_s - N_0) - \frac{1}{\tau_p}\right]E_s + \kappa\, E_s \cos\Theta_s \tag{3.A.19}$$

$$\omega_s - \omega_0 = \frac{\alpha}{2}\left[G_N(N_s - N_0) - \frac{1}{\tau_p}\right] - \kappa \sin\Theta_s \tag{3.A.20}$$

$$0 = J - \frac{N_s}{\tau_s} - G_N(N_s - N_0)E_s^2 \tag{3.A.21}$$

$$\Theta = \omega_0 \tau + (\omega_s - \omega_0)\, t - (\omega_s - \omega_0)(t-\tau) = \omega_s \tau \tag{3.A.22}$$

ここで式 (3.A.21) は，以下のように変形できる．

$$E_s^2 = \frac{\left(J - \frac{N_s}{\tau_s}\right)}{G_N \left(N_s - N_0\right)} = \frac{j N_{th} - N_s}{\tau_s G_N \left(N_s - N_0\right)} \tag{3.A.23}$$

ここで，$J = i J_{th} = j N_{th}/\tau_s$ を用いた．レーザ発振状態の定常解 ($E_s \neq 0$) を考え，式 (3.A.19) と式 (3.A.22) を式 (3.A.20) に代入すると，以下のようになる．

$$\omega_s - \omega_0 = -\kappa \left(\alpha \cos(\omega_s \tau) + \sin(\omega_s \tau)\right) \tag{3.A.24}$$

また $E_s \neq 0$ の場合，式 (3.A.19) は以下のように変形できる．

$$N_s = N_0 + \frac{1}{G_N \tau_p} - \frac{2\kappa \cos(\omega_s \tau)}{G_N} \tag{3.A.25}$$

式 (3.A.23)〜(3.A.25) は，戻り光を有する半導体レーザの定常解 E_s, ω_s, N_s を表している．式 (3.A.24) から，定常解は1つではなく複数の解を有していることが分かる．さらに定常解は戻り光量 κ に依存している．戻り光がない場合には ($\kappa = 0$)，式 (3.A.24) より $\omega_s = \omega_0$ が満たされ，E_s と N_s が一意に決定される．しかしながら式 (3.A.24) では，戻り光の存在により ($\kappa \neq 0$) 複数の定常解を有している．

式 (3.A.24) は，以下のように変形できる．

$$\begin{aligned}(\omega_s - \omega_0)\,\tau &= -\kappa \tau \left(\alpha \cos(\omega_s \tau) + \sin(\omega_s \tau)\right) \\ &= -\kappa \tau \sqrt{1 + \alpha^2} \sin\left(\omega_s \tau + \tan^{-1} \alpha\right)\end{aligned} \tag{3.A.26}$$

ここで $\Delta\omega_{s,0} = \omega_s - \omega_0$ と置くと，以下のようになる．

$$\Delta\omega_{s,0}\,\tau + \kappa \tau \sqrt{1 + \alpha^2} \sin\left(\Delta\omega_{s,0}\tau + \omega_0 \tau + \tan^{-1} \alpha\right) = 0 \tag{3.A.27}$$

式 (3.A.27) は次のように簡単にできる．

$$\Delta\omega_{s,0}\,\tau + C \sin\left(\Delta\omega_{s,0}\tau + \phi_0\right) = 0 \tag{3.A.28}$$

ここで $C = \kappa \tau \sqrt{1 + \alpha^2}$ および $\phi_0 = \omega_0 \tau + \tan^{-1} \alpha$ と置いた．

式 (3.A.28) の左辺を f と置き，$\Delta\omega_{s,0}$ に対する f の変化を図 3.A.3 (a) に示す．f は周期的に変化しており，$f(\Delta\omega_{s,0}) = 0$ の点線と f との交点が，$\Delta\omega_{s,0}$

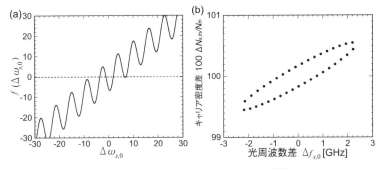

図 3.A.3　Lang-Kobayashi 方程式の定常解

(a) $\Delta\omega_{s,0}$ の変化に対する式 (3.A.28) の関数 f のグラフ．点線は $f = 0$ を示す．グラフの曲線と点線との交点が定常解に対応する．複数の定常解が得られることが分かる．
(b) 式 (3.A.33) から求めた位相空間における定常解の分布．位相空間はキャリア密度差と光キャリア周波数差から構成される．楕円の下半分がモードであり，上半分がアンチモードを示す．

の定常解（つまり ω_s の定常解）となっている．このように図 3.A.3 (a) より，定常解は複数存在していることが分かる．これらの複数の定常解は，周波数の間隔が $1/\tau$ の外部共振周波数に対応しているため，外部共振器モードと呼ばれている．さらに式 (3.A.28) より，戻り光量 κ を増加させると f の振幅が大きくなるため，定常解（外部共振器モード）の個数が増加することが分かる．

ここで，位相空間における定常解の分布について考える．式 (3.A.26) の $\cos(\omega_s\tau)$ の項を左辺へ移動すると，以下のようになる．

$$\Delta\omega_{s,0}\,\tau + \kappa\tau\alpha\cos(\omega_s\tau) = -\kappa\tau\sin(\omega_s\tau) \tag{3.A.29}$$

式 (3.A.29) の両辺を 2 乗すると，以下のようになる．

$$(\Delta\omega_{s,0}\,\tau + \kappa\tau\alpha\cos(\omega_s\tau))^2 = (-\kappa\tau\sin(\omega_s\tau))^2$$
$$= (\kappa\tau)^2 \left(1 - \cos^2(\omega_s\tau)\right) \tag{3.A.30}$$

さらに式 (3.A.30) を以下のように変形する．

$$(\Delta\omega_{s,0}\,\tau + \kappa\tau\alpha\cos(\omega_s\tau))^2 + (\kappa\tau\cos(\omega_s\tau))^2 = (\kappa\tau)^2 \tag{3.A.31}$$

また式 (3.A.25) より $\cos(\omega_s\tau)$ を求めると，以下のようになる．

$$\cos(\omega_s \tau) = -\frac{G_N}{2\kappa}\left\{N_s - \left(N_0 + \frac{1}{G_N \tau_p}\right)\right\}$$

$$= -\frac{G_N}{2\kappa}(N_s - N_{th})$$

$$= -\frac{G_N}{2\kappa}\Delta N_{s,th} \tag{3.A.32}$$

ここで，$N_{th} = N_0 + \frac{1}{G_N \tau_p}$ であり，$\Delta N_{s,th} = N_s - N_{th}$ と置いた．式 (3.A.32) を式 (3.A.31) に代入すると，以下のようになる．

$$\left(\Delta\omega_{s,0}\ \tau - \frac{\alpha\tau\, G_N}{2}\Delta N_{s,th}\right)^2 + \left(\frac{\tau\, G_N}{2}\Delta N_{s,th}\right)^2 = (\kappa\tau)^2 \tag{3.A.33}$$

式 (3.A.33) を計算し，横軸を $\Delta\omega_{s,0}$，縦軸を $\Delta N_{s,th}$ とした場合の定常解の分布を図 3.A.3 (b) に示す．ここで図 3.A.3 (b) の横軸は光キャリア周波数差 $\Delta f_{s,0} = \Delta\omega_{s,0}/2\pi$ に変換し，縦軸のキャリア密度差は $100\Delta N_{s,th}/N_{th}$ と規格化している．式 (3.A.33) は傾いた楕円の曲線を表しており，定常解の光キャリア周波数差とキャリア密度差は楕円上に離散的に分布していることが図 3.A.3 (b) から分かる．3.2.4 項で述べたように，楕円上の定常解は，外部共振器モードと呼ばれている．特に楕円の下半分の定常解はモードと呼ばれている．一方で楕円の上半分の定常解は，アンチモードと呼ばれている．このモードとアンチモードは，分岐の過程で対として発生する．発生時において，モードは安定な定常解であり，アンチモードは不安定な定常解であることが知られている．また，安定なモードのうち，楕円の左下に位置する定常解（キャリア密度差 $\Delta N_{s,th}$ が最小の定常解）は特に，最大利得モードと呼ばれており，戻り光を有する半導体レーザにおいて最も安定なモードとなる．これは定常解のキャリア密度が最も小さく，レーザ発振しやすいモードのためである．しかしながら外部からの戻り光の影響により，レーザのダイナミクスはこれらのモード間を遷移する．また定常解が不安定化する場合，モード間の遷移によりカオス振動が生じる．さらに楕円上に分布している定常解の光キャリア周波数差 $\Delta f_{s,0}$ の間隔は，外部共振周波数 f_{ext} (式 (3.1) 参照) に対応していることが知られている．

また数 MHz～数十 MHz オーダでの不規則な強度低減現象である低周波不規則振動 (LFF) においては，位相空間と定常解の分布によりそのダイナミク

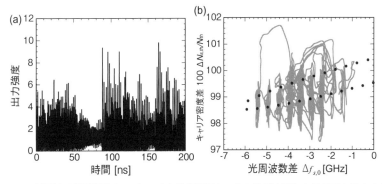

図 3.A.4 低周波不規則振動 (LFF) の (a) 時間波形と，(b) 位相空間におけるアトラクタと定常解との関係

スを理解することができる（3.2.4 項参照）．LFF の時間波形の数値計算結果を図 3.A.4 (a) に示し，対応する定常解分布と位相空間の軌道を図 3.A.4 (b) に示す．LFF の発生時において，図 3.A.4 (b) の位相空間の軌道（灰色線）は，定常解（黒点）付近に多く集まっていることが分かる．LFF の発生過程において，位相空間の軌道は楕円上のモード間を右上から左下へと順に遷移し，最大利得モード付近へと到達する．その後，光強度の急激な減少によりキャリア密度が急激に増加し，位相空間上で上方向に軌道が向かった後，アンチモードへと飛び移る．その後再びモードへと飛び移り，モード間での遷移が繰り返される．このように LFF のダイナミクスは定常解の分布や安定性と密接な関係があることが知られている．カオス的なダイナミクスにおいても複数のモードまたはアンチモードを含む軌道上にアトラクタが存在しているため，ダイナミクスを理解するうえで，定常解の分布を知ることは非常に有益である．

3.A.3 戻り光がない場合の半導体レーザの定常解と緩和発振周波数の導出方法

本項では，戻り光がない場合（$\kappa = 0$）の Lang-Kobayashi 方程式の理論解析を行う．戻り光がない Lang-Kobayashi 方程式の定常解を式 (3.A.17) で表し，式 (3.A.23)〜(3.A.25) の定常解に $\kappa = 0$ を代入することで，定常解は以下のように記述できる．

$$E_s = \sqrt{\frac{\tau_p N_{th} (j-1)}{\tau_s}} \tag{3.A.34}$$

$$\omega_s = \omega_0 \tag{3.A.35}$$

$$N_s = N_{th} \tag{3.A.36}$$

ここで，$N_{th} = N_0 + \frac{1}{G_N \tau_p}$ および $J = j J_{th} = j \frac{N_{th}}{\tau_s}$ である．j は発振しきい値電流 J_{th} により規格化された注入電流を表す．

　式 (3.A.34)〜(3.A.36) の定常解の安定性を調査することは重要である．定常解が安定である場合，レーザは定常状態で発振して，レーザ出力の振動や不安定現象は観測されない．一方で定常解が不安定である場合，レーザ出力強度は周期振動やカオス振動を生じる．安定性を解析する手法として，線形安定性解析が用いられる．定常解の線形安定性解析は，定常状態の安定性の指標をヤコビ行列の最大固有値から理論的に求めることが可能となる．一方で周期振動やカオス等の振動解の線形安定性解析の場合には，数値計算により最大リアプノフ指数を計算することで安定性の評価が可能となる．

　2.A.2 項を参考にして，線形化方程式を行列表示で表すと，以下のようになる．

$$\begin{pmatrix} \frac{d\delta_E(t)}{dt} \\ \frac{d\delta_\Phi(t)}{dt} \\ \frac{d\delta_N(t)}{dt} \end{pmatrix} = \begin{pmatrix} \frac{\partial f_E}{\partial E} & \frac{\partial f_E}{\partial \Phi} & \frac{\partial f_E}{\partial N} \\ \frac{\partial f_\Phi}{\partial E} & \frac{\partial f_\Phi}{\partial \Phi} & \frac{\partial f_\Phi}{\partial N} \\ \frac{\partial f_N}{\partial E} & \frac{\partial f_N}{\partial \Phi} & \frac{\partial f_N}{\partial N} \end{pmatrix} \begin{pmatrix} \delta_E(t) \\ \delta_\Phi(t) \\ \delta_N(t) \end{pmatrix} \tag{3.A.37}$$

ここで f_E, f_Φ, f_N は，それぞれ $\kappa = 0$ の場合の Lang-Kobayashi 方程式（式 (3.3)〜(3.5)）の右辺を表す関数である．式 (3.A.37) の右辺の 3×3 行列はヤコビ行列と呼ばれる．ヤコビ行列の最大固有値の実部の符号が，元のモデルの安定性を決定する．Lang-Kobayashi 方程式に $\kappa = 0$ を代入してから式 (3.A.37) を計算すると，行列表示の線形化方程式は以下のようになる．

$$\begin{pmatrix} \dfrac{d\delta_E(t)}{dt} \\ \dfrac{d\delta_\Phi(t)}{dt} \\ \dfrac{d\delta_N(t)}{dt} \end{pmatrix} = \begin{pmatrix} 0 & 0 & \dfrac{1}{2}G_N E_s \\ 0 & 0 & \dfrac{\alpha}{2}G_N \\ -\dfrac{2E_s}{\tau_p} & 0 & -\dfrac{1}{\tau_s} - G_N E_s^2 \end{pmatrix} \begin{pmatrix} \delta_E(t) \\ \delta_\Phi(t) \\ \delta_N(t) \end{pmatrix} \quad (3.\mathrm{A}.38)$$

ここで，$N_s = N_{th} = N_0 + \dfrac{1}{G_N \tau_p}$ を用いて簡単にした．

定常解の安定性を解析するためには，式 (3.A.38) のヤコビ行列の最大固有値の実部の符号が重要である．ヤコビ行列の最大固有値の実部が正の場合には，定常解は不安定となる．一方で最大固有値の実部が負の場合には，定常解は安定となる．ここでヤコビ行列 $\mathbf{J}$ の固有値 λ を求めるために，特性方程式を以下のように計算する．

$$\begin{aligned}
|\mathbf{J} - \lambda \mathbf{I}| &= \begin{vmatrix} -\lambda & 0 & \dfrac{1}{2}G_N E_s \\ 0 & -\lambda & \dfrac{\alpha}{2}G_N \\ -\dfrac{2E_s}{\tau_p} & 0 & -\dfrac{1}{\tau_s} - G_N E_s^2 - \lambda \end{vmatrix} \\
&= -\lambda \left[\lambda^2 + \left(\dfrac{1}{\tau_s} + G_N E_s^2 \right) \lambda + \dfrac{G_N E_s^2}{\tau_p} \right] \\
&= 0
\end{aligned} \quad (3.\mathrm{A}.39)$$

ここで $\mathbf{I}$ は単位行列である．また自明な解 $\lambda = 0$ については考えないとすると，式 (3.A.39) は以下のようになる．

$$\lambda^2 + \left(\dfrac{1}{\tau_s} + G_N E_s^2 \right) \lambda + \dfrac{G_N E_s^2}{\tau_p} = 0 \quad (3.\mathrm{A}.40)$$

2 次方程式の解の公式から固有値 λ を求めることができる．

$$\lambda = -\dfrac{1}{2}\left(\dfrac{1}{\tau_s} + G_N E_s^2 \right) \pm \sqrt{ \dfrac{1}{4}\left(\dfrac{1}{\tau_s} + G_N E_s^2 \right)^2 - \dfrac{G_N E_s^2}{\tau_p} } \quad (3.\mathrm{A}.41)$$

ここで 3.2.3 項の表 3.1 に示すレーザのパラメータ値を考慮すると，以下の条件が満たされる．

$$\dfrac{G_N E_s^2}{\tau_p} \gg \dfrac{1}{4}\left(\dfrac{1}{\tau_s} + G_N E_s^2 \right)^2 \quad (3.\mathrm{A}.42)$$

そのため，固有値は複素数になり，以下のように近似できる．

$$\lambda = -\frac{1}{2}\left(\frac{1}{\tau_s} + G_N E_s^2\right) \pm i\sqrt{\frac{G_N E_s^2}{\tau_p}} \tag{3.A.43}$$

さらに複素数の固有値を実部 λ_{Re} と虚部 λ_{Im} に分割して表すと（$\lambda = \lambda_{Re} \pm i\lambda_{Im}$），以下のように表せる．

$$\lambda_{Re} = -\frac{1}{2}\left(\frac{1}{\tau_s} + G_N E_s^2\right) \tag{3.A.44}$$

$$\lambda_{Im} = \sqrt{\frac{G_N E_s^2}{\tau_p}} \tag{3.A.45}$$

ここで定常解の安定性は，式 (3.A.44) から判定可能である．τ_s, G_N, E_s^2 が常に正の値を取るため，式 (3.A.44) より $\lambda_{Re} < 0$ が常に満たされる．そのためヤコビ行列の最大固有値の実部は常に負であり，戻り光がない場合の定常解（式 (3.A.34)〜(3.A.36)）は常に安定であることが分かる．

戻り光のない半導体レーザの緩和発振周波数 f_r は，ヤコビ行列の最大固有値の虚部である式 (3.A.45) から求めることができる．ここで，$2\pi f_r = \lambda_{Im}$ であるため，以下のようになる．

$$f_r = \frac{1}{2\pi}\sqrt{\frac{G_N E_s^2}{\tau_p}} \tag{3.A.46}$$

式 (3.A.34) を式 (3.A.46) に代入すると，戻り光がない半導体レーザの緩和発振周波数は以下のように表せる．

$$f_r = \frac{1}{2\pi}\sqrt{\frac{(j-1)}{\tau_s \tau_p}\left(1 + G_N N_0 \tau_p\right)} \tag{3.A.47}$$

式 (3.A.47) より，半導体レーザの緩和発振周波数は，クラス B レーザモデルの緩和発振周波数（2.3.3 項の式 (2.52)）とは異なることが分かる．また式 (3.A.47) は 3.2.3 項の式 (3.9) と一致している．

式 (3.A.47) から計算された規格化注入電流 j の変化に対する緩和発振周波数を図 3.A.5 に示す．注入電流の増加とともに，緩和発振周波数は単調増加していることが分かる．緩和発振周波数は注入電流の平方根で増加しており，注

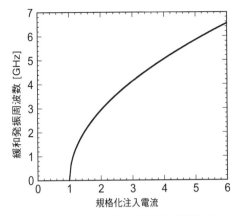

図 3.A.5 規格化注入電流を変化させた場合の緩和発振周波数（式 (3.A.47) から算出）

入電流が大きくなるにつれて緩和発振周波数の変化率は減少している．このグラフの範囲では，緩和発振周波数は 0～7 GHz であることが分かる．

3.A.4 利得飽和を考慮した Lang-Kobayashi 方程式

　Lang-Kobayashi 方程式はこれまでに広く研究されており，多くの研究において Lang-Kobayashi 方程式に基づく数値計算結果は，実験結果とよく一致している．しかしながら，レーザ出力強度の振幅の確率分布（ヒストグラム）など，数値計算と実験の間で一致しない場合がある．例えば，Lang-Kobayashi 方程式から得られる時間波形は，戻り光量が非常に大きいときに大きなパルス出力を示すが，この現象は実験では観測されない場合がある．数値計算と実験の結果をよく一致させるためには，Lang-Kobayashi 方程式の一部を修正する必要がある．最も有効な修正の1つとして，レーザ媒質の「利得飽和」(gain saturation) の付加が挙げられる．数値モデルにおいて利得飽和を考慮することで，数値計算と実験結果の間でレーザ出力強度振動の振幅のヒストグラムはよく一致する．これは高速物理乱数生成への応用のために適したモデルとして用いられている．

　レーザ出力強度の大きなパルス振動は，数値モデルに利得飽和を導入することにより抑制される．これは Lang-Kobayashi 方程式の利得項に飽和効果を追加することにより達成される．つまり，以下のように利得係数を置き換える．

$$G_N \to \frac{G_N}{1 + \varepsilon E^2(t)} \tag{3.A.48}$$

ここで ε は利得飽和係数を表す（典型的な値は，$\varepsilon = 2.5 \times 10^{-23}$ である）．このとき，飽和効果のためレーザ出力強度 $I(t) = E^2(t)$ が増加するとともに，レーザの利得は減少することが分かる．

利得飽和を加えることにより，大きなスパイク列の時間波形は小さな振幅を持つ連続振動へと変化し，レーザ出力強度の大きなパルス振動を抑制できる．また利得飽和により左右対称に近いヒストグラムが得られ，実験から得られるレーザ出力強度のヒストグラムを，数値計算により再現できる．

第4章

レーザにおけるカオス同期

4.1 カオス同期の概念

4.1.1 同期とは何か？

「同期」(synchronization) とは，結合された非線形システムの出力振動が同一である現象のことである [Pikovsky 2001, Strogatz 2003]．図 4.1 に示すように，2 つの一方向に結合された周期振動子（それぞれ送信システム，受信システムと呼ぶ）間の周期的な時間波形の完全同期は，最も分かりやすい例である．結合強度が弱い場合，2 つの時間波形は異なる周波数と位相で振動する（図 4.1 (a)）．結合強度が増加すると，2 つの時間波形は同じ周波数と位相となる（図 4.1 (b)）．また 2 つの時間波形を横軸と縦軸に取り，時間変化に対してプロットした図を図 4.1 (c) と (d) に示す．この図は「相関図」(correlation plot) と呼ばれている．結合強度を増加させることで，相関図は円状の分布である非同期状態（図 4.1 (c)）から，45°の直線上へ分布する同期状態（図 4.1 (d)）へと遷移する．

共通の支持体に吊り下げられた 2 つの結合された振り子時計の振動が完全に一致し，振り子が常に逆方向に振動（反位相同期）することが，ホイヘンス (Huygens) により 17 世紀に初めて発見された [Pikovsky 2001]．また近年，多くの通信システムにおいて復号されたメッセージ信号を抽出するために周期キャリア波形の同期が必要とされている．周期波形の同期は多くの工学応用に用いられている．

周期波形の同期の代わりに，カオス時間波形の同期も観測することが可能

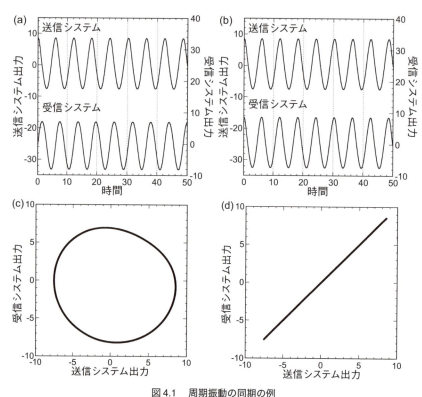

図 4.1　周期振動の同期の例
(a), (b) 周期振動の時間波形と，(c), (d) 相関図．(a), (c) 非同期状態．(b), (d) 同期状態．

であり，この現象は「カオス同期」(chaos synchronization) と呼ばれている[Fujisaka 1983, Pecora 1990]．図 4.2 では，結合されたカオス振動子におけるカオス同期の例を示している．結合強度が弱い場合，図 4.2 (a) に示すような 2 つの独立したカオス振動が観測される．結合強度が増加すると，図 4.2 (b) に示すように 2 つの時間波形においてカオス同期が観測される．図 4.2 (c) と 4.2 (d) に示す相関図は，2 つのカオス振動間の同期の様子を示している．弱い結合強度（図 4.2 (c)）ではカオスの時間波形の関係に線形な相関は見られない．一方で図 4.2 (d) では明らかに線形相関が観測され，完全カオス同期が得られている．

ここで同期の定量的な指標として相互相関値を導入する (4.4.5 項参照)．相互相関値が 1 の場合には完全同期を表し，0 の場合には非同期を表す．図 4.2

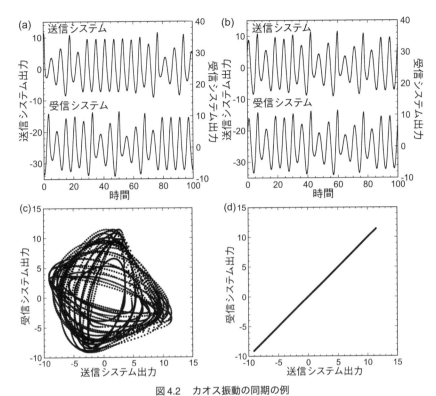

図 4.2　カオス振動の同期の例
(a), (b) カオス振動の時間波形と，(c), (d) 相関図．(a), (c) 非同期状態．(b), (d) 同期状態．

(c) における相互相関値は 0.063 であり，0 に近く同期していないことを示している．一方で図 4.2 (d) では相互相関値は 1.0 となり，完全同期を示している．

4.1.2　なぜカオスが同期するのか？

　カオスの大きな特徴の 1 つとして初期値鋭敏性が挙げられる．カオスは初期条件に強く依存し，2 つの時間波形のわずかな差が時間発展に伴い指数関数的に増大する．そのため，初期条件の異なる 2 つのカオスシステムが同期することは直感に反しており，初期値鋭敏性と矛盾しているように思われる．しかしながら結合されたカオスシステムでは，2 つのシステム間の結合強度が十分大きく，パラメータ値が近い場合において，カオス同期することが知られている．

　カオス同期が達成される理由の直感的な理解は，送信信号に対して非線形システムの出力が追従するためである．つまりカオス同期とは，元のカオス波形

と同期したシステムのカオス波形との差が0に収束するという意味である．これは，カオス波形自身の示す不規則性や初期値鋭敏性と必ずしも関係があるわけではなく，送信信号に非線形システムの出力が追従することで，カオス同期が達成される．

結合された2つの非線形システム間において完全カオス同期を達成するための条件は，以下の通りである．

(i) 2つのシステムは，（ほぼ）同じパラメータ値を有する（ほぼ）同一の装置で構成する必要がある．
(ii) 2つのシステムは（ほぼ）同一の送信信号またはフィードバック信号を有している必要がある．

結合されたシステムが数学的に対称であることが完全同期解の存在する必要条件である（4.4.1項参照）．上記の2つの条件に加えて，もう1つの重要な条件が完全同期を達成するために必要となる．

(iii) 完全同期解が安定である．

同期解の安定性はシステムのパラメータ値に依存するが，パラメータ空間における同期解の安定領域は存在する．3つ目の条件は安定した同期を観測するうえで重要であり，条件付きリアプノフ指数で評価できる（4.3.2項参照）．

4.1.3　レーザシステムにおけるカオス同期の特徴

図4.3に示すように，レーザのカオス同期を考える際には，レーザ出力の電界振幅における2つの振動成分を考慮することが重要である．1つは $f_c = c/\lambda$ で決まる光キャリア周波数であり，10^{14} Hz オーダの高速振動である（ここで c は光速，λ は波長である）．もう1つは，レーザ媒質中の光子とキャリア密度（反転分布）の相互作用による，レーザの緩和発振周波数 f_r に相当する $10^3 \sim 10^9$ Hz オーダの遅いカオスの包絡線振動成分である．レーザ出力振動の観測に際しては，10 GHz 程度（$\sim 10^{10}$ Hz）に制限された周波数帯域幅を有する光検出器によりレーザ光の時間変動を電気信号に変換する必要がある．そのため，緩和発振周波数オーダである $10^3 \sim 10^9$ Hz の遅い周波数領域においてカ

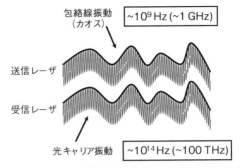

図 4.3 2 つの異なる周波数成分を有するレーザ電界振動の概念図

10^{14} Hz の高速な光キャリア振動と 10^9 Hz のカオス振動の低速な包絡線成分から構成される.

オス同期が観測される.しかしながら,低周波数領域 ($10^3 \sim 10^9$ Hz) でのカオス同期を達成するためには,コヒーレントに結合されたレーザの高速光キャリア周波数成分 ($\sim 10^{14}$ Hz) を同期させることが非常に重要となる.光注入されたレーザにおける高速な光キャリア周波数は,周波数引き込み効果により一致させることができ,この現象はインジェクションロッキングとして知られている [Siegman 1986].インジェクションロッキングにより高周波成分である光キャリア周波数が一致すると,遅い包絡線成分であるカオス振動も同期することが可能となる.このように,インジェクションロッキングは,レーザカオスの同期の必要条件である.そのため,2 つの結合されたレーザの光キャリア周波数差と光結合強度が,カオス同期達成のために重要なパラメータとなる.

4.1.4 光通信応用のためのカオス同期

カオス同期の概念は,カオスの秘密通信への応用を可能にすることから,電子回路を用いたカオス秘密通信が提案された [Pecora 1990, Ditto 1993].これはカオスを生成する電子回路を送信器とし,1 つの変数(例えば x)に対応するカオス波形を,別のカオス電子回路である受信器へと送信する.また微小振幅のメッセージ信号を送信器の別の変数(例えば y)のカオス波形へ付加して隠蔽し,これを受信器へと送信する.先に送ったカオス波形 x を用いて,受信器ではカオス波形 y をカオス同期により再現する.メッセージを付加された送信信号からこのカオス波形 y を差し引くことで,元のメッセージを再現できるという手法である.しかしながら本手法では,2 つの変数 (x と y) のカオス

波形を送る必要があることが欠点となる．

より簡潔な秘密通信の方法として，1つの伝送信号を用いた秘密通信方式が提案された [Cuomo 1993]．この方法では送信器で微小なメッセージ信号をカオス送信信号に加算しても，受信器が送信器のカオスに同期することが示された．送信信号に含まれるカオス信号を受信器でのカオス同期した出力により差し引き，メッセージを復号することができる．この手法では同期は完全ではなく，メッセージ信号はカオス振動の摂動として扱われるため，メッセージ信号の大きさはカオスと比較して十分小さくしなければならない．

電子回路におけるカオス秘密通信の実装に引き続き，レーザカオスを用いた光秘密通信の数値計算による提案が行われた [Colet 1994]．本方式では固体レーザで発生するカオス的パルス波形の振幅を増加または減少させることでカオス波形にデジタルメッセージ信号を埋め込み，カオス同期を利用してメッセージ信号を再現するという手法である．またカオス秘密通信を半導体レーザへ適用することで，高速データ光通信への応用可能性が示された [Mirasso 1996]．

その後，レーザカオスを用いた光秘密通信の実験的実証も報告されている．エルビウム添加ファイバレーザで生成されたレーザ出力強度振動を用いた光秘密通信の実証実験が行われた [VanWiggeren 1998a]．また同様に電気–光システムにおいて波長のカオス的振動を用いた光秘密通信も実験的に実証された [Goedgebuer 1998]．さらに，時間遅延した戻り光を有する半導体レーザを用いた光秘密通信の実証も達成されており，市販の光ファイバネットワークにおいて，2.5 〜 10 Gb/s の伝送速度での光秘密通信が実験的に達成されている [Argyris 2005, Lavrov 2010]．カオス同期を用いた光秘密通信の実証例は第5章にて詳細に述べる．

4.2 カオス同期の歴史

4.2.1 ペコラ–キャロル法

カオス同期の実験的実証は 1990 年に初めてペコラ (Pecora) とキャロル

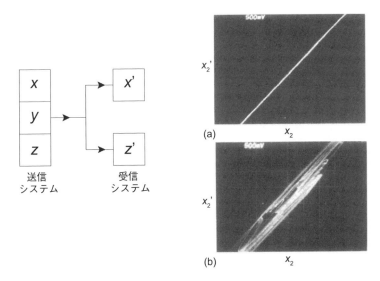

図4.4 ペコラ–キャロル法を用いたカオス同期
(左) 2つのローレンツモデルを同期するためのペコラ–キャロル法の概念図.
(右) 電子回路実験におけるカオス同期の観測例. (a) 同期時の相関図, (b) 非同期時の相関図. (出典：[Pecora 1990] Fig.3)

(Carroll) により報告された [Pecora 1990]. 本方式では, 1つのシステム (送信システムと呼ぶ) と, もう1つのシステム (受信システムと呼ぶ) を一方向に結合させることを考える. ここで, 受信システムは2つのサブシステムに分割される. 例として, 3変数 (x, y, z) から構成されるローレンツモデルを考える. 概念図を図4.4 (左) に示す. 送信システムは3変数のローレンツモデルを用いることとし, 受信システムはサブシステムとして変数 x' と z' の2変数のダイナミクスで構成される. さらに送信システムの変数 y を用いて, 送信システムと受信システムが一方向に結合される. 受信システムは図4.4 (左) に示すように, 変数 x' と z' のダイナミクスからなり, これらは送信信号 y により変化する. 送信システムの変数 y の入力に受信システムのダイナミクスが追従することで, カオス同期が達成される. カオス同期のためのペコラ–キャロル法の数学的な説明は, 補足 4.A.1 項に示す.

本方式を用いて, ローレンツモデルとレスラーモデルにおけるカオス同期が調査されている. さらに結合されたカオス発生用電子回路を用いて実験的にカ

オス同期が観測されている．図4.4（右）は，電子回路実験における2つの異なるパラメータ値に対する相関図を示している．横軸は送信システムの時間波形を示し，縦軸は受信システムの時間波形をオシロスコープ上にて示している．電子回路のパラメータ値が50%ずれている場合には（図4.4（右，b））同期が歪んでいる．一方で回路パラメータ値が同一である場合には（図4.4（右，a）），送信システムと受信システムの相関図は45°の直線上に分布しており，完全同期が観測されている．

ペコラ–キャロル法では，受信システムをサブシステムに変換する必要がある．また送信システムの1つの変数を同期用信号として受信システムへ送る際に，受信システムが負の条件付きリアプノフ指数を有している必要がある．

4.2.2　差分結合法

別のカオス同期法がフィラガス (Pyragas) により提案されている [Pyragas 1993]．これはフィードバックを用いたカオスの制御法を改良してカオス同期へ適用した手法であり，差分結合法と呼ばれている．差分結合法の概念図を図 4.5（左）に示す [Pyragas 1993]．送信システムの1つの変数の時間波形はメモリに記録され，送信システムと受信システムの変数の差分を微小フィードバック信号として受信システムへ結合する（差分結合や拡散結合と呼ばれている）．差分結合は負のフィードバックとして受信システムに導入される．この差分結合の重要な点は，送信システムと受信システムの信号が一致する場合に

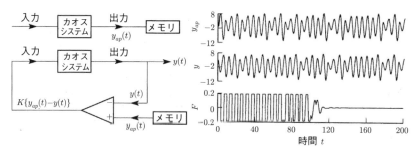

図4.5　差分結合法を用いたカオス同期

（左）差分結合法を用いたカオス同期のブロック図．
（右）レスラーモデルにおける2つのカオス信号 $y_{ap}(t)$, $y(t)$ と，その差信号 $\Delta y = y_{ap}(t) - y(t)$ の時間波形．(出典：[Pyragas 1993] Fig.1, Fig.9)

受信システムへの摂動が0になることである．送信システムと受信システムが同一パラメータの場合には，数学的に完全同期解が存在している．また同期状態は，十分に大きな結合強度により安定させることができる．

　レスラーモデルにおける差分結合法を用いたカオス同期の例を図 4.5（右）に示す．上から順に送信信号，受信信号，フィードバック信号の時間波形を示している．時間波形の前半部では同期していないが，後半部分ではカオス同期が観測される．ここで同期が達成された後は，フィードバック信号が0に近づいていることが分かる．このように，送信システムと受信システムの差分結合を用いて，カオス同期が維持されるように常にフィードバック制御していると解釈できる．

　電子回路におけるカオス同期の研究では，オペアンプをバッファとして用いた一方向結合や，抵抗やコンデンサ等の受動素子を用いた相互結合が実現されている．いずれの場合にも，結合信号は送信システムと受信システムの電圧信号の差となるため，差分結合法と同様の原理でカオス同期が達成される．

4.2.3　レーザにおけるカオス同期

　レーザにおけるカオス同期は，結合された半導体レーザアレイにて数値計算により初めて観測された [Winful 1990]．これはエバネッセント波により光電界が相互結合された半導体レーザアレイのモデルである．結合がない場合，各レーザは単一モードで発振し，すべてのレーザが均一であると仮定する．隣接するレーザはエバネッセント波により光結合されており，カオス同期が観測される．

　ここで，隣接同士で光結合された3つの半導体レーザアレイ（レーザ 1, 2, 3と呼ぶ）を考える．弱い結合において，定常状態ではすべてのレーザの電界振幅がほぼ均一である．結合強度を増加させるにつれて，定常解の一部は自己パルス振動になり安定性が失われる．しかしながら，外側のレーザ（レーザ1と3）において振動が同期し，空間的な対称性は維持されている．結合強度をさらに増加させると，周期倍加ルートによるカオスへ至る分岐が出現する．この分岐の間も，レーザ1と3は互いに同期が保たれる．

　強い結合強度ではアレイ内の各レーザ出力の時間波形はカオスになる．図

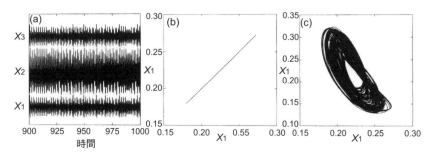

図4.6 半導体レーザアレイにおけるカオス同期の数値計算結果
(a) 3つのレーザ出力の時間波形, (b) レーザ1とレーザ3の相関図(カオス同期), (c) レーザ1とレーザ2の相関図(非同期). (出典: [Winful 1990] Fig.1)

4.6 (a) に示すように, レーザ1および3 (X_1 と X_3) の出力強度の時間変化が同一となり, カオス同期していることが分かる. 図4.6 (b) にレーザ1と3のレーザ強度の時間波形の相関図を示しており, 45°の直線が出現していることからカオス同期が観測される. 一方で, レーザ1と2の強度の相関図を見ると (図4.6 (c)), 直線の代わりにストレンジアトラクタのような複雑な形状の相関図となっており, 同期が観測されない. このように外側のレーザ1と3ではカオス同期しており, 隣接するレーザ1と2ではカオス同期しないことが分かる. また結合強度をさらに増加させると同期が崩れ, 時空カオスが観察される.

半導体レーザアレイにおけるカオス同期の数値計算の報告後, 相互結合された2つのNd:YAGレーザアレイを用いたレーザカオス同期の初めての実験的観測が報告された [Roy 1994]. 図4.7 (左) に実験装置図を示す. Ar^+ レーザから得られたほぼ等しい強度の2つのレーザビームを励起光とし, 同一の結晶内に生成された2つのNd:YAGレーザ (波長 $1.06\,\mu m$) を用いている. 並列された励起ビームの空間的距離を変化させることで, 共振器内のレーザ電界の重なりを変化させることが可能となり, 2つのNd:YAGレーザ間の相互結合強度を制御できる. 一方または双方のレーザは励起光の周期変調によりカオス的に出力強度が変化し, レーザが十分に結合されている場合において光強度振動のカオス同期が観測される.

2つの励起ビーム間の距離が短くかつ強い結合では, 2つのレーザの光位相が一致する. この条件で, 図4.7 (右, a) の時間波形に示すように, 2つのレー

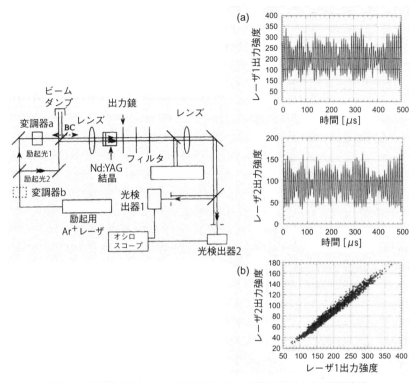

図 4.7　相互結合された 2 つの Nd:YAG レーザにおけるカオス同期実験
(左) 空間的に相互結合された 2 つの Nd:YAG レーザにおけるカオス同期の実験装置図.
(右) (a) カオス同期した 2 つのレーザ出力の時間波形と，(b) 相関図．(出典：[Roy 1994] Fig.1 (a), Fig.4)

ザ強度のカオス振動が同期する．図 4.7（右，b）はレーザ 1 とレーザ 2 の出力強度の相関図を示している．45 度の直線付近に分布しており，レーザカオスの同期が達成されていることが分かる．

レーザカオス同期の実験的観測は，一方向に結合された気体レーザにおいても同時期に報告されている [Sugawara 1994]．図 4.8（上）に実験装置図を示す．気体の可飽和吸収体を有する 2 つの CO_2 レーザで構成され，1 つは送信レーザであり，他方は受信レーザに対応する．レーザ共振器内の可飽和吸収体は，受動 Q スイッチングとして知られるパルス的発振を引き起こす．この出力振動は，周期倍加ルートを経てカオスになることが知られている．送信レー

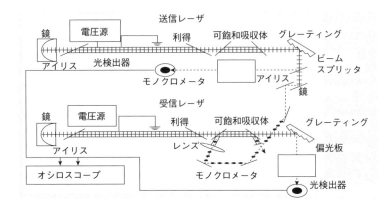
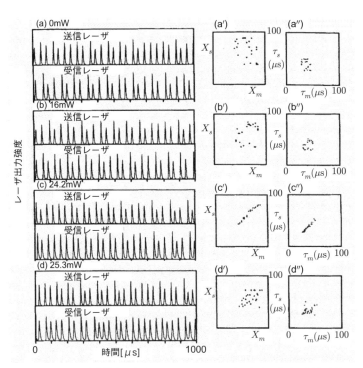

図 4.8　一方向結合された 2 つの CO_2 レーザにおけるカオス同期実験

(上) 一方向結合された 2 つの CO_2 レーザにおけるカオス同期の実験装置図．
(下) 注入光量を変化させた場合の 2 つのレーザ間における受動 Q スイッチ振動の (a)～(d) 時間波形と，(a′)～(d′) ピーク値の相関図と，(a″)～(d″) ピーク間隔の相関図．(出典：[Sugawara 1994] Fig.1, Fig.2)

ザからの出力を一方向に受信レーザの可飽和吸収体に注入したとき，2つのカオス振動が同期することが示されている．図4.8（下）は，送信レーザ光からの結合強度（注入光量）を変化させた場合の，2つのレーザの時間波形（図4.8（下，a～d））とレーザパルス出力のピークの高さに対する相関図（図4.8（下，a′～d′）），およびピーク間隔に対する相関図（図4.8（下，a″～d″））を示している．図4.8（下，a）に示すように，2つのレーザ間に結合が存在しない場合，各レーザは独立にカオス振動を示す．図4.8（下，a′）と（下，a″）の相関図を見ると，データ点が不規則に二次元的に分散しており，2つのレーザは独立に振動していることを示している．結合強度を大きくすると，図4.8（下，c）に見られるように受信レーザのカオス的振動が送信レーザ振動に同期する．また2つのレーザ出力のピークの高さとピーク間隔に明らかな直線関係が，図4.8（下，c′）と（下，c″）で観測される．一方で図4.8（下，d）に示すように，結合強度をさらに増加させると同期が崩れる．

送信レーザからの光結合は，受信レーザにおける可飽和吸収体の分布を変化させる．2つのレーザの光強度は可飽和吸収体の中で互いに相互作用する．この場合の結合はインコヒーレントである（つまり電界の光位相は無関係となる）．送信レーザ強度に対するカオス同期の依存性は，一方向結合のCO_2レーザの数値モデルに基づいた数値計算でも再現されている [Sugawara 1994]．

レーザシステムにおけるカオス同期の2つの先駆的な実験的実証の後にも，異なるレーザ装置や結合方法を用いたカオス同期に関する多くの研究活動が報告されている [Uchida 2005]（4.5節と4.6節参照）．

4.3 ローレンツモデルにおけるカオス同期の例

4.3.1 差分結合法による同期モデルと時間波形

本項ではカオス同期の基礎を理解するために，ローレンツモデルを用いたカオス同期の例について述べる．ここでは差分結合法を用いて2つのローレンツモデルを一方向結合することを考える．それぞれのシステムを，送信システムおよび受信システムと呼ぶことにする．

結合ローレンツモデルの送信システムの変数を $x_d(t)$, $y_d(t)$, $z_d(t)$ とすると（添え字 d は drive の意味），送信システムは以下のように記述できる．

$$\frac{dx_d(t)}{dt} = \sigma_d\left(y_d(t) - x_d(t)\right) \tag{4.1}$$

$$\frac{dy_d(t)}{dt} = r_d x_d(t) - y_d(t) - x_d(t)z_d(t) \tag{4.2}$$

$$\frac{dz_d(t)}{dt} = -b_d z_d(t) + x_d(t)y_d(t) \tag{4.3}$$

ここで，送信システムの変数 $y_d(t)$ を用いて差分結合を行う．結合ローレンツモデルの受信システムの変数を $x_r(t)$, $y_r(t)$, $z_r(t)$ とすると（添え字 r は response の意味），受信システムのモデルは以下のようになる．

$$\frac{dx_r(t)}{dt} = \sigma_r\left(y_r(t) - x_r(t)\right) \tag{4.4}$$

$$\frac{dy_r(t)}{dt} = r_r x_r(t) - y_r(t) - x_r(t)z_r(t) + \kappa\left(y_d(t) - y_r(t)\right) \tag{4.5}$$

$$\frac{dz_r(t)}{dt} = -b_r z_r(t) + x_r(t)y_r(t) \tag{4.6}$$

ここで式 (4.5) の $\kappa\left(y_d(t) - y_r(t)\right)$ の項が差分結合を示している．κ は結合強度を表し，$\kappa \geq 0$ とする．

ここで同期のメカニズムについて考える．同期が達成される場合には，$y_d(t) = y_r(t)$ となるために，結合項は 0 となり，送信システムと受信システムは対称となる．一方で同期が外れて $y_d(t) < y_r(t)$ になったと仮定すると，結合項 $\kappa\left(y_d(t) - y_r(t)\right)$ の符号は負となるため，式 (4.5) の $y_r(t)$ は減少する方向に変化して，$y_d(t) = y_r(t)$ に近づく．反対に $y_d(t) > y_r(t)$ の場合には，結合項の符号は正となるため，$y_r(t)$ は増加する方向に変化し，同様に $y_d(t) = y_r(t)$ に近づく．このように，結合項が負のフィードバックの役割を果たして $y_r(t)$ が変化するため，$y_d(t) = y_r(t)$ の同期が安定に維持されることが分かる．

結合されたローレンツモデルの変数 $x_d(t)$ と $x_r(t)$ の時間波形と相関図を図 4.9 に示す．送信システムと受信システムのパラメータ値はすべて等しく設定し，$\sigma_d = \sigma_r = 10$, $r_d = r_r = 28$, $b_d = b_r = 8/3$ とした．図 4.9 (a) と (b) に示すように，$\kappa = 0$ の場合には 2 つの時間波形は異なっており相関図も点が広く散らばっているため，同期が達成されていない．一方で図 4.9 (c) と (d) に

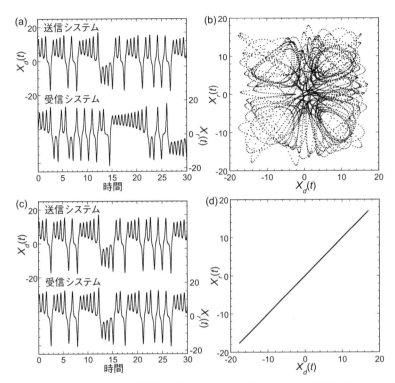

図4.9 結合されたローレンツモデルの変数 $x_d(t)$ と $x_r(t)$ の (a), (c) 時間波形と，(b), (d) 相関図
(a), (b) カオス同期なし（結合強度 $\kappa = 0$），(c), (d) カオス同期あり（$\kappa = 5$）．

示すように，$\kappa = 5$ と増加させることで，同一の時間波形が得られて相関図も直線となり，カオス同期が達成されていることが分かる．

また κ を連続的に変化させた場合の，$x_d(t)$ と $x_r(t)$ の相互相関値を図4.10に示す（相関値の計算方法は4.4.5項参照）．κ を増加させることで相関値が増加し，カオス同期が達成されることが分かる．また大きな κ では相関値は常に1であり，カオス同期が観測される．このような同期の結果は，他の変数間（$x_d(t)$ と $x_r(t)$ 間や，$z_d(t)$ と $z_r(t)$ 間）の差分結合でも観測される．

4.3.2 線形安定性解析と条件付きリアプノフ指数

同期を観測するためには，同期解の存在（$x_d(t) = x_r(t)$）に加えて，同期解が安定であることが重要となる．同期解の線形安定性解析は，カオス同期の安

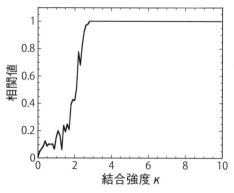

図 4.10　結合されたローレンツモデルの結合強度 κ を連続的に変化させた場合の，$x_d(t)$ と $x_r(t)$ の時間波形の相互相関値

定性を決定するために用いられる．

同期の安定性を解析するためには，受信システムの線形化方程式のヤコビ行列の固有値が重要であり，固有値の実部の符号が安定性を決定する．例えば，固有値の実部の符号がすべて負のとき，同期解は安定である．一方で，最大固有値の符号が正のとき，同期解は不安定となる．しかしながら，ヤコビ行列は時間発展の変数を含んでいるため，固有値を直接数値計算するのは容易ではない．そこでヤコビ行列の固有値を計算する代わりとして，「条件付きリアプノフ指数」(conditional Lyapunov exponent) を数値計算する手法が用いられる．

条件付きリアプノフ指数は，結合システムにおいて同期解の安定性を定量的に解析するための指標である．条件付きリアプノフ指数は，結合システムの 2 つの時間波形の差の発散（または収束）の度合いを示している．条件付きリアプノフ指数が負のとき，2 つの結合されたシステムの変数は同一の時間波形に収束し，同期が達成される．一方で，最大の条件付きリアプノフ指数が正のとき，2 つの結合されたシステムの変数は発散し，同期は観測されない．

ここで通常のリアプノフ指数と条件付きリアプノフ指数との違いについて述べる．通常のリアプノフ指数は，1 つのシステムの時間波形における近傍の 2 点間の距離の発散（または収束）の度合いを示している．最大リアプノフ指数が正のとき，近傍の 2 点間の距離は発散し，カオス的な時間ダイナミクスが観測される．一方で最大リアプノフ指数が負のとき，2 点間の距離は収束して安

定な（または周期的な）時間ダイナミクスが観測される．このように通常のリアプノフ指数では同一のシステムにおける時系列の発散具合を示している．一方で条件付きリアプノフ指数は，2つの結合システムにおける時間波形の「差分信号」の発散具合を示している．したがって，通常のリアプノフ指数 λ は時間波形のカオス性を示しているのに対し，条件付きリアプノフ指数 λ_c は，2つの結合されたシステムの同期可能性を示している．つまり，カオスの完全同期は，$\lambda > 0$（カオス）と $\lambda_c < 0$（安定な同期）の条件を満たす場合に観測される．カオス同期はカオスの初期値鋭敏性と矛盾する概念であると前述したが，複数のシステム間から得られるカオス波形の差分信号が0に収束するのであれば，カオスも同期することが可能である．

ローレンツモデルにおける条件付きリアプノフ指数の算出方法を補足 4.A.2 項に示すので参考にされたい．

4.4 レーザにおける結合方法とカオス同期の種類

　カオス同期を達成させるためには，レーザを互いに結合する必要がある．結合方法は主に一方向結合と相互結合（双方向結合）の2種類に分類することができる．光秘密通信への応用を踏まえて，本節では主に一方向結合のカオス同期について述べる．

　カオス同期の最も簡単な結合方法は，1つのレーザ（送信レーザと呼ぶ）から別のレーザ（受信レーザと呼ぶ）への一方向での光注入である．送信レーザの出力をコヒーレントに一方向結合するためには，光アイソレータを介して受信レーザに注入する．4.2.2 項で述べた差分結合法を実現するためには，送信レーザと受信レーザ間のレーザ出力の差分信号を受信レーザへ注入する必要があるが，光キャリア周波数は数百 THz (10^{14} Hz) と高速であるため，電界振動の差分を実現することは容易ではない．

　そこで送信レーザに自己フィードバック信号を付加することで，差分信号を用いずに光注入のみにより完全同期解を得ることが可能となる．送信レーザにおける自己フィードバック信号はカオスを生成するのみならず，送信レーザと

受信レーザ間の対称性を保ち，同期解を得るために用いられている．さらに送信レーザに自己フィードバック信号を加えることにより，受信レーザにおける注入信号の差分演算が必要なくなるため，実験においても達成が容易となる．

結合方式の他の分類として，コヒーレント結合とインコヒーレント結合に分類できる．コヒーレント結合の場合，送信レーザ出力の電界は受信レーザのレーザ共振器に直接注入される．電界の振幅と位相の両方が，送信レーザと受信レーザとの間で互いに相互作用するため，インジェクションロッキング（光キャリア周波数の引き込み効果）がカオス同期を達成するために重要な役割を果たす．一方で，インコヒーレント結合の場合は，送信レーザ出力の強度のみが受信レーザのレーザ強度やキャリア密度と相互作用する．つまり電界の高速な光キャリア周波数の位相や周波数をインジェクションロッキングにより一致させる必要がない．

4.4.1 完全同期

レーザシステムに適した同期方式について考える際に，はじめに差分結合法について述べる．同期方式のブロック図を図 4.11 (a) に示す．送信レーザ変数の 1 つは注入信号して用いられ，送信レーザと受信レーザの差分信号をフィードバック信号として受信レーザへと注入することを考える．この方式は以下のように数学的に記述することができる．

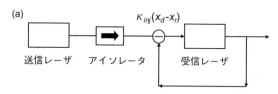

図 4.11　カオス同期方式のブロック図

(a) 差分信号の光注入，(b) 送信レーザ光の単純な光注入．κ_{inj} は結合強度を表し，$x_{d,r}$ は送信レーザおよび受信レーザの変数を表す．

$$\frac{dx_d(t)}{dt} = f(x_d(t), \boldsymbol{y}_d(t)) \tag{4.7}$$

$$\frac{dx_r(t)}{dt} = f(x_r(t), \boldsymbol{y}_r(t)) + \kappa_{inj}\left(x_d(t) - x_r(t)\right) \tag{4.8}$$

ここでは結合に関係する変数の方程式のみを示している．$x_d(t)$ と $x_r(t)$ は送信レーザと受信レーザのダイナミクスを表す変数であり，$\boldsymbol{y}_d(t)$ と $\boldsymbol{y}_r(t)$ は各レーザの残りの変数であり，f は $x_d(t)$ と $x_r(t)$ のダイナミクスを支配する非線形関数である．また κ_{inj} は結合強度である．

送信レーザと受信レーザの変数に対して，式 (4.7) と式 (4.8) の完全同期解が数学的な意味で存在している．これは，完全同期解が満たされる場合に，式 (4.7) と式 (4.8) が対称性を保つ（同一の方程式に見える）という意味である．完全同期解は以下のようになる．

$$x_d(t) - x_r(t) \to 0 \quad , \quad \boldsymbol{y}_d(t) - \boldsymbol{y}_r(t) \to 0 \quad (t \to \infty) \tag{4.9}$$

つまり，式 (4.9) を満たす場合，式 (4.7) と式 (4.8) は同一の方程式となる．このような同期状態は，十分に大きな結合強度 κ_{inj} により安定化することができる．ここで注意すべき点として，差分信号によるフィードバックは式 (4.9) の同期解を安定化するために，$x_r(t)$ の項における負のフィードバックとして受信レーザに導入する必要がある（つまり，$-\kappa_{inj}x_r(t), \kappa_{inj} > 0$）．差分信号のもう1つの重要な特徴は，送信レーザと受信レーザの信号が一致した場合に0となることである．例として $x_r(t) = x_d(t)$ の場合には，$\kappa_{inj}\left(x_d(t) - x_r(t)\right) = 0$ となる．ここで同一のパラメータ値および同期解 $x_r(t) = x_d(t)$ を仮定した場合，式 (4.7) と (4.8) は完全に同一の方程式となる．このように同期時に方程式が対称となり数学的に同一の解が存在する種類の同期は，「完全同期」(identical synchronization) と呼ばれている．

4.4.2 一般化同期（高い相関の場合）

式 (4.8) の差分信号による結合は，電子回路やローレンツモデルなど多くの非線形システム間の同期に適用できる．しかしながら，コヒーレントに結合されたレーザに本手法を適用する場合，10^{14} Hz のオーダで高速振動する2つの光電界間のコヒーレントな減算を行うことは容易ではない．そのため図 4.11

(b) に示すように，結合は単純な光注入に置き換えられる．つまり，式 (4.8) を以下のように置き換えることに対応する．

$$\frac{dx_r(t)}{dt} = f(x_r(t), \boldsymbol{y}_r(t)) + \kappa_{inj} x_d(t) \tag{4.10}$$

式 (4.7) と式 (4.10) は，同一のパラメータ値と完全同期解 $x_r(t) = x_d(t)$ の条件においても，結合項の部分（$\kappa_{inj} x_d(t)$）が残るため同一の方程式にはならない．つまり完全同期解 $x_r(t) = x_d(t)$ は存在しないことになる．

しかしながら，式 (4.10) に記述される単純な光注入のモデルや実験装置においても，カオス同期が観測されている．つまり，完全同期解 $x_d(t) = x_r(t)$ が存在しない場合においてもカオス同期は観測される．これは光注入によりインジェクションロッキングを達成することで，受信レーザ出力を強制的に送信レーザ出力に近づけていると解釈できる．このように数学的に完全同期解が存在しない同期の種類は，「一般化同期」(generalized synchronization) と呼ばれている．一般化同期は完全同期よりも相関が低下するが，一方でパラメータ偏差に寛容であることが知られている（4.5.1 項参照）．

4.4.3 フィードバックシステムにおけるカオス同期

(a) オープンループ

送信レーザに自分自身の戻り光によるフィードバックを追加することで，送信レーザと受信レーザの方程式を対称にすることができ，この場合は完全同期解が存在する．この方式のブロック図を図 4.12 (a) に示す．戻り光を有する送信レーザから受信レーザに光注入を行い，さらに同一の信号を送信レーザ自身にフィードバックする．ここでは受信レーザには戻り光のフィードバックがなく，このような方式は「オープンループ」(open loop) と呼ばれる．本モデルは，以下の式により数学的に表すことができる．

$$\frac{dx_d(t)}{dt} = f(x_d(t), \boldsymbol{y}_d(t)) + \kappa_d x_d(t - \tau_d) \tag{4.11}$$

$$\frac{dx_r(t)}{dt} = f(x_r(t), \boldsymbol{y}_r(t)) + \kappa_{inj} x_d(t - \tau_{inj}) \tag{4.12}$$

ここで κ_d は送信レーザのフィードバック強度（戻り光量），κ_{inj} は送信レーザから受信レーザへの結合強度（注入光量），τ_d は送信レーザのフィードバック

4.4 レーザにおける結合方法とカオス同期の種類　157

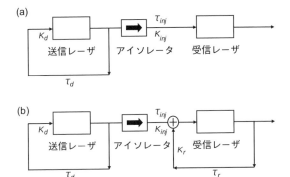

図 4.12 送信レーザにフィードバックを有するカオス同期方式のブロック図

(a) オープンループ構成 (受信レーザにフィードバックがない場合) と (b) クローズドループ構成 (受信レーザにフィードバックがある場合)．$\kappa_{d,r}$ は送信レーザと受信レーザのフィードバック強度 (戻り光量)，κ_{inj} は結合強度 (注入光量)，$\tau_{d,r}$ は送信レーザと受信レーザの戻り光の遅延時間，τ_{inj} は注入光の遅延時間を表す．

ループの遅延時間 (光の伝搬時間)，τ_{inj} は送信レーザから受信レーザへの結合による光の伝搬時間を示している．

式 (4.11) のフィードバック項 ($\kappa_d x_d(t - \tau_d)$) の導入により，式 (4.12) の結合項 ($\kappa_{inj} x_d(t - \tau_{inj})$) と等しくなるような完全同期解が存在する．完全同期解は以下のように記述される．

$$x_r(t) = x_d(t) \tag{4.13}$$

ここでフィードバック項と結合項において同一のパラメータ設定が必要となり，以下の式で与えられる．

$$\kappa_d = \kappa_{inj}, \quad \tau_d = \tau_{inj} \tag{4.14}$$

式 (4.11) と (4.12) では，$\tau_d \neq \tau_{inj}$ の場合にも完全同期解が存在する．この場合には，完全同期解は次のように記述される．

$$x_r(t) = x_d(t - \Delta\tau) \tag{4.15}$$

ここで $\Delta\tau = \tau_{inj} - \tau_d$ は結合の伝搬時間とフィードバック遅延時間との差である．このように時間遅延した完全同期解が存在し，2 つのレーザ出力は $\Delta\tau$ だけ時間遅延して同期する．

送信レーザのフィードバック遅延時間が2つのレーザ間の結合伝搬時間よりも長い場合（$\tau_d > \tau_{inj}$ および $\Delta\tau < 0$），式 (4.15) より受信レーザのほうが送信レーザよりも早い時刻に振動して同期する．つまり，受信レーザが送信レーザの振る舞いを予測しているように見えるため，この現象は「予測同期」(anticipated synchronization) と呼ばれている [Masoller 2001]．この一見直感に反した予測同期は，時間遅延フィードバックシステム特有の現象である．一方で $\tau_{inj} > \tau_d$ の場合には，$\Delta\tau$ の遅延時間だけ遅れた「遅延同期」(lag synchronization) を観測することができる [Tang 2003]．予測同期や遅延同期は，$\tau_d \neq \tau_{inj}$ の時間遅延フィードバックシステムにおける，時間シフトによる完全同期と考えることができる．

図 4.11 (b) に示した場合と同様に，式 (4.11) と式 (4.12) は 4.4.2 項で示した一般化同期も存在する．一般化同期は，フィードバック強度よりも結合強度が十分に大きい場合（$\kappa_{inj} > \kappa_d$）に観測することができる．一般化同期は以下のように記述される．

$$x_r(t) \approx a\, x_d(t - \tau_{inj}) \tag{4.16}$$

一般化同期では，$x_d(t)$ と $x_r(t)$ 間の遅延時間は τ_d ではなく伝搬時間 τ_{inj} のみに依存する．つまり，受信レーザのダイナミクスは送信レーザ波形を伝搬時間後に再生しており，受信レーザ自身のダイナミクスは重要でない．このように式 (4.16) の一般化同期は，時間遅延フィードバックシステムにおける $x_d(t)$ と $x_r(t)$ の間の遅延時間を調べることで，式 (4.15) の完全同期と明確に区別することができる．一般化同期は伝搬時間 τ_{inj} によってのみ決定されるのに対し，完全同期は遅延時間 $\Delta\tau$ ($= \tau_{inj} - \tau_d$) により決定されるため，2 種類の同期を定量的に区別できる [Liu 2002b]．

一般化同期は，インジェクションロッキングを介した受信レーザにおける送信レーザ信号の非線形増幅として解釈できるため，受信レーザの振幅は送信レーザよりも一般的には大きくなる（$a \geq 1$）．また一般化同期は，2 つのレーザパラメータ偏差に対する同期領域が，完全同期の同期領域よりも広いことが知られている（4.5.1 項参照）．したがって，多くのレーザ実験においては一般化同期が観測されており，光秘密通信応用にも一般化同期が用いられている．

一方で完全同期はその同期範囲が非常に狭いため，応用上はほとんど用いられていない．しかしながら，同期の遅延時間（$\Delta\tau$ または τ_{inj}）を調査して原理的に異なる2種類の同期を区別することは，学術的に重要である．

(b) クローズドループ

図 4.12 (a) のオープンループ構成では，受信レーザには戻り光が存在しない．一方で図 4.12 (b) に示すように，受信レーザにも戻り光を導入することができる．この構成は「クローズドループ」(closed loop) と呼ばれてる．クローズドループの場合，式 (4.11) と (4.12) は以下のように記述される．

$$\frac{dx_d(t)}{dt} = f(x_d(t), \boldsymbol{y}_d(t)) + \kappa_d x_d(t - \tau_d) \tag{4.17}$$

$$\frac{dx_r(t)}{dt} = f(x_r(t), \boldsymbol{y}_r(t)) + \kappa_r x_r(t - \tau_r) + \kappa_{inj} x_d(t - \tau_{inj}) \tag{4.18}$$

ここで κ_r は受信レーザのフィードバック強度（戻り光量）であり，τ_r は受信レーザにおけるフィードバックループの遅延時間である．クローズドループにおいても完全同期解は存在する．

$$x_r(t) = x_d(t) \tag{4.19}$$

ここで完全同期解を満たす条件は以下の通りである．

$$\kappa_d = \kappa_r + \kappa_{inj}, \quad \tau_d = \tau_r = \tau_{inj} \tag{4.20}$$

また $\tau_d \neq \tau_{inj}$ の場合においても，オープンループと同様に時間遅延した完全同期解が以下のように存在する．

$$x_r(t) = x_d(t - \Delta\tau) \tag{4.21}$$

ここで $\Delta\tau = \tau_{inj} - \tau_d$ であり，完全同期解の条件は以下のようになる．

$$\kappa_d = \kappa_r + \kappa_{inj}, \quad \tau_d = \tau_r \tag{4.22}$$

またオープンループと同様に，一般化同期もクローズドループにて観測される（式 (4.16)）．一般化同期では広いパラメータ領域で観測されるが，クローズドループの場合にはフィードバックパラメータ（κ_r および τ_r）の調整が必

要となるために，オープンループよりもパラメータ偏差に対する同期範囲が狭くなることが知られている [Vicente 2002]．また，クローズドループにおける同期を達成するまでの過渡時間は，受信レーザにおけるフィードバックの存在より，オープンループに比べて遥かに長くなる [Uchida 2004b]．

4.4.4 相互結合

前項では，送信レーザから受信レーザへの一方向結合でのカオス同期について述べた．一方向結合でのカオス同期は，光秘密通信応用のために研究が盛んに行われている．これは遠く離れた2人のユーザ間で，送信者により生成されたカオス時間波形を変化させずに，受信者において再現するためである．

一方で，2つのレーザ間で相互に光結合することでもカオス同期は実現できる．例えば，対面して配置されたレーザや，複数のレーザを並列に配置したレーザアレイなどが挙げられる．レーザアレイでは，各レーザの電界がエバネッセント波の重なりにより隣接したレーザと相互結合されるため，カオス同期が観測される [Winful 1990]．

相互結合におけるモデル方程式を以下に示す．

$$\frac{dx_d(t)}{dt} = f(x_d(t), \bm{y}_d(t)) + \kappa_{inj1} x_r(t) \tag{4.23}$$

$$\frac{dx_r(t)}{dt} = f(x_r(t), \bm{y}_r(t)) + \kappa_{inj2} x_d(t) \tag{4.24}$$

ここで κ_{inj1} は受信レーザから送信レーザへの結合強度であり，κ_{inj2} は送信レーザから受信レーザへの結合強度である．一方向結合では $\kappa_{inj1} = 0$ かつ $\kappa_{inj2} \neq 0$ であるのに対し，相互結合では $\kappa_{inj1} \neq 0$ かつ $\kappa_{inj2} \neq 0$ となる．離れたレーザ間の電界を伝搬するのは容易であるため，多くのレーザにおいて結合は電界（または光強度）を介して達成される．

これまでに一方向結合と相互結合におけるカオス同期特性の比較が調査されており，一方向結合に比べて相互結合の同期に必要な結合強度は小さくなる [Klein 2006]．また相互結合の影響によりカオス振動は安定化する場合があり，この現象は「振幅消滅」(amplitude death) として知られている [Kuntsevich 2001]．

4.4.5 相互相関値

本項ではカオス同期を定量的に測定する指標として，相互相関値（または単に相関値と呼ぶ）を導入する．標準偏差により規格化した送信レーザと受信レーザの2つの時間波形の相互相関値を用いることにより，カオス同期を定量的に評価できる．相互相関値は以下のように定義される．

$$C = \frac{\left\langle \left(I_{d,i} - \bar{I}_d\right)\left(I_{r,i} - \bar{I}_r\right) \right\rangle}{\sigma_d \sigma_r} \tag{4.25}$$

ここで $I_{d,i}$ と $I_{r,i}$ は，送信レーザと受信レーザの光出力強度の時間波形における i 番目のサンプル点である．下付きの d と r は，それぞれ送信レーザ (drive) と受信レーザ (response) を示している．$\bar{I}_d$ と $\bar{I}_r$ は，$I_{d,i}$ と $I_{r,i}$ の平均値であり，以下のように定義される．

$$\bar{I}_d = \frac{1}{N} \sum_{i=1}^{N} I_{d,i} \tag{4.26}$$

$$\bar{I}_r = \frac{1}{N} \sum_{i=1}^{N} I_{r,i} \tag{4.27}$$

ここで N は，時間波形のサンプル点の総数である．σ_d と σ_r は，$I_{d,i}$ と $I_{r,i}$ の標準偏差であり，以下のように定義される．

$$\sigma_d = \sqrt{\frac{1}{N} \sum_{i=1}^{N} (I_{d,i} - \bar{I}_d)^2} \tag{4.28}$$

$$\sigma_r = \sqrt{\frac{1}{N} \sum_{i=1}^{N} (I_{r,i} - \bar{I}_r)^2} \tag{4.29}$$

また式 (4.25) の $\langle \ \rangle$ は時間平均を示しており，以下のように定義される．

$$\left\langle \left(I_{d,i} - \bar{I}_d\right)\left(I_{r,i} - \bar{I}_r\right) \right\rangle = \frac{1}{N} \sum_{i=1}^{N} \left[(I_{d,i} - \bar{I}_d)(I_{r,i} - \bar{I}_r)\right] \tag{4.30}$$

式 (4.25) における相互相関値 C は，-1 から 1 の範囲となる．相互相関値が $C = 1$ のとき，最も相関の高い同位相のカオス同期が観測される．一方で

$C = -1$ のとき，最も相関の高い（相関値の絶対値が大きい）反位相のカオス同期が観測される．さらに同期していない場合は，$C = 0$ となり相関がないことを意味している．相互相関値 C は，カオス同期を定量的に測る指標であり，非常に便利である．以降の節では，同期を定量化する指標として C を用いる．

4.5　半導体レーザにおけるカオス同期

　本節では，半導体レーザにおけるカオス同期の数値計算および実験の例を示す．半導体レーザのカオス同期は，様々なカオスの発生方法に応じて報告されている．例えば，時間遅延した戻り光，偏光回転した戻り光，光–電気フィードバック，相互結合，電気–光システムが挙げられ，以下に詳細を述べる．

4.5.1　時間遅延した戻り光を有する半導体レーザのカオス同期

　時間遅延した戻り光を有する半導体レーザにおける一方向結合のカオス同期は，光秘密通信応用のために最もよく研究されている．本システムの構成図を図 4.13 に示す．外部鏡を有する送信レーザにおいて，時間遅延した戻り光によりカオス的出力振動が発生する．またアイソレータを介して，コヒーレントな一方向の光注入により送信レーザと受信レーザが結合される．受信レーザに戻り光がない場合はオープンループ構成となり，戻り光がある場合はクローズ

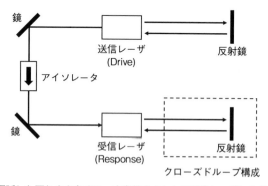

図 4.13　時間遅延した戻り光を有する一方向結合された半導体レーザにおけるカオス同期の構成図

点線の部分はクローズドループ構成を表す．

ドループ構成となる．

両方の構成において，完全同期と一般化同期の両方が報告されている．本構成でのカオス同期の初めての数値計算での報告例は，一般化同期に対応している [Mirasso 1996]．光結合の伝搬時間 τ_{inj} の後に，受信レーザは送信レーザ出力強度のダイナミクスと似た時間波形となるが，完全には一致しない．一方で完全同期は，ノイズがなく完全にパラメータ値が一致する2つの半導体レーザで観測され，その時間波形は完全に一致する [Ahlers 1998]．

完全同期と一般化同期の結果を比較するために，送信レーザのフィードバックの遅延時間と結合伝搬時間が等しい状態（$\tau_d = \tau_{inj}$）における，送信レーザと受信レーザの時間波形および相関図の数値計算結果を図 4.14 に示す．ここでは，一方向結合された戻り光を有する半導体レーザを記述する結合 Lang-Kobayashi 方程式を用いた（モデル式は 4.A.3 項を参照）．図 4.14 (a) と (b) では，オープンループ構成において送信レーザの戻り光量（フィードバック強度）と受信レーザへの注入光量（結合強度）が等しい場合の結果（$\kappa_d = \kappa_{inj}$）を示しており，同一の振幅と位相を有する完全同期が観測されている．図 4.14 (b) における相関図の相互相関値は $C = 1.0$ であり，これはカオスの完全同期を示している．一方で図 4.14 (c) と (d) は注入光量を増加させた場合の結果であり，一般化同期の例を示している．ここでは結合伝搬時間 $\tau_{inj} = 40$ ns だけ時間遅延させた送信レーザの光強度出力と，受信レーザの光出力強度を比較している．一般化同期の相互相関値は完全同期よりも低く，$C = 0.968$ である．また図 4.14 (d) の相関図に示すように，受信レーザ出力強度の振幅は，送信レーザの振幅と比べて少し増加している．このように，送信レーザと受信レーザ間の時間波形の遅延時間を調査することにより，完全同期（遅延時間なし，$\Delta\tau = \tau_{inj} - \tau_d = 0$）または一般化同期（遅延時間は τ_{inj}）を区別することができる．

次に，2種類の同期におけるパラメータ依存性について調査を行った結果を図 4.15 に示す．送信レーザと受信レーザ間で注入光量 κ_{inj} または光注入前の初期光キャリア周波数差 $\Delta f_{sol} (= f_d - f_{r,sol})$ を変化させた場合の，完全同期の相互相関値 C_{is} と一般化同期の相互相関値 C_{gs} を数値計算により調査した．ここで C_{is} は送信レーザと受信レーザの時間波形の相関値であり，C_{gs} は結合

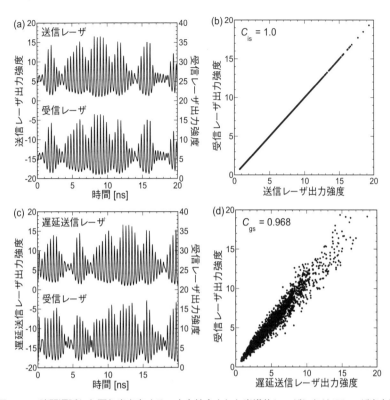

図 4.14　時間遅延した戻り光を有する一方向結合された半導体レーザにおけるレーザ出力強度の (a), (c) 時間波形と，(b), (d) 相関図の数値計算結果

(a), (b) 完全同期（相関値が 1.0），(c),(d) 一般化同期（相関値が 0.968）．(c), (d) 一般化同期を観測するために，結合伝搬時間 $\tau_{inj} = 4.0$ ns だけ時間遅延させた送信レーザの光強度出力と，受信レーザの光出力強度を比較している．

伝搬時間 τ_{inj} だけ時間遅延させた送信レーザと，受信レーザの時間波形の相関値である（パラメータの記号の意味や計算方法は 4.A.3 項を参照）．図 4.15 (a) と 4.15 (b) に示すように，完全同期の場合には送受信間でパラメータが一致した場合（$\kappa_d = \kappa_{inj} = 1.243$ ns^{-1} または $\Delta f_{sol} = 0$）にのみ高い相関値が得られている．パラメータ偏差が存在すると，相関値は大きく低減し，特に初期光キャリア周波数差のパラメータ偏差に対して敏感である（図 4.15 (b)）．一方で図 4.15 (c) と 4.15 (d) に示すように，一般化同期の場合には，広い範囲で高い相関値が得られていることが分かる．注入光量を変化させた場合（図 4.15

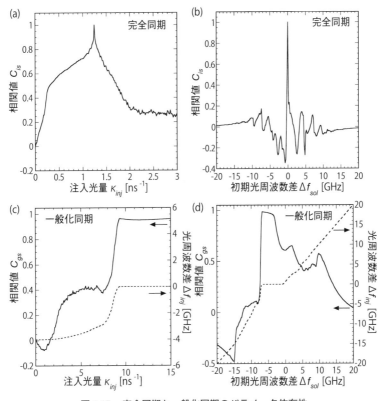

図 4.15 完全同期と一般化同期のパラメータ依存性

(a), (b) 完全同期の相互相関値 C_{is} と, (c), (d) 一般化同期の相互相関値 C_{gs} (実線) および光注入後の光キャリア周波数差 Δf_{inj} (点線). (a), (c) 注入光量 κ_{inj} を変化. (b), (d) 光注入前の初期光キャリア周波数差 $\Delta f = f_d - f_{r,sol}$ を変化. 送信レーザの戻り光量は $\kappa_d = 1.243 \text{ ns}^{-1}$ に固定している.

(c)), 大きい注入光量では常に高い相関値が得られていることが分かる. また初期光キャリア周波数差を変化させた場合 (図 4.15 (d)), −5 GHz 付近の領域で高い相関値が得られている.

ここで光注入後の光キャリア周波数差 Δf_{inj} を数値計算により求めた結果を図 4.15 (c) および (d) に点線で示す (計算方法は 4.A.3 項を参照). 光キャリア周波数差は光注入により変化し, 周波数差が 0 の場合にインジェクションロッキング (光周波数の引き込み) を意味している. 図 4.15 (c) および (d) より, 光キャリア周波数差が 0 となりインジェクションロッキングが達成されて

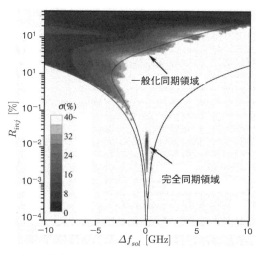

図 4.16 初期光キャリア周波数差 $\Delta f_{sol}\ (= f_d - f_{r,sol})$ と注入光量 R_{inj} を変化させた場合の同期誤差の数値計算結果

黒いほど同期誤差が小さいことを表す．曲線はインジェクションロッキング領域を示しており，一般化同期領域とよく一致している．また完全同期領域は狭いことが分かる．(出典：[Murakami 2002] Fig.4(b))

いる場合（平坦な点線の部分），高い相関値が得られている．このように一般化同期においては，インジェクションロッキングによる光キャリア周波数の一致が，カオス同期のための必要条件であることが分かる．

さらに初期光キャリア周波数差と注入光量を同時に変化させて作成した同期誤差の二次元図を図 4.16 に示す [Murakami 2002]．ここでは相関値の代わりに同期誤差を用いており，小さい誤差がよい同期を示している（図 4.16 の黒い部分）．また図 4.16 では，一般化同期領域と完全同期領域が黒色で示されている．図 4.16 より，一般化同期は強い注入光量と負の周波数差 $\Delta f_{sol} < 0$ において広く観測されている．一般化同期の達成領域は，図 4.16 の曲線に示すようにインジェクションロッキングが達成される領域とよく一致している．一方で完全同期は，$\Delta f_{sol} = 0$ かつ $R_{inj} = 1.5 \times 10^{-2}$ % の領域近辺のみで観測される．つまり，完全同期を達成するためには，光キャリア周波数差を 0 に近づけて，受信レーザの戻り光量と注入光量を一致させる必要がある．図 4.16 に示すように，完全同期の達成領域は非常に狭く，インジェクションロッキングを用いずに光キャリア周波数差の完全な一致が必要であるため，実験的に観測

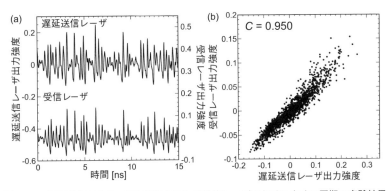

図4.17 戻り光を有する一方向結合された半導体レーザにおけるカオス同期の実験結果 (a) 時間波形と，(b) 相関図．

することは困難となる．

また数値計算のみならず，戻り光を有する半導体レーザの一般化同期の実験的観測がオープンループ [Fischer 2000] とクローズドループ [Fujino 2000] の両方の構成にて報告されている．オープンループ構成における実験で観測されたカオス同期の時間波形と相関図を図4.17に示す．ここで送信レーザは結合伝搬時間 (40.0 ns) だけ時間遅延させて表示しており，一般化同期に対応する．送受信レーザ間においてカオス的時間波形は，ほぼ同一の振る舞いをしている．また相関図は45°の直線付近に分布しており，相関値は0.950が得られた．このように図4.17の実験結果は図4.14 (c) と (d) の数値計算結果とよく似ており，一方向に結合された2つの半導体レーザのカオス的出力振動の一般化同期が達成されていることが分かる．また戻り光を有するマルチモード半導体レーザでのカオス同期も実験 [Uchida 2001a] および数値計算 [Buldú 2004] にて報告されている．

クローズドループ構成では，相対的な戻り光の位相差が相関値に強く影響することが報告されている [Peil 2002]．送信レーザまたは受信レーザ間の戻り光の位相を 0 から 2π まで変化させることにより，2つのレーザにおける戻り光の相対的な位相差 $\Delta\Phi_{rel} = \Phi_d - \Phi_r$ が変化する．図4.18（左）は，クローズドループ構成で一方向結合された2つの半導体レーザ出力の時間波形の相関値の，$\Delta\Phi_{rel}$ への依存性を示している．位相差が $\Delta\Phi_{rel} = 0$ の場合に高い相関値が観測され，カオス同期が達成されている．ここで徐々に $\Delta\Phi_{rel}$ を増

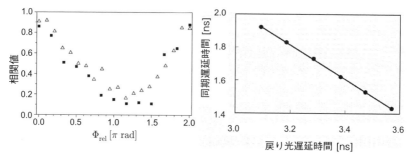

図4.18　クローズドループ構成における戻り光の位相差の影響と，完全同期の実験的観測
(左) クローズドループ構成における2つのレーザ間の戻り光の位相差 $\Phi_{rel} = \Phi_d - \Phi_r$ に対するレーザ出力の時間波形の相関値．四角形は実験結果であり，三角形は数値計算結果である．(出典：[Peil 2002] Fig.5)
(右) 戻り光を有する一方向結合された半導体レーザにおいて，送信レーザの戻り光の遅延時間 τ_d を変化させた場合の，2つのレーザの時間波形の相関値が最大となる時の時間遅延 $\Delta\tau$ の変化の実験結果．$\Delta\tau$ は τ_d に依存して変化しており，完全同期が観測されている．(出典：[Liu 2002b] Fig.5)

加させると，相関値はなだらかに減少する．$\Delta\Phi_{rel}$ が $\sim 1.2\pi$ のときに相関値は最も低くなるが，$\Delta\Phi_{rel}$ を 2π まで増加させると相関値が再び上昇する．図4.18（左）に示す実験データ（黒い四角形）は，数値計算結果（三角形）とよく一致している．このようにクローズドループにおける2つの半導体レーザの戻り光の位相差が，カオス同期に強い影響を与えることが分かる．

また戻り光を有する半導体レーザにおいて，完全同期の実験的観測が報告されている [Liu 2002b]．送信レーザと受信レーザの時間波形の時間遅延は，完全同期では送信レーザのフィードバック遅延時間に依存し，一般化同期では依存しないため（式 (4.15) と式 (4.16) 参照），2種類の同期を区別することが可能である．図4.18（右）は，送信レーザの戻り光のフィードバック遅延時間 τ_d を変化させた場合の，2つのレーザの時間波形の相関値が最大となるときの時間遅延 $\Delta\tau$ の変化を実験的に調査した結果である．ここで，$\tau_{inj} = 5.0$ ns は結合による伝搬時間である．図4.18（右）より，$\Delta\tau = \tau_{inj} - \tau_d$ の関係が満たされていることが分かり，これは完全同期が観測された実験的証拠となる．完全同期を実験で観測するためには，光キャリア周波数を含む送信レーザと受信レーザ間のすべてのレーザパラメータ値を厳密に一致させる必要がある．また完全同期は，ノイズの存在やレーザ間の光周波数差に非常に敏感である．

4.5.2 偏光回転した戻り光を有する半導体レーザ

偏光回転した光フィードバックを有する半導体レーザにおいて，カオス同期が観測されている [Rogister 2001]．実験装置図を図 4.19（左）に示す．送信レーザの直線偏光したレーザ光を，ファラデー偏光回転子 (FR) と外部鏡により構成される外部共振器を通すことにより，$\pi/2$ (90°) だけ偏光方向を回転させる．これを無偏光ビームスプリッター (BS) により 2 つのビームに分割し，一方は送信レーザへ戻り光として注入し，他方は受信レーザへ一方向に注入する．戻り光と注入光の偏光方向は，送信レーザおよび受信レーザの偏光方向と直交している．つまり送信レーザには偏光方向を 90°回転した戻り光が入力され，受信レーザへも同様に偏光方向を 90°回転した光が注入される．直線偏光板 (LP) は，ファラデー偏光回転子と外部鏡の間に設置され，送信レーザの前面で反射した後に，外部共振器内で 2 回の往復によるコヒーレントな戻り光が発生することを防いでいる．

また偏光回転した戻り光を有する半導体レーザの実験において，一般化同期が観測されている [Sukow 2004]．図 4.19（右）は，偏光回転光で一方向結合された 2 つの半導体レーザの時間波形の実験結果を示している．太い灰色と細い黒色の曲線は，それぞれ送信レーザと受信レーザの出力強度を示している．

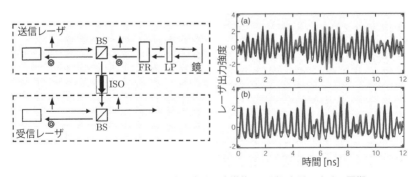

図 4.19　偏光回転した戻り光を有する半導体レーザにおけるカオス同期

(左) 一方向結合された偏光回転した戻り光を有する半導体レーザのモデル図．BS：無偏光ビームスプリッタ，FR：ファラデー偏光回転子，ISO：アイソレータ，LP：直線偏光板．（出典：[Rogister 2001] Fig.1)
(右) カオス同期の実験結果．灰色線：送信レーザ出力，黒線：受信レーザ出力．一般化同期を観測するために，受信レーザの時間軸は遅延時間 4.95 ns だけシフトしている．(a) 受信レーザの戻り光量が小さい場合と，(b) 大きい場合．（出典：[Sukow 2004] Fig.2)

図4.19（右，a）は，フィードバック強度と注入強度が弱い場合であり，時間波形の振幅が一致しておらず，同期が観測されていない．一方で図4.19（右，b）では，フィードバック強度と注入強度を増加させており，時間波形の振幅が一致していることから，カオス同期が観測されている．この図では受信レーザ出力を結合伝搬時間だけ遅らせて表示しており，一般化同期が観測されている．

4.5.3 光–電気フィードバックを有する半導体レーザ

光–電気フィードバックを有する半導体レーザにおけるカオス同期が報告されている [Tang 2001b]．本方式では，半導体レーザの光出力振動を光検出器で電気信号へと変換し，注入電流へフィードバックする．送信レーザからの同期用注入信号も光検出器により電気信号へと変換され，受信レーザの注入電流へ入力される．フィードバック信号および注入信号は半導体レーザの活性層内のキャリア密度へ直接作用するため，前項のような電界同士の結合はない．そのため本方式では，電界の位相は同期特性に影響しないというインコヒーレント結合であり，インジェクションロッキングを用いた光キャリア周波数の一致を行う必要がない点が特徴的である．

光–電気フィードバックを有する半導体レーザにおけるカオス同期の実験装置図を図4.20（上）に示す [Tang 2001b]．送信レーザから放出された光出力を光検出器 (PD) により検出し，電気信号へと変換する．電気信号は増幅器 (A) で増幅された後，半導体レーザの注入電流へフィードバックされる．ここでフィードバックの遅延時間とフィードバック強度を調整することによりカオスが発生する．受信レーザも同様に，自身の出力を光検出器を介して電気信号へと変換し，これを注入電流へフィードバックさせる．同期させるために，送信レーザからのカオス信号を光検出器で電気信号へ変換した後，受信レーザの注入電流へ送られる．つまり受信レーザでは，注入信号とフィードバック信号の和を注入電流へ与えており，クローズドループ構成となっている．

送信レーザから受信レーザへ送られる信号強度と受信レーザのフィードバック強度との和が，送信レーザのフィードバック強度と近い場合に，完全同期を達成することができる（式 (4.20) 参照）．その実験結果を図4.20（下）に示す．図4.20（下，a）はレーザ出力強度の時間波形を示しており，図4.20（下，b）

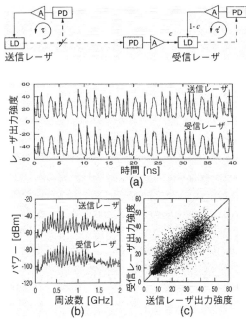

図4.20 光–電気フィードバックを有する半導体レーザにおけるカオス同期
(上) 一方向結合された光–電気フィードバックを有する半導体レーザにおけるカオス同期の実験装置図．LD：半導体レーザ，PD：光検出器，A：電気信号増幅器．
(下) カオス同期の実験結果．(a) 2つのレーザの時間波形と，(b) RFスペクトルと，(c) 相関図．
(出典：[Tang 2001b] Fig.1, Fig.2)

はRFスペクトルを示している．送信レーザと受信レーザの時間波形はほぼ一致し，RFスペクトルも同様である．また図4.20（下，c）に送信レーザと受信レーザの時間波形の相関図を示す．相関図は45度の対角線に沿って分布しており，2つのカオス波形が同期していることを示している．送信レーザの時間遅延を変化させることで，完全同期と一般化同期の両方が実験的に観測されている [Tang 2003].

4.5.4 相互結合された半導体レーザのカオス同期

(a) 遅延同期における対称性の破れとリーダ–ラガード関係

前項までは一方向結合によるカオス同期について述べたが，半導体レーザを相互結合することでもカオス同期が観測される．遅延時間を有する相互結合された半導体レーザにおけるカオス同期はこれまでに多く報告されている．カオ

172　第4章　レーザにおけるカオス同期

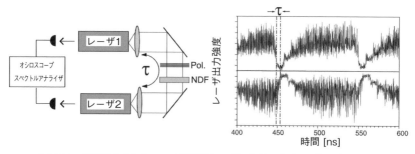

図4.21　相互結合された2つの半導体レーザにおけるカオス同期の実験結果
(左) 相互結合された2つの半導体レーザにおけるカオス同期の実験装置図．NDF：可変減光器，Pol：偏光板．
(右) カオス同期した時間波形の実験結果．比較のため，下の時間波形は反転して表示している．結合の遅延時間は $\tau = 4.75$ ns である．（出典：[Heil 2001a] Fig.1, Fig.2）

ス同期の初めての数値計算による報告例として，4.2.3項に述べた相互結合された半導体レーザアレイが挙げられる [Winful 1990]．また，低周波不規則振動 (LFF) 状態にある相互結合された半導体レーザにおいて，カオスの一般化同期が実験的に観測されている [Heil 2001a]．この実験では，相互結合がナノ秒時間スケールのカオス振動および同期を引き起こしており，遅延同期が観測される．

図4.21（左）に相互結合された半導体レーザの実験装置図を示す [Heil 2001a]．本装置は，2つのファブリペロー型半導体レーザで構成される．偏光板 (Pol) により偏光方向を一致させた2つのレーザの電界をコヒーレントに相互結合させる．また可変減光器 (NDF) により，相互結合強度を変化させる．結合遅延時間 τ はレーザ間の光の伝搬時間により決定され，3.8 ns から 5 ns の間で変化させる．

相互結合された半導体レーザ出力の時間波形を図4.21（右）に示す．同期の比較のため，下段の時間波形の強度を反転させて表示している．相互結合により，LFFと呼ばれるマイクロ秒オーダでの低周波不規則振動と (3.2.4項参照)，それよりも高速なナノ秒オーダでのカオス振動が観測される．2つのレーザ出力波形は同期して見えるが，LFFの急激な強度低減のタイミングは，結合による遅延時間 τ だけシフトしている．半導体レーザは対称に結合されているにもかかわらず遅延時間だけシフトして同期するため，本現象は「対称性の破れ」

(symmetry breaking) と呼ばれている．また，一方のレーザ出力振動がもう一方のレーザ出力振動よりも伝搬遅延時間 τ だけ先行して振動するため，先行するレーザをリーダ (leader) と呼び，追従するレーザをラガード (laggard) と呼ぶ．このような「リーダ–ラガード関係」(leader-laggard relationship) は，時間遅延して相互結合された半導体レーザにおいて発生する．またどちらのレーザが先行振動する（リーダになる）かどうかは，2つの半導体レーザ間の結合強度および光キャリア周波数差に依存して変化する．相互結合された半導体レーザにおいては，結合前の光キャリア周波数が高い（波長が短い）レーザがリーダとなることが知られている [Heil 2001a]．

(b) ゼロ遅延同期

前述した通り，時間遅延を有する相互結合された半導体レーザでは，リーダ–ラガード関係によりいずれかのレーザが時間遅延 τ だけ先行振動して同期する．そのため，時間遅延が0となり完全同期する「ゼロ遅延同期」(zero-lag synchronization) の観測は困難である．しかしながら，相互結合された2つの半導体レーザにおいて，3つ目の半導体レーザを導入して，他の2つのレーザを仲介して結合することにより，安定なゼロ遅延同期を観測することができる [Fischer 2006]．3つの半導体レーザは一直線上に配置されて，中央のレーザ (LD 2 と呼ばれる) は，隣接する外側の2つのレーザ (LD 1 と LD 3) と伝搬遅延時間 τ を有して相互結合される．ここで中央のレーザは，両外側のレーザ間のダイナミクスを中継する役割を果たす．

3つの相互結合された半導体レーザは，カオス振動出力を示す．ここで注目すべきことは，中央のレーザ LD 2 は外側のレーザ LD 1（または LD 3）と時間遅延 τ だけシフトして同期する一方で，両外側のレーザである LD 1 と LD 3 は時間遅延なしでゼロ遅延同期するということである．3つのレーザのうちの2つのレーザの出力強度の時間波形と対応する相互相関関数 $C_{ij}(\Delta t)$ を図4.22に示す．両外側のレーザ (LD1 と LD3) のレーザ出力強度間でのゼロ遅延同期は，図4.22 (a) にて観測することができる．さらに，図4.22 (d) の相互相関関数においても時間遅延が0の場合に相関値が最大 0.86 となっており，ゼロ遅延同期を示している．一方で中央と外側のレーザの出力強度間の相互相

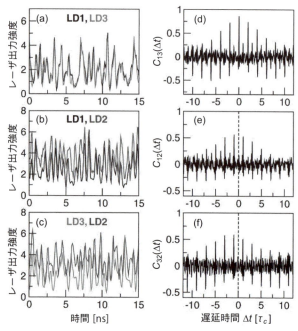

図 4.22　相互結合された 3 つの半導体レーザにおけるカオス同期の (a),(b),(c) 時間波形と，(d),(e),(f) 相互相関数

中央のレーザ (LD2) を負の光周波数差に設定した ($\Delta f = f_2 - f_{1,3} = -4.1$ GHz)．比較のため，中央のレーザの時間波形は，結合の遅延時間 $\tau_c = 3.65$ ns だけシフトしている．$C_{ij}(\Delta t)$ は，LD1,2,3 のうち 2 つの時間波形の相互相関数を表している ($i, j = 1, 2, 3$)．（出典：[Fischer 2006] Fig.2）

関数（図 4.22 (e) と (f)）では，時間遅延が 0 の場合にピークは観測されない．その代わりに時間遅延が -3.65 ns において最大値をとり，この時間遅延はレーザ間の結合による伝搬遅延時間 τ と一致している．つまり中央のレーザが外側 2 つのレーザよりも遅延時間 τ だけ遅れて同期する（両外側のレーザがリーダとなる）ことを示している．このような両外側のレーザ間におけるゼロ遅延同期および中央と外側のレーザ間での遅延同期は，パラメータを変化させても観測される．しかしながら，中央と外側のレーザのリーダ–ラガード関係は，レーザ間の光キャリア周波数差に依存して変化し，中央のレーザがリーダとなる場合も存在する．ゼロ遅延同期は，クローズドループの相互結合された半導体レーザにおいても観測されている [Peil 2007]．

4.5.5 半導体レーザを用いた電気–光システムのカオス同期

受動光デバイスを有する電気–光システムでは，レーザは線形要素として扱われ，フィードバックループ内への受動非線形デバイスの挿入がカオス的ゆらぎを引き起こす（3.4節参照）．波長のダイナミクスを用いた一方向結合された2つの電気–光システム間におけるカオス同期実験が報告されている [Larger 2004]．

図4.23に示すように，送信器と受信器は波長可変の分布反射型 (DBR) 半導体レーザと，波長依存性を示す非線形光学素子を含むフィードバックループで構成されている．非線形光学素子は，2つの偏光板の間に設置された複屈折板により実装される．ここで波長の可変範囲はDBRレーザが常に単一縦モードで発振することを保障できるほど小さく設定する．送信器では，レーザ出力は非線形素子を通過し，波長に依存してその出力が変化する．レーザ出力は，光検出器により波長可変半導体レーザへの注入電流に変換される．フィードバックループによりこの過程を繰り返すことで，レーザの波長はカオス的不規則振動を示す．また受信器はフィードバックループがオープンであり，送信器のレーザ光を直接注入されることを除いては送信器と同一の構成となる．カオス同期は送信器と受信器の間で達成される．本システムは，光秘密通信の初期の実装において用いられており，メッセージ信号の符号化と復号が実現できる（5.4.2項参照）．

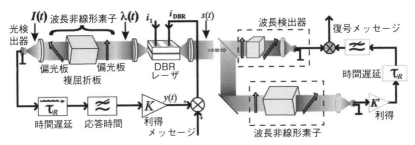

図4.23　一方向に結合された2つの電気光システムの波長カオス同期の実験装置図（出典：[Larger 2004] Fig.6）

4.6 特殊なカオス同期

4.6.1 位相同期

前節までは，2つのレーザ強度出力の時間波形が同一に振動する現象を同期として説明してきた．しかしながら異なる形態の同期も存在する．例えば，カオス振動波形を振幅と位相に分解する．ここで，2つのレーザのカオス的振動波形の振幅は非同期であるが，位相は同期する場合がある．これは「位相同期」(phase synchronization) と呼ばれている [Rosenblum 1996]．ここで取り扱う位相とは，高速な光キャリア振動の位相ではなく，その包絡線成分に対応するレーザ出力強度のカオス的振動の位相であることに注意されたい．そのため，位相振動の周波数はカオスの振幅振動と同じオーダ ($10^3 \sim 10^9$ Hz) である．以下に位相同期の定義式を示す．

$$\lim_{t \to \infty} (\varphi_y(t) - \varphi_x(t)) \to \varepsilon \qquad (4.31)$$

ここで，$\varphi_{x,y}(t)$ は2つのレーザ強度出力振動の位相成分を表す．ε はある一定値を示す（多くの場合，$\varepsilon = 0$）．

カオス振動波形に対する位相の検出方法の例を図 4.24 に示す．図 4.24 (a)

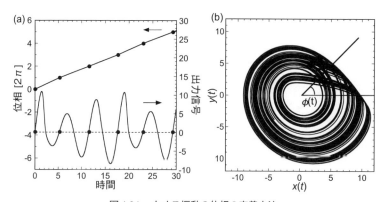

図 4.24　カオス振動の位相の定義方法

(a) 時間波形にしきい値を設定し，しきい値との交差点を位相 0（または $2n\pi$，n は整数）と定義し，その間を線形補間する方法．(b) 二次元位相平面におけるアトラクタの極座標の位相から求める方法．

では，レーザ強度の時間波形にしきい値を設け，しきい値との交差点の位相を 0（または $2n\pi$，n は整数）とする．また隣接する交差点間を 0 から 2π まで（または $2n\pi$ から $2(n+1)\pi$ まで）線形補間することにより，連続的な位相が定義される．つまり位相は以下のように定義される [Pikovsky 2001]．

$$\varphi(t) = 2\pi \frac{t - t_n}{t_{n+1} - t_n} + 2\pi n, \quad t_n \leq t \leq t_{n+1} \tag{4.32}$$

t_n は n 番目の交差点の時刻である．この定義は，実験で得られた時間波形から容易に位相を抽出できるため，とても便利である．一方で，この定義では位相がしきい値の選択に依存するために曖昧さが残るという問題点がある．

位相のもう 1 つの定義は，図 4.24 (b) に示すように，二次元位相空間のカオスアトラクタを用いる方法である．原点をアトラクタの回転中心とした極座標の軌道の角度を，位相と定義できる [Pikovsky 2001]．以下に定義式を示す．

$$\varphi(t) = \tan^{-1}\left(\frac{y(t)}{x(t)}\right) \tag{4.33}$$

ここで $x(t)$ と $y(t)$ は二次元位相空間における x 軸と y 軸の変数である．この定義は，レスラーモデルのような比較的周期アトラクタに近い丸い形状のカオスアトラクタに適している．一方でこの方法を実験データに適用する場合，アトラクタの再構成方法に位相が依存するという問題が存在する．

相互結合された 2 つの Nd:YAG 固体レーザにおいて，位相同期が実験的に観測されている [Volodchenko 2001]．その実験装置図を図 4.25（上）に示す．2 つの固体レーザは相互結合されて，もう一方のレーザ共振器に光注入される．注入光量は，光路上に配置された偏光板とレーザ共振器内部に挿入されたブリュスター窓により制御される．レーザ共振器の反対側の鏡から透過した光出力は光検出器で検出され，デジタルオシロスコープで時間波形が観測される．

2 つの固体レーザの励起強度がしきい値付近に設定されているとき，カオス的パルス振動が発生する．励起強度を増加させると，パルス振動はより頻繁に出現し，最終的には連続的なカオス的振動出力が得られる．異なる結合強度における 2 つのレーザ出力強度の時間波形を図 4.25（左下）に示す [Volodchenko 2001]．結合がない場合，2 つのレーザの時間波形は明らかに異なっている（図 4.25（左下，a））．しかしながら，2 つのレーザの結合強度を増加させると，時

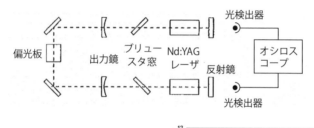

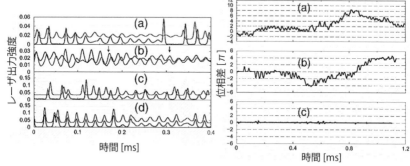

図4.25　相互結合された2つのNd:YAGレーザにおける位相同期の実験結果
(上) 相互結合された2つのNd:YAGレーザにおける位相同期の実験装置図.
(左下) 結合強度を変化させた場合の相互結合された2つのNd:YAGレーザの時間波形. (a)は結合強度が最小での場合あり, (b), (c), (d)へと変化するについて結合強度が増加する.
(右下) 2つのレーザ出力の位相差の時間変化. (a),(b),(c)は左下の時間波形に対応する. (出典：[Volodchenko 2001] Fig.1, Fig.2, Fig.4)

間波形は似た振る舞いを示すようになる（図4.25（左下，b〜c））．結合強度が最大の場合，図4.25（左下，d）に示されるように，2つのカオス的振動は同期しており，その位相はお互いに一致する．

　ここで2つのレーザのカオス的時間波形の位相を検出し，その位相差を計測した結果を図4.25（右下）に示す．図4.25（右下，a）に示すように，結合がない場合，2つのレーザ強度の位相差は不規則に増減する．結合強度を増加させると，位相差はしばらくの間 2π の整数倍に固定され，途切れ途切れにジャンプする（図4.25（右下，b））．結合強度をさらに増加させると，位相ジャンプは発生せずに，位相差は0付近に留まっており，位相同期が達成されている（図4.25（右下，c））．このように，結合強度が位相同期の臨界値を超えると2つの時間波形は位相同期を示し，臨界値よりも下のときは 2π の整数倍の間での不規則的な位相ジャンプを繰り返す．結合強度の増加に伴い，位相のみなら

ずカオス波形の振幅も同期し，最終的には完全同期（振幅および位相の同期）が達成される．このように結合強度を変化させた場合に，完全同期に至る前の過程において位相同期が観測されることが多い．

4.6.2 一般化同期（低い相関の場合）

一般化同期は，より普遍的な同期の概念である [Rulkov 1995]．4.4.2 項で示した一般化同期は高い相関の同期に限定されていたが，本項で示す一般化同期とは，送信レーザと受信レーザのカオス的出力振動は低い相関を示すものの，より一般的な関係がある場合に観測される．4.4.2 項における一般化同期は，本項で示す一般化同期の特別な場合と言える．

一般化同期は，送信レーザの変数 $x(t)$ と受信レーザの変数 $y(t)$ との間に，静的な関数関係 F が存在する場合に定義される．一般化同期は以下の式のように表せる．

$$y(t) = F(x(t)) \tag{4.34}$$

この定義式は，これまでに述べた完全同期や遅延同期，位相同期を含んでおり，同期のより一般的な表現である．例えば，完全同期は F が恒等関数 ($F(x(t)) = x(t)$) となる場合であり，一般化同期の特殊な場合である．しかしながら一般化同期では，F はより複雑な静的関数となる．つまり，システム変数 $x(t)$ と $y(t)$ の時間波形から F を直接求めることが困難となる．

送信レーザと受信レーザ間の予測可能性や関数自身を推定することにより，一般化同期の存在を示すことが可能である [Rulkov 1995, Brown 1998]．しかしながら，これらの手段は数値計算上では有用であるものの，ノイズや計測精度の影響を受ける実験データにおいては困難である．そこで実験的に一般化同期を観測する手法として，受信レーザの複製を用いた「補助システム法」(auxiliary system approach) が提案されている [Abarbanel 1996]．補助システム法の概念図を図 4.26 に示す．本方式では，受信レーザを 2 つ用意し，同一のパラメータ値で異なる初期状態に設定する．ここで送信レーザを 2 つの受信レーザと一方向に結合する．異なる初期状態の 2 つの受信レーザが，過渡状態を経た後に完全同期を示す場合，送信レーザと受信レーザは一般化同期をして

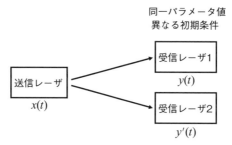

図 4.26　一般化同期を検出するための補助システム法の概念図

いると結論付けられる．

これらの関係を方程式で示すと以下の通りである．送信レーザと受信レーザの関係は式 (4.34) で示され，また送信レーザと複製された新たな受信レーザの変数 $y'(t)$ は以下のように記述される．

$$y'(t) = F(x(t)) \tag{4.35}$$

そのため 2 つの受信レーザ変数のダイナミクスは，式 (4.34) と (4.35) から同一となり，以下のように表される．

$$y'(t) = y(t) \tag{4.36}$$

このように，共通信号が入力される 2 つの同一パラメータ値を有する受信レーザを完全同期させることで，補助システム法を用いた一般化同期を観測することが可能である．また図 4.26 の構成は，「共通信号入力同期」(common-signal-induced synchronization) としても知られている．一般化同期は，2 つの異なるカオスシステム間での結合や，同一システムで異なるパラメータ値を有している場合に観測されている．

戻り光を有する半導体レーザを用いた一般化同期が報告されている [Yamamoto 2007]．送信レーザは戻り光を有する半導体レーザから構成されており，カオス的出力振動が得られる．また受信レーザは戻り光のない半導体レーザであり（オープンループ構成），補助システム法のために 2 つの半導体レーザを用いている．送信レーザの出力光をアイソレータに入射して一方向結合を達成させる．その後レーザ光はビームスプリッタで 2 つに分割され，それぞれの

光ビームを2つの受信レーザへと注入する．送信レーザと受信レーザ間ではインジェクションロッキングにより波長を一致させる．2つの受信レーザ間は同一の緩和発振周波数 (1.9 GHz) に設定する．一方で一般化同期を達成させるために，送信レーザは受信レーザと異なる緩和発振周波数に設定する (1.5 GHz)．送信レーザおよび受信レーザの出力は光検出器により検出され，オシロスコープにて時間波形を測定する．

本実験で得られた送信レーザと受信レーザの時間波形を図 4.27 (a) と (c) に示す [Yamamoto 2007]．送信レーザと受信レーザの時間波形は比較的似ているものの，完全には一致していない．これらの時間波形に対応する相関図を図 4.27 (b) と (d) に示す．相関値は 0.6〜0.7 程度であり，送信レーザと受信レーザ間で完全同期をしていないことが分かる．一方で同一の送信信号を注入された2つの受信レーザ出力の時間波形を図 4.27 (e) に示し，相関図を図 4.27 (f) に示す．時間波形はよく一致しており，相関図は 45°の直線上に分布している．このときの相関値は 0.947 であり，高い相関が得られていることが分かる．このように送信レーザと受信レーザでは相関はそれほど高くないものの，2つの受信レーザでは高い相関が得られており，補助システム法により送信レーザと受信レーザ間で一般化同期が観測されていることが分かる．

4.7　コンシステンシー

一般化同期は，より普遍的な概念である「コンシステンシー」(consistency) に拡張できる．コンシステンシーとは，異なる初期状態を有する非線形システムに繰り返し複雑な信号が入力される場合，過渡状態の後に同一の応答を示す現象のことである [Uchida 2004a]．つまりコンシステンシーは，ある入力信号に対する再現性のある応答という意味である．線形システムは入出力関係が一対一に決定されるため常にコンシステンシーが得られる．一方で非線形システムの場合，その応答出力は入力信号とシステムの初期状態に強く依存するため，常にコンシステンシーが達成されるとは限らない．本節ではコンシステンシーの概念や達成条件，また実験例について述べる．

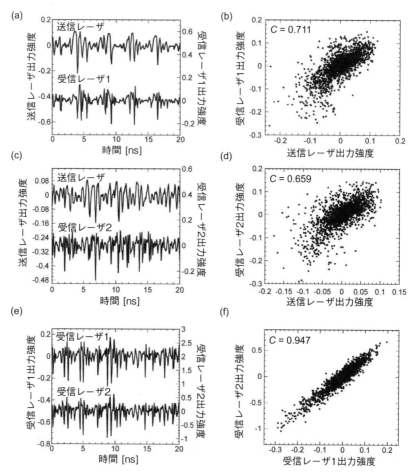

図 4.27 補助システム法における半導体レーザ出力の (a),(c),(e) 時間波形と (b),(d),(f) 相関図

(a),(b) 送信レーザと受信レーザ 1．(c),(d) 送信レーザと受信レーザ 2．(e),(f) 受信レーザ 1 と受信レーザ 2．送信レーザと受信レーザ間の相関は低いが，2 つの受信レーザ間の相関は高い．（出典：[Yamamoto 2007] Fig.2）

4.7.1 コンシステンシーとは何か？

多くの非線形システムは，外部信号が繰り返し入力される場合に，コンシステンシーのある出力を生成することが可能である．コンシステンシーは，異なる初期状態を有する非線形システムに，複雑な信号が繰り返し入力される場合

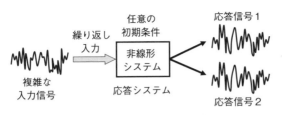

図 4.28　コンシステンシーの概念図

に，再現性のある応答波形を示すことと定義される [Uchida 2004a]．コンシステンシーの概念を図 4.28 に示す．入力信号として，決定論的カオスやランダムノイズ等の複雑な波形を用いる．この入力信号は任意の初期状態から開始する非線形システム（応答システムと呼ばれる）に繰り返し入力される．繰り返し入力される信号の各々に対して，応答システムの時間波形が得られる．ここで応答システムの時間波形同士を比較し，過渡状態の後に同一の応答出力が得られる場合に，コンシステンシーがあると言える．

　一般化同期とコンシステンシーはその視点が大きく異なっている．一般化同期の場合，結合された非線形システムの出力間の「関係性」に着目しており，送信システムと受信システムとの相関関係について述べている．一方でコンシステンシーの場合，カオスやノイズの複雑な入力信号に対する応答システムの「再現性」について述べている．したがって，同期の場合には完全同期や一般化同期のように，入力信号の種類により様々な同期現象が報告されている．一方でコンシステンシーの視点からは，入力信号の種類に依存せずに入力信号に対する応答システムの再現性について考えている．そのため，いずれの同期現象も統一的に理解することが可能となり，コンシステンシーはより普遍的な概念であると言える．さらには，脳や生体システム等のようにシステム自身を複製することが難しい場合，補助システム法による一般化同期の観測を行うことは困難である．一方でコンシステンシーは，1 つのシステムに対して入力信号を繰り返し入力すれば観測可能であり，より有用な指標となる．コンシステンシーは，入力信号の種類に関して制約がない点が優れており，任意の信号を入力された応答システムの再現性に関する普遍的現象を扱うことが可能となる．

　コンシステンシーを定量的に評価する指標としては，一般化同期の場合と同様に，条件付きリアプノフ指数が用いられる．入力信号を有する応答システム

の安定性は，入力信号を無視した応答システムの線形化方程式により記述されるため，数式上は入力信号には依存しないように見える．しかしながら線形化方程式は，入力信号から影響を受けた応答システムの変数を含んでいる．そのため，応答システムのコンシステンシーは入力信号の種類や大きさに強く依存することが知られている．

4.7.2 レーザシステムにおけるコンシステンシーの実験例

本項では，カオスやノイズ等の複雑な波形により繰り返し入力されるレーザシステムのコンシステンシーの実験的観測例について述べる．実験装置図を図 4.29（上）に示す [Uchida 2003d]．レーザ光源として，半導体レーザ励起の Nd:YAG マイクロチップレーザを用いている．Nd:YAG レーザは 2 つの縦モードで発振している．レーザ共振器の損失を変調するために，音響光学変調器がレーザ共振器に挿入される．レーザ出力は光検出器で電気信号へと変換され，増幅器を通して音響光学変調器へフィードバックされる（クローズドループ構成）．このフィードバック信号により，レーザ出力はカオス的振動を示す．カオス波形はオシロスコープを通してコンピュータのメモリ上へ保存される．この保存されたカオス信号は入力信号として用いられる．また，コンピュータ内で生成された有色ノイズ信号も入力信号として同様に用いられる．

コンピュータ内に保存された入力信号は，任意波形生成器を用いることで再生され，増幅器を通して音響光学変調器へ入力される．この場合，レーザのフィードバックループは除去している（オープンループ構成）．ここでレーザは応答システムとして用いられ（応答レーザと呼ぶ），同一の入力信号により繰り返し変調される．入力信号に対する応答レーザ出力の時間波形は光検出器とデジタルオシロスコープにより検出される．応答レーザの時間波形のコンシステンシーを観測するために，繰り返し用いられた入力信号に対するレーザ出力の応答信号同士が比較される．

コンシステンシーの利点の 1 つは，決定論的カオスや確率論的ノイズなど異なる種類の入力信号に対する応答システムの再現性を統一的に調査できる点である．本実験では，カオス時間波形と有色ノイズ時間波形が入力信号として用いられる．はじめに，レーザにより生成されたカオス信号を入力信号として用

4.7 コンシステンシー 185

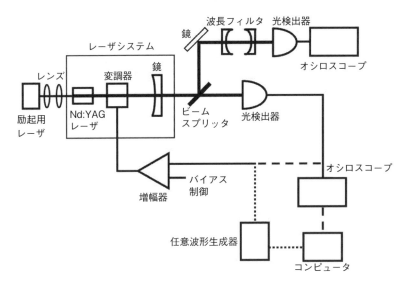

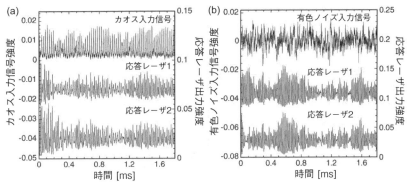

図 4.29 コンシステンシーの実験結果

(上) コンシステンシーを観測するための光–電気フィードバックを有する Nd:YAG レーザの実験装置図．波線はクローズドループ構成に対応し，点線はオープンループ構成に対応している．(出典：[Uchida 2003d] Fig.1)

(下) 入力信号と2つの受信レーザ出力の時間波形の実験結果．(a) カオス入力信号，(b) 有色ノイズ入力信号．過渡状態の後にコンシステンシーが観測される．(出典：[Uchida 2004a] Fig.2)

いて，応答レーザに繰り返し入力する．このときの入力信号と対応する応答レーザ出力の時間波形を図 4.29（下，a）に示す [Uchida 2004a]．入力信号と応答レーザ出力の時間波形は全体的に異なっている．しかしながら 2 つの応答レーザ出力を比較すると，約 1 ms の過渡時間の後に同一の振動波形が観測されており，コンシステンシーが達成されていることが分かる．

次に有色ノイズ信号を入力信号として用いた場合の，入力信号と応答レーザ出力の時間波形を図 4.29（下，b）に示す．ここで有色ノイズの相関時間の逆数は，レーザの緩和発振周波数に近い 40 kHz に設定した．この場合も，入力信号と応答レーザ出力は異なった波形をしている．しかしながら，同一の有色ノイズ信号を入力された 2 つの応答レーザ出力は，過渡時間の後に同一波形となっており，コンシステンシーが観測されることが分かる．

コンシステンシーを定量的に調査するために，2 つの応答レーザ出力の時間波形の相互相関値を用いる（4.4.5 項の式 (4.25) 参照）．入力信号の時間波形の振幅（標準偏差で評価）を変化させた場合の，過渡時間後の応答レーザ出力のコンシステンシーの変化を調査した．カオスおよび有色ノイズの入力信号において，入力信号の振幅を変化させた場合の 2 つの応答レーザ出力の時間波形の相関値の実験結果を図 4.30 に示す [Uchida 2004a]．どちらの入力信号に対し

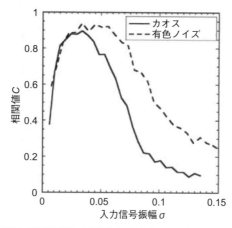

図 4.30　入力信号の振幅（標準偏差により評価）を変化させた場合の 2 つの応答レーザ出力の時間波形の相関値 C の実験結果
実線：カオス入力信号，破線：有色ノイズ入力信号．（出典：[Uchida 2004a] Fig.4(a)）

ても，振幅を増加させた場合に相関値は徐々に増大し，ある振幅において相関値が最大となる点が存在している．さらに振幅を増加させると，相関値は減少していく．このようにコンシステンシーを達成するために最適な入力信号の振幅が存在していることが分かる．この理由は以下のように解釈できる．入力信号の振幅が小さな領域では，レーザの緩和発振により増幅された内部ノイズがレーザ出力に対して支配的であるために，コンシステンシーは観測されない．ここで振幅を増加させると，応答レーザ出力は内部ノイズよりも大きくなり，コンシステンシーが観測される．一方で振幅をさらに増加させると，入力信号に対するレーザのダイナミクスが大きく変化して不安定化し，コンシステンシーは減少する．これらの結果は数値計算においても確認されている [Uchida 2004a]．

コンシステンシーの概念は，入出力関係を有する非線形システムを取り扱う多くの学際的な研究分野において有用である．

コラム　コンシステンシーの応用分野

コンシステンシーの概念はレーザに留まらず，多くの学際的分野における学術研究や工学応用に繋がる可能性を秘めている．コンシステンシーを用いた工学応用の可能性を以下に示す．

(a) 非侵襲的検査

複雑な入力信号に対する応答信号は，内部構造の非侵襲的検査のための手段となる．特に，経年劣化や損傷による構造の内部変化を検出できる可能性を秘めている．さらに本手法は，複雑な非線形システムである脳へも適用可能である．

(b) 脳のダイナミクスの解析と脳の学習プロセス

同一のノイズ波形の繰り返し入力に応答するニューロンの誘発スパイク列の信頼性が報告されている [Mainen 1995]．しかしながら一般的に，ニューロンネットワークの複雑な時間応答は多種多様であり，その再現性を調査することは容易ではない．一方で，複雑なシステムの代表例である脳は，情報と刺激の反復入力を受けるときに様々なコンシステンシー

があり，学習による反復動作の獲得はそのよい例である．コンシステンシーは，脳のダイナミクスや脳の学習プロセスを解析するために有用な道具となる．

(c) 物理的一方向性関数

情報セキュリティ分野における応用例としては，「物理的一方向性関数」(physical one-way function) を用いる安全な認証デバイスが挙げられる．物理的一方向性関数とは，複雑な入出力関係を有するシステムにおいて，入力から出力は再現できるが，出力から入力を再現できない状態を物理的に実現する手法である．これまでに，粗面からの光散乱により生成されるスペックルパターンを用いた物理的一方向性関数の実現が行われており，認証IDカード等への応用が期待されている [Pappu 2002]．この報告では静的な散乱体を用いているが，コンシステンシーを有するレーザダイナミクスを利用することで，より複雑かつ安全な物理的一方向性関数が実現できる可能性を秘めている．

(d) 教育学習方法論の改善

コンシステンシーの概念は，教育分野へも応用可能である．例えば教育において，教師が生徒へ教育することにより，生徒が学習を経てコンシステンシーを獲得することを目標としている．どのような教育方法が生徒のコンシステンシーを効果的に高めるのかを設計することは非常に重要であり，コンシステンシーの概念が役立つかもしれない．

(e) 医療応用

医療分野においてもコンシステンシーの概念は適用できる．ある種の病気において，どのようなタイミングで薬物投与を行うのかは非常に重要である．人体パラメータの時間変化に対する薬物投与のコンシステンシーは，効果的な治療方法を決定するために重要である．また，アルツハイマー病の発症に関する心理検査は，異なる脳機能を検査するための多数の質問に対する応答の受け答えの正確さ（つまりコンシステンシー）に基づいている．

第4章 補足

4.A.1 カオス同期のためのペコラ-キャロル法とローレンツモデルの例

カオス同期のためのペコラ-キャロル法は，n 次元力学系を用いて数学的に記述できる [Pecora 1990]．

$$\frac{d\boldsymbol{u}}{dt} = \boldsymbol{f}(\boldsymbol{u}) \tag{4.A.1}$$

ここで $\boldsymbol{u} = (u_1, u_2, \ldots, u_n)$ は，2つのサブシステムに任意に分割可能なシステムの状態を記述する n 次元ベクトル変数である．分割した2つのサブシステムは以下のように表せる．

$$\frac{d\boldsymbol{v}}{dt} = \boldsymbol{g}(\boldsymbol{v},\ \boldsymbol{w}) \tag{4.A.2}$$

$$\frac{d\boldsymbol{w}}{dt} = \boldsymbol{h}(\boldsymbol{v},\ \boldsymbol{w}) \tag{4.A.3}$$

$\boldsymbol{v} = (u_1, u_2, \ldots, u_m)$ および $\boldsymbol{w} = (u_{m+1}, u_{m+2}, \ldots, u_n)$ は2つのサブシステムの状態変数であり，$\boldsymbol{g} = (f_1(\boldsymbol{u}), f_2(\boldsymbol{u}), \ldots, f_m(\boldsymbol{u}))$ および $\boldsymbol{h} = (f_{m+1}(\boldsymbol{u}), f_{m+2}(\boldsymbol{u}), \ldots, f_n(\boldsymbol{u}))$ はそれぞれの状態変数に対する非線形関数を表す．ここでサブシステム $\boldsymbol{w}$ の複製 $\boldsymbol{w}'$ として受信システムを作成する．

$$\frac{d\boldsymbol{w}'}{dt} = \boldsymbol{h}(\boldsymbol{v},\ \boldsymbol{w}') \tag{4.A.4}$$

この式より，受信サブシステム $\boldsymbol{w}'$ のダイナミクスは送信システムの変数 $\boldsymbol{v}$ に依存する．これは，送信システムと受信システム間の一方向結合に対応する．同期解の $\boldsymbol{w} = \boldsymbol{w}'$ の安定性は，線形化方程式を解析することで求められる．

$$\frac{d\boldsymbol{\xi}}{dt} = D_{\boldsymbol{w}} \boldsymbol{h}(\boldsymbol{v},\ \boldsymbol{w})\boldsymbol{\xi} \tag{4.A.5}$$

ここで $\xi = w - w'$ は線形化方程式の変数であり，$D_w h$ は w に対するヤコビ行列である．このヤコビ行列の固有値が結合サブシステムの条件付きリアプノフ指数であり，これらの符号は同期解の安定性を決定する．すべての条件付きリアプノフ指数が負であれば，サブシステム w と w' が同期可能となる．

ここで簡単な例として，ローレンツモデルにおけるペコラ–キャロル法の実装例を考える．送信システムの変数を $x_d(t)$, $y_d(t)$, $z_d(t)$ とすると（添え字 d は drive の意味），ローレンツモデルは以下のように記述される．

$$\frac{dx_d(t)}{dt} = \sigma_d \left(y_d(t) - x_d(t) \right) \tag{4.A.6}$$

$$\frac{dy_d(t)}{dt} = r_d x_d(t) - y_d(t) - x_d(t) z_d(t) \tag{4.A.7}$$

$$\frac{dz_d(t)}{dt} = -b_d z_d(t) + x_d(t) y_d(t) \tag{4.A.8}$$

ここで，変数 $y(t)$ と $x(t)$, $z(t)$ により与えられる 2 つのサブシステムに分割し，$x(t)$, $z(t)$ の 2 変数からなる受信システムを考える．受信システムの変数は $x_r(t)$, $z_r(t)$ と記述する（添え字 r は response の意味）．ただし，受信システムにおける変数 $y(t)$ は，送信システムの変数 $y_d(t)$ で置き換えるとする．このとき，受信システムは以下のようになる．

$$\frac{dx_r(t)}{dt} = \sigma_r \left(y_d(t) - x_r(t) \right) \tag{4.A.9}$$

$$\frac{dz_r(t)}{dt} = -b_r z_r(t) + x_r(t) y_d(t) \tag{4.A.10}$$

このように，$y_d(t)$ が受信システムの方程式に含まれている．この結合方式は 4.2.1 項の図 4.4（左）に示す通りである．

ここで式 (4.A.9)～(4.A.10) を受信システムの変数 $x_r(t)$, $z_r(t)$ で線形化すると，線形化方程式は以下のようになる．

$$\frac{d\delta_x(t)}{dt} = -\sigma_r \delta_x(t) \tag{4.A.11}$$

$$\frac{d\delta_z(t)}{dt} = y_d(t) \delta_x(t) - b_r \delta_z(t) \tag{4.A.12}$$

ここで，送信システムの変数 $y_d(t)$ は線形化の際には考慮する必要がないことに注意されたい．式 (4.A.11)〜(4.A.12) を行列表示すると，以下のようになる．

$$\frac{d}{dt}\begin{pmatrix}\delta_x(t) \\ \delta_z(t)\end{pmatrix} = \begin{pmatrix}-\sigma_r & 0 \\ y_d(t) & -b_r\end{pmatrix}\begin{pmatrix}\delta_x(t) \\ \delta_z(t)\end{pmatrix} \tag{4.A.13}$$

式 (4.A.13) の右辺の 2×2 行列はヤコビ行列である．この場合は条件付きリアプノフ指数を求める代わりに，ヤコビ行列の固有値を直接計算することができる．ヤコビ行列の固有値は，$\lambda = -\sigma_r, -b_r$ である．ここで $\sigma_r = 10, b_r = 8/3$ であり，固有値はすべて負であるため，同期解は安定であることが示される．

4.A.2 結合ローレンツモデルにおける線形化方程式と条件付きリアプノフ指数

一方向に結合されたローレンツモデル (4.3.1 項の式 (4.1)〜(4.6)) における，受信システムの線形化方程式を以下に導出する．ここでは 2.2.6 項の単体システムの線形化方程式の導出方法を参考にしている．送信システムと受信システムのすべてのパラメータ値が等しいと仮定する．完全同期解 $x_d(t) = x_r(t)$, $y_d(t) = y_r(t), z_d(t) = z_r(t)$ に対する同期の安定性を考える場合，送信システムの変数を基準軌道として，受信システムの変数のずれを考える必要がある．つまり，線形化変数は以下のように定義される．

$$\delta_x(t) = x_r(t) - x_d(t), \quad \delta_y(t) = y_r(t) - y_d(t), \quad \delta_z(t) = z_r(t) - z_d(t) \tag{4.A.14}$$

ここで線形化変数 $\delta_x(t)$, $\delta_y(t)$, $\delta_z(t)$ は，送信システムの変数 $x_d(t)$, $y_d(t)$, $z_d(t)$ からの受信システムの変数 $x_r(t)$, $y_r(t)$, $z_r(t)$ の微小誤差であり，2.2.6 項の式 (2.27) とは異なる．4.3.1 項の結合ローレンツモデル (式 (4.1)〜(4.6)) において，送信システムと受信システム間で対応する変数の式を引き算する (例えば変数 $x(t)$ に関しては式 (4.4) から式 (4.1) を引き算する)．引き算した方程式に式 (4.A.14) を代入し，$\delta_x(t)$, $\delta_y(t)$, $\delta_z(t)$ の 2 乗以上の項を無視すると，送信システムに対する受信システムの線形化方程式を求めることができ

き，以下のように書ける．

$$\frac{d\delta_x(t)}{dt} = -\sigma_r \delta_x(t) + \sigma_r \delta_y(t) \tag{4.A.15}$$

$$\frac{d\delta_y(t)}{dt} = (r_r - z_r(t))\delta_x(t) + (-1-\kappa)\delta_y(t) - x_r(t)\delta_z(t) \tag{4.A.16}$$

$$\frac{d\delta_z(t)}{dt} = y_r(t)\delta_x(t) + x_r(t)\delta_y(t) - b_r \delta_z(t) \tag{4.A.17}$$

また行列表示すると，以下のようになる．

$$\frac{d}{dt}\begin{pmatrix} \delta_x(t) \\ \delta_y(t) \\ \delta_z(t) \end{pmatrix} = \begin{pmatrix} -\sigma_r & \sigma_r & 0 \\ r_r - z_r(t) & -1-\kappa & -x_r(t) \\ y_r(t) & x_r(t) & -b_r \end{pmatrix} \begin{pmatrix} \delta_x(t) \\ \delta_y(t) \\ \delta_z(t) \end{pmatrix} \tag{4.A.18}$$

これらの線形化方程式を用いて，2.6.6項と同様にノルムを定義し（式(2.32)），ノルムの変化率の計算を行うことにより，式(2.35)から条件付きリアプノフ指数を算出することができる．

ここで結合がない場合の線形化方程式と比較すると（2.2.6項の式(2.28)〜(2.30)），式(4.A.16)の右辺第2項に $-\kappa$ が入っている点が異なっている．つまり，リアプノフ指数の計算に用いる線形化方程式と比較して，条件付きリアプノフ指数の計算に用いる線形化方程式は，結合項の部分が異なっていることが分かる．さらに式(4.A.15)〜(4.A.17)に含まれる受信システムの変数 $(x_r(t), y_r(t), z_r(t))$ は，結合により送信信号からの影響を受けるため，同期していない場合には送信信号の変数 $(x_d(t), y_d(t), z_d(t))$ とは異なる挙動を示す．そのため，条件付きリアプノフ指数は通常のリアプノフ指数と異なっており，カオス同期の条件（リアプノフ指数が正で，条件付きリアプノフ指数が負）を満たすことができる．

4.A.3 一方向結合された戻り光を有する半導体レーザの数値モデル（結合Lang-Kobayashi方程式）

本項では，一方向に光注入された2つの半導体レーザのダイナミクスを記述するレート方程式を導入する．モデル図は4.5.1項の図4.13に示した通りであ

る．オープンループ構成における一方向に光注入された2つの半導体レーザのダイナミクスを記述する結合Lang-Kobayashi方程式は以下のように表される．[Ohtsubo 2013, Uchida 2012]

送信レーザ：

$$\frac{dE_d(t)}{dt} = \frac{1}{2}\left[G_{N,d}\left(N_d(t) - N_{0,d}\right) - \frac{1}{\tau_{p,d}}\right]E_d(t) + \kappa_d\, E_d(t-\tau_d)\cos\Theta_d(t) \quad (4.\text{A}.19)$$

$$\frac{d\Phi_d(t)}{dt} = \frac{\alpha_d}{2}\left[G_{N,d}\left(N_d(t) - N_{0,d}\right) - \frac{1}{\tau_{p,d}}\right] - \kappa_d\frac{E_d(t-\tau_d)}{E_d(t)}\sin\Theta_d(t) \quad (4.\text{A}.20)$$

$$\frac{dN_d(t)}{dt} = J_d - \frac{N_d(t)}{\tau_{s,d}} - G_{N,d}\left(N_d(t) - N_{0,d}\right)E_d^2(t) \quad (4.\text{A}.21)$$

$$\Theta_d(t) = \omega_d\tau_d + \Phi_d(t) - \Phi_d(t-\tau_d) \quad (4.\text{A}.22)$$

受信レーザ：

$$\frac{dE_r(t)}{dt} = \frac{1}{2}\left[G_{N,r}\left(N_r(t) - N_{0,r}\right) - \frac{1}{\tau_{p,r}}\right]E_r(t)$$
$$+ \kappa_{inj}\, E_d(t-\tau_{inj})\cos\Theta_{inj}(t) \quad (4.\text{A}.23)$$

$$\frac{d\Phi_r(t)}{dt} = \frac{\alpha_r}{2}\left[G_{N,r}\left(N_r(t) - N_{0,r}\right) - \frac{1}{\tau_{p,r}}\right]$$
$$- \kappa_{inj}\frac{E_d(t-\tau_{inj})}{E_r(t)}\sin\Theta_{inj}(t) \quad (4.\text{A}.24)$$

$$\frac{dN_r(t)}{dt} = J_r - \frac{N_r(t)}{\tau_{s,r}} - G_{N,r}\left(N_r(t) - N_{0,r}\right)E_r^2(t) \quad (4.\text{A}.25)$$

$$\Theta_{inj}(t) = -\Delta\omega_{sol}\,t + \omega_d\tau_{inj} + \Phi_r(t) - \Phi_d(t-\tau_{inj}) \quad (4.\text{A}.26)$$

ここで$E(t)$は電界振幅，$\Phi(t)$は電界位相，$N(t)$はキャリア密度であり，すべて実数値である．下付きのdとrはそれぞれ送信レーザ（driveの略）

と受信レーザ (response の略) を表す．$J_{th} = N_{th}/\tau_s$ は発振しきい値での注入電流を表し，$N_{th} = N_0 + 1/(G_N\tau_p)$ はしきい値でのキャリア密度，$\omega = 2\pi c/\lambda$ は光角周波数を表す．$\kappa_d = \left(1 - r_{2,d}^2\right) r_{3,d}/(r_{2,d}\tau_{in,d})$ は送信レーザの戻り光量，κ_{inj} は送信レーザから受信レーザへの注入光量である．$\tau_d = 2L_d/c$ は送信レーザの外部共振器における光往復時間，L_d は送信レーザの外部共振器長，c は光速である．$\Delta\omega_{sol} = \omega_d - \omega_{r,sol} = 2\pi (f_d - f_{r,sol}) = 2\pi \Delta f_{sol}$ は送信レーザと受信レーザ間の初期光キャリア角周波数差であり，f_d と $f_{r,sol}$ は送信レーザと受信レーザの初期光キャリア周波数である（波長 λ により $f = c/\lambda$ と表される）．式 (4.A.26) の $\Delta\omega_{sol}\,t$ の項は，光キャリア周波数差の引き込み効果であるインジェクションロッキングを記述するために重要である．そのため，$\Delta\omega_{sol}$ は 0 でない値に設定する必要がある．

結合 Lang-Kobayashi 方程式のカオス同期に用いるパラメータの典型的な値を表 4.A.1 に示す．これらの値と，3.2.3 項の表 3.1 の値を用いることで，4.5.1 項の図 4.14 と図 4.15 を求めることができる．

完全同期と一般化同期は，送信レーザと受信レーザ間の時間波形から計算された相互相関値と，受信レーザを遅延時間 τ_{inj} だけずらした場合の相互相関値とを比較することにより区別できる．2 種類の同期に対する相互相関値を以下のように導入する．

完全同期の相互相関値：

$$C_{is} = \frac{\left\langle \left(I_d(t) - \bar{I}_d\right)\left(I_r(t) - \bar{I}_r\right)\right\rangle}{\sigma_d \sigma_r} \tag{4.A.27}$$

一般化同期の相互相関値：

$$C_{gs} = \frac{\left\langle \left(I_d(t - \tau_{inj}) - \bar{I}_d\right)\left(I_r(t) - \bar{I}_r\right)\right\rangle}{\sigma_d \sigma_r} \tag{4.A.28}$$

ここで C の添え字 is と gs は，それぞれ完全同期 (identical synchronization) と一般化同期 (generalized synchronization) を示す．式 (4.A.27) と式 (4.A.28) は，4.4.5 項の式 (4.26)～(4.30) に示した式と同様に計算される．ここで，完全同期の相互相関値は $I_d(t)$ と $I_r(t)$ から計算されるが，一般化同期の場合は，相互相関値が $I_d(t - \tau_{inj})$ と $I_r(t)$ から得られることに注意されたい．完全同期を観測するためには，κ_{inj} と κ_d を等しく設定する必要がある．一方

表 4.A.1　結合 Lang-Kobayashi 方程式のカオス同期の数値計算に用いるパラメータの典型的な値

添字 d, r, inj は，それぞれ送信レーザ (drive)，受信レーザ (response)，と光注入信号 (injection) を示す．他のパラメータは 3.2.3 項の表 3.1 の値を使用する．

記号	パラメータ	完全同期の値	一般化同期の値
$r_{3,d}$	送信レーザの外部鏡の反射率	0.008	0.008
$\kappa_d = \dfrac{(1-r_{2,d}^2)r_{3,d}}{r_{2,d}} \dfrac{1}{\tau_{in,d}}$	送信レーザの戻り光量	$1.243 \times 10^9 \mathrm{s}^{-1}$ $(1.243\ \mathrm{ns}^{-1})$	$1.243 \times 10^9 \mathrm{s}^{-1}$ $(1.243\ \mathrm{ns}^{-1})$
κ_{inj}	送信レーザから受信レーザへの注入光量	$1.243 \times 10^9 \mathrm{s}^{-1}$ $(1.243\ \mathrm{ns}^{-1})$	$1.553 \times 10^{10} \mathrm{s}^{-1}$ $(15.53\ \mathrm{ns}^{-1})$
L_d	送信レーザの外部共振器長	0.6 m（片道）1.2 m（往復）	0.6 m（片道）1.2 m（往復）
L_{inj}	送信レーザから受信レーザまでの距離	1.2 m	1.2 m
$\tau_d = \dfrac{2L_d}{C}$	送信レーザの外部共振器往復時間（戻り光遅延時間）	4.003×10^{-9} s	4.003×10^{-9} s
$\tau_{inj} = \dfrac{L_{inj}}{C}$	送信レーザから受信レーザへの光伝搬遅延時間	4.003×10^{-9} s	4.003×10^{-9} s
$j_d = J_d/J_{th,d}$ $j_r = J_r/J_{th,r}$	規格化注入電流	1.3	1.3
$\Delta f_{sol} = f_d - f_{r,sol}$	初期光キャリア周波数差	0.0 Hz	-4.0×10^9 Hz
$\Delta \omega_{sol} = \omega_d - \omega_{r,sol}$ $= 2\pi(f_d - f_{r,sol})$ $= 2\pi \Delta f_{sol}$	初期光キャリア角周波数差	$0.0\ \mathrm{s}^{-1}$	$-2.513 \times 10^{10}\ \mathrm{s}^{-1}$

で一般化同期を観測するために，κ_{inj} は κ_d よりも大きく設定する必要がある（図 4.15 参照）．

また送信レーザと受信レーザ間の光キャリア周波数の差を計算することは，インジェクションロッキングの達成の有無を調査するために有用である．戻り光を有する送信レーザと，光注入のない単体の受信レーザ間の初期光キャリア周波数差 $\Delta f_{sol} = f_d - f_{r,sol}$ は，数値計算の初期パラメータ値として与えられる．一方で，送信レーザの出力光が受信レーザに注入された場合，受信

レーザの光キャリア周波数は引き込み効果（インジェクションロッキング）により $f_{r,sol}$ から $f_{r,inj}$ にシフトする（sol は solitary（単体）を意味し，inj は injection（注入）を意味する）．したがって，光注入がある場合の送信レーザと受信レーザ間の光キャリア周波数差 $\Delta f_{inj} = f_d - f_{r,inj}$ は，Δf_{sol} とは異なる値となる．

数値計算において，光注入後の光キャリア周波数差 Δf_{inj} は，送信レーザと受信レーザの位相（式 (4.A.20) と (4.A.24)）の $\Phi_d(t)$ と $\Phi_r(t)$）の時間変化率と，初期光キャリア周波数差 Δf_{sol} から求められ，以下のように書ける．

$$\Delta f_{inj} = \Delta f_{sol} + \frac{1}{2\pi}\left[\frac{d\Phi_d(t)}{dt} - \frac{d\Phi_r(t)}{dt}\right] \tag{4.A.29}$$

インジェクションロッキングは Δf_{inj} を用いて確認することができ，$\Delta f_{inj} \approx 0$ の場合に 2 つのレーザ間の光キャリア周波数は一致して，インジェクションロッキングが達成される（図 4.15 参照）．

第5章　レーザカオスを用いた光秘密通信

本章では，レーザカオスを用いた光秘密通信について述べる．秘密通信の歴史に始まり，レーザカオスを用いた秘密通信の特徴や方法について述べ，商用光ファイバネットワークにおける実装方法について解説する．

5.1　秘密通信の歴史

5.1.1　暗号

伝送メッセージを保護するための「秘密通信」(secure communication) の歴史は，数千年前から始まった．長い歴史の中で開発された最も洗練された技術の1つは，「暗号」(cryptography) である [van der Lubbe 1998]．暗号とは，ギリシャ語の単語 kryptos から派生した hidden および，graphein から派生した write に由来しており，直訳すると「隠された文書」となる [Singh 2000, 青木 2001]．図 5.1 に示すように，メッセージの暗号化は，送信者と受信者との間で事前に合意された「秘密鍵」(secret key) と呼ばれる乱数を用いて，特定のプロトコル（手順）に従って暗号化される．したがって，受信者は暗号化プロトコルの逆過程を行うことでメッセージを解読することができる．暗号化の利点は，暗号化されたメッセージを敵が傍受しても，そのメッセージを読むことができないことである．暗号化プロトコルと秘密鍵を知らない場合，敵は難解な暗号化されたテキストから元のメッセージを再現する手間が生じる．

暗号は，「転置」(transposition) と「置換」(substitution) と呼ばれる2つの手法に分類することができる．転置は，アナグラムのような文章の再配置に対応する．例えば，CHAOS は HCAOS, SAOCH, または ASHCO のようにア

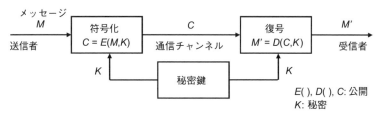

図 5.1 　暗号のブロック図

C：伝送信号，$D()$：復号関数，$E()$：符号化関数，K：秘密鍵，M：元のメッセージ，M'：復号メッセージ．

ルファベットの順番を変えることで暗号化することができる．一方，置換は単語や文字の置き換えを示す．シーザーによりガリア戦争で使用されたシーザーシフト暗号の例では，メッセージ内の各文字はアルファベットの3つ後の文字に置き換えて暗号化される．例えば，CHAOS は FKDRV のように暗号化することができる（C は F にシフト（C→D→E→F），H は K にシフトする）．復号の際には，各文字のアルファベットを3つ前の文字に置き換えればよい．

また置換は，「暗号」(cipher) と「記号」(code) の2つの手法に分類することができる．暗号はシーザーシフト暗号の例に見られるように文字を他の文字で置き換える手法である．一方で，記号は単語またはフレーズのレベルの置換と定義される．例えば，LASER は BOOK に置き換えることができ，CHAOS は DESK に置き換えることができる．

文字は単語よりも頻度解析に脆弱であるため，記号は暗号よりも高い安全性を提供するように思われる．単一換字式暗号を解読しようとする攻撃者はわずか26文字のそれぞれの正確な文字を特定する必要があるのに対して，記号を解読しようとする攻撃者は数千の単語のコード名を特定する必要がある．しかしながら，暗号と比較すると記号には主に2つの実用的な欠点が存在する．第一に暗号の場合には，送信者と受信者が26文字のアルファベットを共有した場合，どのようなメッセージでも暗号化することができる．一方で，記号を用いて送受信者が同じレベルの柔軟性を達成するためには，数千もの平文の単語に対してコード名を定義しなければならない．作成した単語帳（コードブック，code book）を持ち歩くことは非常に不便である．第二に，攻撃者によりコードブックが盗まれた場合，すべての符号化された通信は攻撃者に対して脆弱に

なるという問題がある．送信者と受信者は完全に新しいコードブックを作成するために入念な過程を経なければならず，かつコードブックは通信ネットワーク上のユーザ全員に配布されなければならない．一方で暗号の場合には，攻撃者が秘密鍵を盗むことに成功した場合，26文字の新しい暗号アルファベットの作成および再配布は，比較的容易である．

5.1.2 ステガノグラフィ

秘密通信の歴史の中で別の重要な技術は，「ステガノグラフィ」(steganography) として知られている [Wayner 2009]．ステガノグラフィは，ギリシャ語の単語 steganos から派生した covered と，graphein から派生した write に由来する [Singh 2000, 青木 2001]．つまりステガノグラフィを直訳すると，「覆われた文書」となる．ステガノグラフィの目的は，暗号のように「意味」を隠すことではなく，メッセージの「存在」を隠すことである．ステガノグラフィの概念図を図 5.2 に示す．物理的な媒体（物理キャリア）を用いて，ステガノグラフィは広く古代から現在にかけて用いられており，この手法は特に「物理ステガノグラフィ」(physical steganography) と呼ばれる．メッセージは物理的な媒体に隠されており，媒体が受信者に送られる．メッセージは秘密の手順により物理的な媒体から抽出される．符号化と復号のアルゴリズムは物理ステガノグラフィにおいて秘密にする必要がある．

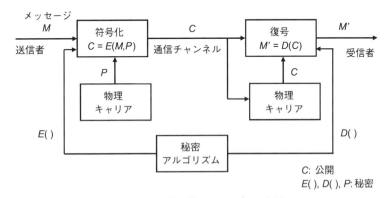

図 5.2　ステガノグラフィのブロック図

C：伝送信号，$D()$：復号関数，$E()$：符号化関数，M：元のメッセージ，M'：復号メッセージ，P：物理キャリア．

ステガノグラフィが最初に用いられたのは紀元前440年前まで遡り，ヘロドトスがThe Histories of Herodotusにステガノグラフィの2つの例を示している [Singh 2000, 青木 2001]. デマラトスはろうを表面に塗る前にろう板の木の裏に直接文字を書き込むことにより，ギリシャに迫る攻撃に関する警告を送った. ろう板はたびたび用いられ，再利用可能な筆記面として共通に用いられていた. 古代における別の例では，ヒスティアイオスが最も信頼する奴隷の頭を剃り，その上にメッセージを書き込んだ. 奴隷の髪が伸びるとメッセージが隠される. メッセージを伝えたい相手の目的地へ奴隷を送り，そこで髪の毛を剃るとメッセージが復元される. この目的は，ペルシアに対して反乱を扇動することであった.

　物理的なステガノグラフィは，歴史的に多くの例が知られている. 他の文章の下や空白部分に秘密のインク（紫外線を当てたときのみ見えるインク）でメッセージを書き込む方法や，メッセージを糸にモールス信号で記述した後，配達人が着用する衣類の一部にその糸を編み込む方法が知られている. またメッセージを切手の裏に記す方法や，タイプライターにより生成されたピリオド（句点）の大きさよりも小さく書いたメッセージを，ピリオドの代わりに文章へ埋め込む方法も知られている（マイクロドットと呼ばれる）.

　上記の例から分かるように，ステガノグラフィの目的は物理的な媒体を用いてメッセージの「存在」を隠すことである. 一方で暗号の目的は，メッセージの「意味」を隠すことである. ステガノグラフィの利点は，メッセージが注目を集めることがない点である. 明らかに暗号化されたメッセージは，どんなに解読できなくても疑いの目を向けられる. したがって暗号化はメッセージを保護する一方で，ステガノグラフィはメッセージおよび通信者の双方を保護するといえる. しかしながらステガノグラフィには基本的な弱点が存在する. メッセージが検出された場合，秘密の内容がすべて明らかになってしまう点である. つまりメッセージの検出により直ちに安全性が失われる. 暗号とステガノグラフィは異なる技術であるが，両方の技術を同時に用いることも可能であり，この場合はより安全にメッセージを隠すことができる.

　近年の情報通信技術においてもステガノグラフィは用いられている. 代表的な例は電子透かしである. これは画像データの中に異なる秘密の画像データを

埋め込む技術である．このようにステガノグラフィの技術は現在においても身近に利用されている．

5.2 カオスを用いた秘密通信

5.2.1 カオス秘密通信の概念

「カオス秘密通信」(chaos secure communication) と呼ばれるカオスを用いた秘密通信は，カオスを用いてメッセージを隠すという方法であり，ステガノグラフィに似ている．ただし物理的な媒体を送る代わりに，カオス搬送波を用いてメッセージを送り，カオス同期（第4章参照）を利用して復号する点が異なっている．カオス秘密通信の基本的な概念を図5.3に示す．メッセージは加算（または乗算）により送信者におけるカオス搬送波に符号化され，カオスとメッセージの混合信号は受信者に伝送される．カオス同期の技術は，受信者において元のカオス搬送波を再現するために用いられる．メッセージは伝送信号から同期したカオス搬送波を減算（または除算）することにより復号することができる．カオス同期の精度が再現するメッセージ信号に強く影響を与える．

カオス秘密通信のブロック図を図5.4に示す．カオス秘密通信の目的は，カオス搬送波を用いてメッセージの存在を隠すことであり，これは暗号（図5.1）よりもステガノグラフィ（図5.2）に近い技術である．カオス秘密通信において，メッセージは時間変化するカオス搬送波に隠されている（図5.3）．

カオス秘密通信における最も重要な技術はカオス同期であり，遠距離のユーザ間で同一のカオス搬送波を共有することである．カオス同期を達成するためには，同一のカオス搬送波を生成するための同様のハードウェアシステムが，

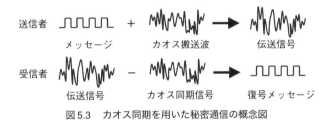

図5.3　カオス同期を用いた秘密通信の概念図

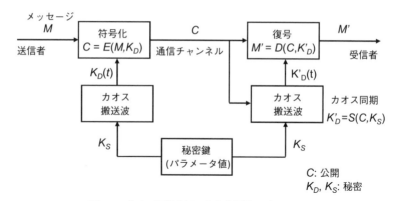

図 5.4　カオス同期を用いた秘密通信のブロック図

C：伝送信号，$D()$：復号関数，$E()$：符号化関数，K_D：カオス搬送波，K_S：秘密鍵（パラメータ値），M：元のメッセージ，M'：復号メッセージ，$S()$：カオス同期．

送受信者間で必要となる．送信者におけるカオスシステムは，メッセージ信号を隠蔽するためにカオス搬送波を生成する．メッセージ信号とカオス搬送波を混合した伝送信号は受信者に送信され，カオス同期とメッセージの復号の両方を達成するために用いられる．受信者では，送信者と同様のカオスシステムを準備し，さらに事前に共有されるカオスシステムのパラメータ値を調整することで，カオス同期を達成することができる．受信者においてカオス同期が達成される場合，ほぼ同一のカオス搬送波を再現でき，伝送信号からカオス搬送波を差し引くことで，元のメッセージの復号することができる．

5.2.2 カオス秘密通信の特徴

暗号やステガノグラフィと比較して，カオス秘密通信の主な特徴は次の3つである．

(a) カオス搬送波を用いたメッセージの隠蔽
(b) カオス同期を用いたメッセージの復号
(c) ほぼ同一のハードウェア（レーザ）を用いたカオス同期の達成

時間変動するカオス搬送波でメッセージを隠蔽することは非常に効果的であり，盗聴者がカオス搬送波からメッセージを抽出することは困難である．正当な受信者がメッセージを抽出するためには，カオス同期の技術が受信者におい

て必要となる．また，パラメータ値が異なるとカオス同期が達成されないため，ほぼ同一のハードウェア（レーザ）とそのパラメータ設定値を，送受信者間で共有する必要がある．これらの特性は従来の暗号技術と比較して，新たな秘密通信の可能性を提供する．カオス搬送波を遠距離のユーザ間で共有するためには，カオス同期に必要なハードウェアとそのパラメータ設定値を事前に秘密裏に共有しなければならない．そのため，それらのハードウェアやパラメータ設定値は，「ハードウェア鍵」(hardware key) とも呼ばれる．

コラム　ハードウェア鍵の例：勘合符貿易と貝合わせ

歴史上におけるハードウェア鍵の例を説明する．ハードウェア鍵はステガノグラフィのためだけでなく，秘密通信の歴史の中では認証においても用いられていた．15世紀から16世紀にかけて日本の統治者であった足利義満は，中国（当時は明と呼ばれた）へ貿易船を送った．この貿易システムを正当なものにするために，中国が作成した公式許可証（勘合符と呼ばれた）を用いて貿易船を認証した．

公式な日本の貿易船を海賊船と区別するために，勘合符が与えられた．公式の勘合符であることを確認するため，中国では登録帳に書き込まれている勘合符の文面の半分を用いた認証システムを用いた．登録が認められた場合には，各文字の半分が書かれた勘合符が配布され，残りの半分の文字が登録帳に記載される．認証の際には，勘合符を登録帳に書かれた残り半分の文字の隣に置くことにより，本物の許可証であれば正確に一致するため，許可証の正当性を確認することができる．この認証方法を用いることで，中国は公式に承認された貿易船であるかを判断することができた．このように勘合符貿易は，中世のアジア諸国における安全な認証システムにおけるハードウェア鍵の例である．

ハードウェア鍵の他の例は，ハマグリ等の貝合わせが挙げられる．片方の貝殻は，もう一方の貝殻の組と完全に一致する．古代の日本では貝合わせの殻をトランプの神経衰弱ゲームとして用いていた．また江戸時代の17世紀から18世紀にかけて，貝合わせの貝殻が世界中に1組しか存在

しないことから，夫婦間における愛と忠誠の象徴として考えられていた．貝合わせもハードウェア鍵の典型的な例である．

上記の例に見られるように，ハードウェア鍵は「静的な鍵」(static key)である．すなわち，正当ユーザ間でハードウェア鍵を共有した後，鍵は変更されない．この安定した構造は共有されるシステムの一意性を保障するが，一方で有限時間内に鍵が模倣される可能性は否定できず，秘密通信システムにおける弱点を有していると言える．

5.2.3　カオス秘密通信における同期

カオス秘密通信は，不規則に変化するカオス搬送波を有するハードウェア鍵システムとして考えられ，不規則な時間信号はメッセージ信号を隠すために有用である．また同一のハードウェアシステム間における同期技術を用いて，不規則なカオス搬送波をユーザ間で共有することができる．これはカオスが決定論的であり，同期可能という性質を有しているためである．一方で，熱雑音や量子ノイズのような統計的ノイズは，同期を達成させることができないため，秘密通信システムには適さない．カオスの決定論的性質は，遠距離間でのカオス同期を保障するために重要な特性である．

一部のセキュリティシステムには，ランダムに変動する搬送波を共有する方式が存在する．例えばストリーム暗号では，同一の擬似乱数生成器とシード信号（初期条件）を事前にユーザに対して配信しておくことで，共通の乱数列を生成する．一方でカオス秘密通信の場合，ハードウェアシステムの初期条件を，事前に共有する必要はない．カオス秘密通信においてカオス同期を達成させるためには，同一のハードウェアおよびパラメータ値を共有する必要がある．つまりカオス同期技術により，初期条件を共有する必要なく，カオス搬送波の共有が可能となる．

カオス秘密通信における重要な問題の1つは，「カオス＋メッセージ」で構成された伝送信号を用いて，送受信者間でのカオス同期をどのように行うかという点である．カオス搬送波のみ伝送できれば容易にカオス同期が達成されるが，これでは盗聴者もカオス搬送波を検出できるため，秘密通信の意味がなく

なる．メッセージが伝送信号に含まれており，元のカオス搬送波のみならずメッセージを含む伝送信号（カオス＋メッセージ）を用いて，カオス同期する必要がある．このようにカオス秘密通信における同期技術は，第4章に示すカオス同期の方式よりも複雑である．符号化および復号技術では，メッセージが含まれた伝送信号からカオスを抽出するためのメカニズムが提案・実証されている（5.3節参照）．

5.2.4　カオス秘密通信の安全性

　カオス秘密通信の主な目的は，安全な通信を行うことである．複雑なカオス搬送波は，通信階層プロトコルの物理層において，ある程度の安全性（セキュリティ）を提供することが可能となる．レーザカオスを用いた通信システムにおける安全性の定量化がこれまでに多く行われている（詳細は5.6節を参照）．

　盗聴者がメッセージを復号するためには，カオス同期のために適切なレーザとパラメータ設定を行う必要がある．カオス同期を用いて，カオスに隠されたメッセージ信号を受信レーザで再現するためには，送受信者間で同一の（または同一に近い）レーザを用いてそのパラメータ値を一致させる必要がある．つまり，パラメータ変化に対するカオス同期の堅牢性が，盗聴者によるカオス同期の困難性を決定する．それゆえに，パラメータ偏差に対するカオス同期の堅牢性は，カオス秘密通信の安全性を定量化するための1つの指標である．パラメータ値をわずかにずらした場合に同期が達成されなくなれば，より安全なシステムであると言える．つまり，カオス同期の堅牢性と安全性との間には本質的にトレードオフの関係がある．盗聴者がパラメータ設定のすべての組合せを探索することは盗聴方法の1つであり，探索数が多いほど（カオス同期が難しいほど）より安全なシステムと言える．また一方で，同期の堅牢性が小さいと通信システムとしての安定性が失われるため，安全性と安定性の間にもトレードオフが存在する．

5.3 符号化–復号方式

前節でも述べたように,カオス同期はカオス秘密通信のための重要な要素技術である.しかしながら,伝送信号はカオスとメッセージの混合信号であるため,カオス秘密通信に必要な同期技術はそれほど単純ではなく,伝送信号から元のカオス信号のみを同期により再現する必要がある.カオス＋メッセージ信号から同期を用いてカオスのみを抽出するために,符号化および復号の方式が提案されている.カオス秘密通信における符号化および復号方法は主に3つの手法に分類され,カオスマスキング法,カオス変調法,カオスシフトキーイング法と呼ばれており,以下で説明する.またこれら3つの方式を比較した結果についても述べる.

5.3.1 カオスマスキング法

カオス秘密通信における符号化・復号方式の1つは,「カオスマスキング法」(chaos masking) と呼ばれている.本方式の符号化では,カオス送信器から発生されたカオス信号に対して,送信器の外部においてメッセージ信号を加算(または乗算)する.ここで伝送信号(カオス＋メッセージ)を受信器へと送信し,受信レーザへ注入する.受信レーザからの出力を伝送信号から減算(または除算)し,メッセージ信号を再現する.ここで元のカオス信号に対してメッセージ信号が十分に小さい場合,受信レーザは送信器のカオス信号のみに同期し,メッセージの再現が可能となる.

カオスマスキング法の概念図を図5.5に示す.本方式では受信器においてメッセージを含む伝送信号から元のカオス波形のみを生成することが重要である.カオス信号 $C(t)$ およびメッセージ信号 $m(t)$ は送信側で加算されて,伝送

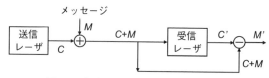

図5.5 カオスマスキング法のブロック図

C：カオス,C'：同期したカオス,M：元のメッセージ,M'：復号メッセージ.

信号 $C(t) + m(t)$ となる．伝送信号 $C(t) + m(t)$ はカオス同期信号 $C'(t)$ を得るために受信レーザに送信される．メッセージ $m(t)$ は，$C'(t)$ が $C(t)$ にほぼ等しい場合に $C(t) + m(t)$ から $C'(t)$ を減算することで再現することができる．しかしながら，同期信号 $C'(t)$ が伝送信号 $C(t) + m(t)$ から再現できるかどうかは数学的に証明されていない．

　伝送信号 $C(t) + m(t)$ から同期信号のみ $C'(t)$ を再生する過程は，カオスパスフィルタ効果 (Chaos pass filtering effect) と呼ばれている [Fischer 2000]．これはレーザの伝達関数の特性を利用して，カオス搬送波とメッセージ信号を分離する方法である．カオスパスフィルタ効果の実験と数値計算での観測例がこれまでに報告されている．その実験結果を図 5.6（左, a）に示す．メッセージ信号として周波数 581.5 MHz の正弦波で電流変調された送信レーザの RF スペクトルを示している．この RF スペクトルは戻り光を有する半導体レーザにおけるカオス出力の典型的な形状をしている．複数のピークが観測され，それらの極大値は 275 MHz の外部共振周波数（外部共振器内の光の往復時間の逆数）とその高調波に対応している．また 581.5 MHz の鋭いピークは，メッ

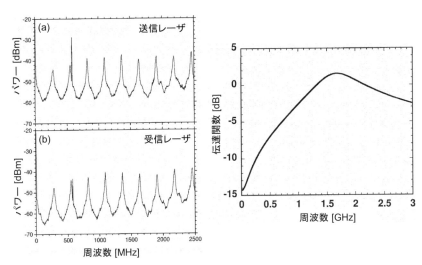

図 5.6　カオスマスキング法におけるカオスパスフィルタ効果
（左）同期領域における (a) 送信レーザと (b) 受信レーザの RF スペクトル．メッセージ信号として送信レーザの注入電流が 581.5 MHz の周波数で変調される．（出典：[Fischer 2000] Fig.5）
（右）小信号解析により求められた小振幅変調に対する伝達関数．（出典：[Uchida 2003c] Fig.4）

セージ信号の変調周波数に対応する．次に，受信レーザに対応するRFスペクトルを図5.6（左，b）に示す．受信レーザ出力において，カオスのスペクトルの特徴は非常によく再現されており，送信レーザ出力のスペクトルと対応している．しかしながら送信レーザと比較して，メッセージ信号の変調周波数に対応するピーク（581.5 MHz）が受信レーザでは小さいことが分かる．これは，送信レーザでは電流変調により外部から変調されているために変調成分を大きくすることができるが，一方で受信レーザでは内部ダイナミクスにより伝送信号を再現するため，元のカオスに含まれていない周波数成分を再現することは難しく，変調成分が小さく再現されるためである．このように受信レーザにおいて変調信号成分のみが減少するため，送受信間の出力を減算することにより，変調成分に対応するメッセージを取り出すことが可能となる．

カオスパスフィルタ効果の原理は数値モデルを用いて説明されている[Uchida 2003c]．光注入された半導体レーザの定常状態において，微小摂動に対する線形応答として伝達関数が定義できる．伝達関数は半導体レーザの外部からの小さな入力信号に対する出力信号の振幅比を示しており，その数値計算結果を図5.6（右）に示す．この伝達関数は光注入により単体のレーザの緩和発振周波数（1.45 GHz）からシフトした，1.68 GHzの緩和発振周波数付近にピークを有している．伝達関数は低周波数から単調に増加し，1.68 GHzの緩和発振周波数で最大となり，より高い周波数では少しずつ減少する．これは，緩和発振周波数よりも低い周波数での外部変調を加えた場合には，レーザ内部で外部変調成分が再現されにくいことを意味している．つまり緩和発振周波数よりも低い周波数領域において，メッセージ信号の再現が容易に達成できることを示している．カオス搬送波の伝達関数は同期の効果によりほぼ平坦であるのに対して，与えられた外部信号の伝達特性は低周波数領域において小さくなるのである．したがって，外部変調信号とカオス搬送波に対する伝達関数の差は低周波数領域で大きくなり，メッセージ信号が復号できる．

以上の結果から，カオスマスキング法では，カオスと外部信号との伝達関数の差を利用しているために，再現したメッセージ信号に誤差が存在する．さらにカオスマスキング法におけるメッセージの最大伝送速度は，カオスの緩和発振周波数により制限されることが分かる[Argyris 2005]．

5.3.2 カオス変調法

前項のカオスマスキング法では，カオス信号にメッセージ信号を外部から変調していた．一方，本項で述べる「カオス変調法」(chaos modulation) では，カオス生成のためにレーザへ戻り光などのフィードバックを加え，フィードバックループの内部でメッセージ信号を変調する点が大きく異なっている．つまり，メッセージ信号がカオス発生に影響を与えるような仕組みが重要となる．カオス変調法では，カオスマスキング法のようにメッセージ信号を微小にする必要はない．カオス変調法は，メッセージ信号をフィードバックループ内で符号化して，送受信レーザ間のパラメータ値が一致している場合に，完全なメッセージ信号の再現が数学的に保障される．

カオス変調法の概念図を図 5.7 に示す．送信レーザとして時間遅延フィードバックを有するレーザを用いる．メッセージ信号は送信レーザのフィードバックループの途中で加える．これにより，メッセージ信号が加えられたカオス信号（カオス＋メッセージ）がレーザにフィードバックされ，新たなカオスが生成される．一方でカオス＋メッセージ信号は伝送信号として送信レーザへと送られる．送信レーザでも同様にカオス＋メッセージ信号により新たなカオス信号が生成される．ここで，1回のフィードバックループ分だけ遅れて受信器へ到着したカオス＋メッセージ信号から，受信レーザで再生されたカオス信号を差し引くことで，メッセージ信号の再現が可能となる．

カオス変調法では，送信レーザと受信レーザが同一のシステムである場合，メッセージの存在下でも送受信レーザ間において同期解が存在する．この同期解が安定解である場合，送受信レーザ間の完全同期を達成することができる．

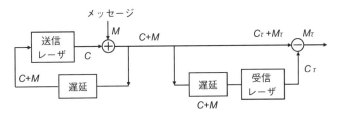

図 5.7 カオス変調法のブロック図

C：カオス，C_τ：時間遅延したカオス，M：元のメッセージ，M_τ：復号メッセージ．

そのため伝送信号から同期信号を減算（または除算）することで，理論的には誤差なし（エラーフリー）でメッセージを再現できる．時間遅延フィードバックシステムでは，遅延時間がカオス振動の時間スケールよりも長い場合，送受信レーザ出力間の時間遅延を調整する必要がある．

カオス変調法における符号化と復号の手順は，数学的に以下のように説明できる（図5.7参照）．メッセージ信号 $m(t)$ は，送信レーザのフィードバックループのカオス搬送波 $C(t)$ に加算（または乗算）される．この混合信号 $C(t) + m(t)$ はフィードバック遅延時間 τ の後に送信レーザへと戻されて，以下のように新たなカオス信号 $C(t+\tau)$ を生成する．

$$C(t+\tau) = F\left(C(t) + m(t)\right) \tag{5.1}$$

ここで F は送信レーザのダイナミクスを表す非線形関数である．

この混合信号 $C(t) + m(t)$ は，伝送信号として受信レーザに送られる．ここで図5.7のように受信レーザの前に遅延を加えて，遅延時間 τ だけ遅らせてから受信レーザに伝送信号を注入する．受信レーザで生成される新たなカオス信号 $C'(t+\tau)$ は以下のようになる．

$$C'(t+\tau) = F'\left(C(t) + m(t)\right) \tag{5.2}$$

F' は受信レーザのダイナミクスを表す非線形関数である．ここですべてのパラメータ値が送受信レーザ間で同一に設定されている場合（つまり $F = F'$），送受信レーザ間のカオス信号は以下のように完全同期する．

$$C'(t+\tau) = C(t+\tau). \tag{5.3}$$

そのため τ だけ時間遅延された伝送信号 $C(t+\tau) + m(t+\tau)$ から受信レーザで生成されたカオス同期信号 $C'(t+T) = C(t+\tau)$ の減算を行うことにより，メッセージ信号 $m(t+\tau)$ を復号できる．もしも伝送路に遅延がある場合でも，受信レーザ出力と伝送信号の間の遅延時間が τ に設定されていれば，メッセージは復号できる．

カオス変調法の重要な点は，メッセージ信号がカオスを変調し，カオスとメッセージ信号の混合信号 $C(t) + m(t)$ を用いることで新たなカオス $C(t+\tau)$

を生成するためのメカニズムを，送信レーザへ組み込んでいる点である．そのため，受信レーザにおいても $C(t) + m(t)$ というメッセージを含んだ伝送信号からカオス信号のみを再現することが可能となる．つまりカオス信号は送受信レーザの双方において混合信号 $C(t) + m(t)$ から生成されており，対称なシステム構成となっている．この対称性により，メッセージが存在しても数学的に完全カオス同期解の存在を可能にしており，エラーフリーでの高い復号性能を実現している．そのためカオス変調法は，本章で述べる3つのカオス通信方式の中で最もよい復号性能を達成できる（5.3.4項参照）．

理論的には，カオス変調法ではメッセージの復号性能はメッセージ振幅に依存していない．しかしながら，元のカオスのダイナミクスからの大きな変化を防ぐために，メッセージ信号の振幅は大きすぎてはならない．メッセージ振幅が大きすぎる場合には，盗聴者が伝送信号を直接観測することにより，元のカオスとのダイナミクスの変化を解析することでメッセージ信号の検出が可能となる（5.5.2項参照）．

5.3.3　カオスシフトキーイング法

カオス通信の他の方法として，「カオスシフトキーイング法」(chaos shift keying) と呼ばれる手法が提案されている．図5.8にカオスシフトキーイング法を示す．本手法では，送信レーザのパラメータ値の変調を用いている．送信レーザのパラメータを1つ選択し，そのパラメータに対応する値を2つ選

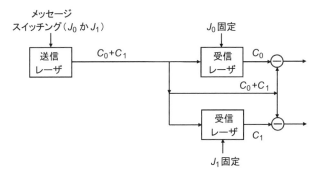

図5.8　カオスシフトキーイング法のブロック図

C_0：J_0 で生成したカオス，C_1：J_1 で生成したカオス，J_0：ビット0に対応する注入電流，J_1：ビット1に対応する注入電流．

ぶ．2つのパラメータ値で生成されるカオス波形を，それぞれ0と1のデジタルメッセージに対応させる．例えば，注入電流をパラメータとして選択し，注入電流の2つの値 J_0 と J_1 でカオス波形を生成する．ここで送信するデジタルメッセージ $m(t)$ の値（0または1）に応じて，注入電流を J_0 または J_1 に変調する．2つのパラメータのいずれかの値により送信レーザから発生したカオス波形は，受信レーザへと伝送される．受信側は，選択されたパラメータ値が送信レーザの0または1に対応する注入電流値（つまり J_0 と J_1）に各々固定された2つのレーザから構成される．ここで伝送されたカオス信号は，送信レーザで選択されたパラメータ値に一致する注入電流値に設定された一方の受信レーザのみで同期する．したがって，どちらの受信レーザで同期が達成されているかを調査することにより，デジタルメッセージの復号が可能となる．

本手法において注入電流値 J_0 と J_1 は，送受信レーザ間で同一の値の場合のみカオス同期が達成されて，異なる値の場合にはカオス同期が達成されなくなるように，適切に選択する必要がある．一方で，カオス波形から直接メッセージを復号されないためには，注入電流値 J_0 と J_1 で生成されたカオスの特性がほぼ同一である必要もあり，大幅に異なる値を取ることは好ましくない．

カオスシフトキーイング法のより簡単な方法として，受信レーザを1つに減らした「カオスオンオフキーイング法」(chaos on-off keying) も提案されており，本質的には同じ手法である [Uchida 2001b]．送信レーザでは同様に注入電流値 J_0 と J_1 を選択し，デジタルメッセージに応じて J_0 または J_1 で変調してカオスを生成する．一方で受信側では，注入電流値を J_0 に設定した1つの受信レーザのみを準備し，伝送信号を注入する．ここでカオス同期の達成の有無を調査し，同期していれば J_0 で生成されたカオスであり，同期しなければ J_1 で生成されたカオスであることから，デジタルメッセージの復号が可能となる．このように，1つの受信レーザでの同期の有無を検出することにより，変調パラメータ値の推定およびデジタルメッセージの復号が達成される．

本手法ではカオス同期の過渡現象を用いているために，データ伝送速度はカオス同期の過渡応答時間により制限される．つまり，カオス同期の過渡応答時間から最大伝送速度を推定することができる．高速化のためには，カオス同期の過渡応答時間を短縮することが必要となる [Uchida 2004b]．

5.3.4 符号化–復号方式の比較

上述した3つの符号化–復号方式（カオスマスキング，カオス変調，カオスシフトキーイング）の性能に関して，数値計算による比較が報告されている [Liu 2002a]．光–電気フィードバックを有する半導体レーザに適用される3つの符号化–復号方式を図5.9（上）に示す．図5.9（上）のように，メッセージが符号化される場所を変化させることで，同一の構成で3つの方式が比較できる．

伝送路雑音と内部レーザ雑音の存在下において，10 Gb/sの伝送速度での3つの符号化–復号方式の性能評価が数値計算により調査されている．元のメッセージと3つの方式で符号化および復号されたデジタルメッセージ信号の時間波形を図5.9（左下）に示す [Liu 2002a]．カオスシフトキーイング法の場合，

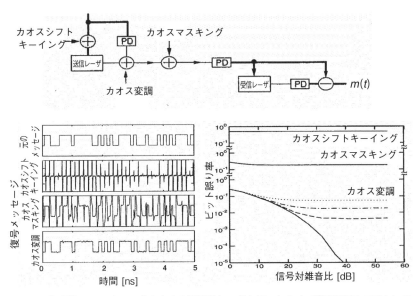

図5.9　光–電気フィードバックを有する半導体レーザを用いたカオス秘密通信システムにおける3つの符号化・復号方式の性能比較

（上）3つの符号化・復号方式の概念図．太線は電気経路を示す．PD：光検出器，$m(t)$：復号メッセージ．
（左下）3つの符号化・復号方式における符号化メッセージの時間波形と，（右下）信号対雑音比に対するビット誤り率．実線：雑音なし．破線：100 kHzのレーザ線幅の雑音を付加．点破線：1 MHzのレーザ線幅の雑音を付加．点線：10 MHzのレーザ線幅の雑音を付加．（出典：[Liu 2002a] Fig.1(c), Fig.9, Fig.10）

メッセージが正しく復元されていない．これは，同期–非同期の過渡応答時間がメッセージの1つのビットに相当する時間よりも長くなるため，高速な伝送が困難であることを示している．またカオスマスキング法の場合もメッセージ信号以外に大きな誤差が含まれている．これはカオスマスキング法ではメッセージ変調の存在により，カオス同期が完全に達成されないためであると考えられる．一方でカオス変調法の場合は，デジタルメッセージ信号が正しく復号されていることが分かる．これは，カオス変調法では送受信システムが対称な構成をしており，誤差なしでカオス同期が達成されるためである．この場合，誤差の影響はシステムのノイズが主となる．

ノイズの大きさを変化させることで，「信号対雑音比」(signal to noise ratio, SNR) に対する「ビット誤り率」(bit error rate, BER) の数値計算を行った．その結果を図 5.9（右下）に示す．ビット誤り率とは，送信ビット数に対する誤って復号されたビット数の比率であり，通信における定量的な指標である（小さいほどよい）．カオスシフトキーイング法およびカオスマスキング法では，信号対ノイズ比を変化させてもビット誤り率は 0.5 程度であり，メッセージが正しく復号できていない．一方でカオス変調法の場合には，信号対雑音比を増加させるとビット誤り率が大きく低減することが分かる．このようにカオス変調法は 3 つの符号化–復号方式の中で最も優れていることが分かる．

5.4 レーザカオスを用いた光秘密通信の歴史

5.4.1 レーザカオスを用いた光秘密通信の数値計算

本節では，レーザカオスを用いた「光秘密通信」(optional secure Communication) の歴史について述べる．レーザカオスを用いた光秘密通信の概念は，Nd:YAG 固体レーザの数値計算において初めて提案された [Colet 1994]．送信用レーザとして損失変調された固体レーザを用いており，変調により生成されるパルス状のカオス的出力をカオス搬送波として用いる．カオス信号でデジタルメッセージを符号化するために，1つのパルスに対して1ビットを割り当てる．図 5.10 に示すように，メッセージが 0 の場合はパルスの強度を減少さ

5.4 レーザカオスを用いた光秘密通信の歴史 215

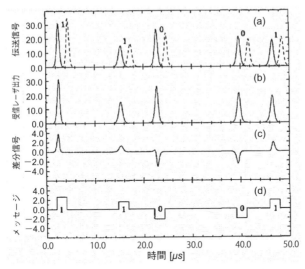

図 5.10　固体レーザカオスを用いた光秘密通信の数値計算結果

11001 のビット列の符号化と復号を示す．(a) 元のカオスパルス (実線) と，符号化メッセージを付加したカオス (破線)．見やすさのために 2 つのパルスの時間軸をずらして表示している．(b) 受信レーザ出力，(c) 伝送信号と受信レーザ出力の差分信号，(d) メッセージ．(出典：[Colet 1994] Fig.3)

せ，1 の場合は増加させる．この符号化された信号は，通信路を通り受信レーザに伝送される．受信レーザは元のカオス信号と同期するため，伝送信号と同期信号との差分を計算することにより元のメッセージを復号することができる．また，受信レーザと伝送信号間の同期を達成するためには，メッセージの振幅を十分に小さくする必要がある（カオスマスキング法）．

より高速なレーザカオス波形を用いることで，高速データ伝送が可能となる．半導体レーザのカオス同期と光ファイバ通信路の特性を考慮したモデルにおける光秘密通信の数値計算例が報告されている [Mirasso 1996]．戻り光を有する半導体レーザカオスを用いた 50 km 離れた光ファイバ間での光秘密通信の数値計算結果を図 5.11 に示す [Mirasso 1996]．図 5.11 (a) は送信レーザのカオス信号であり，図 5.11 (b) では送信レーザの光強度を変調することでメッセージの符号化を行い（カオスマスキング法），伝送信号を作成している．メッセージの振幅が大きいと盗聴者に信号を検出されるのみならず，受信レーザとの同期が達成されなくなるため，メッセージ振幅は十分に小さくする必要がある．本モデルでは光ファイバ中の光損失を補償するために，50 km 伝送後に伝

216　第5章　レーザカオスを用いた光秘密通信

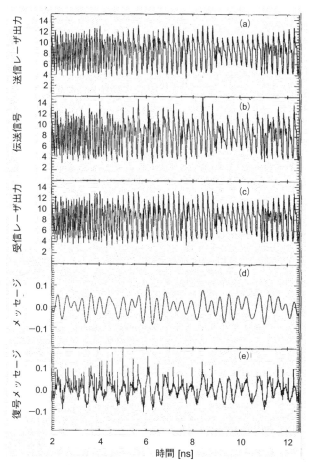

図5.11　半導体レーザカオスを用いた光秘密通信の数値計算結果
(a) 送信レーザ出力, (b) 送信レーザにメッセージを付加した後の伝送信号, (c) 同期した受信レーザ出力, (d) 元のメッセージ, (e) 復号メッセージ. (出典：[Mirasso 1996] Fig.1)

送信号の光出力を増幅している．その後，カオス同期を達成させるために伝送信号を受信レーザへ注入する．送信レーザのカオス信号に同期した受信レーザの出力と，伝送信号（カオス＋メッセージ）を比較することで復号が可能となる．図5.11 (c) は同期した受信レーザの出力を示している．また図5.11 (d) は元のメッセージであり，図5.11 (e) は同期した受信レーザ出力と伝送信号との除算により得られた復号メッセージである．元のメッセージ（図5.11 (d)）と

復号メッセージ（図 5.11 (e)）がわずかに異なるのは，送信信号にメッセージを付加することで送信レーザと受信レーザとの間で完全な同期が得られなくなるためである．また，別の光秘密通信方式（カオスシフトキーイング法）も提案されており，光注入された半導体レーザカオスのモデルを用いた光秘密通信が数値的に調査されている [Annovazzi-Lodi 1996]．これらの結果は，半導体レーザカオスを用いた光秘密通信の応用可能性を示唆している．

5.4.2 レーザカオスを用いた光秘密通信の実証実験

数値モデルを用いた数値計算が行われてから数年後には，レーザカオスを用いた光秘密通信の実証実験が報告された．ファイバレーザ [VanWiggeren 1998a, VanWiggeren 1998b] および光–電気システム [Goedgebuer 1998, Larger 1998a] における光秘密通信の実験実証が 1998 年に行われた．ファイバレーザでの光秘密通信の実験装置を図 5.12（左）に示す [VanWiggeren 1998b]．波長 $1.5\,\mu m$ のエルビウム添加ファイバリングレーザ (Erbium-doped fiber ring laser, EDFRL) により生成されたカオス的出力振動を用いて，メッセージ信号を隠蔽する．ここでは複雑なカオス波形を生成するために，2 つのファイバリング共振器構成を用いている．メッセージ信号は 126 Mb/s の擬似ランダムビット信号を用いており，ファイバリングレーザのループ内にて強度変調器により加算される（カオス変調法）．メッセージ信号とカオス波形を含む伝送信号は，送信器のカプラから出力されてファイバ中を伝送し，受信器へと入力される．受信器は 1 つのファイバループから構成されており，送受信間のパラメータを一致させると，2 つのレーザ間でカオス同期が達成される．光検出器 A と B の検出信号を除算することで，メッセージの復号が可能となる．

本実験の結果を図 5.12（右）に示す．図 5.12（右, a）は光検出器 A の伝送信号を示しており，図 5.12（右, b）は光検出器 B の同期信号を示している．これらの信号はカオス的に時間変動しており，メッセージ信号の検出は困難である．一方で図 5.12（右, c）は，伝送信号と同期信号との除算により復号されたメッセージを示している．このように擬似ランダムビット信号が観測されており，メッセージが正しく復号されていることが分かる．また同様の装置を用いて，250 Mb/s の擬似ランダムビット信号をメッセージとして，35 km

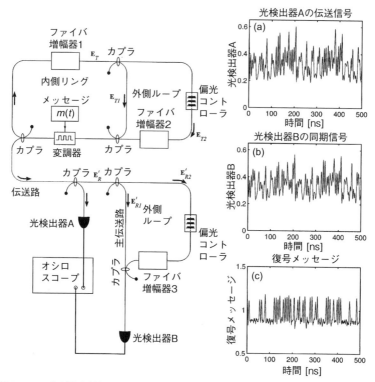

図 5.12 エルビウム添加ファイバリングレーザ (EDFRL) のカオスを用いた光秘密通信実験
(左) 実験装置図.
(右) (a) 光検出器 A で検出された伝送信号と, (b) 光検出器 B で検出された同期信号, (c) (a) と (b) の除算から求めた復号メッセージ信号. (出典：[VanWiggeren 1998b] Fig.1, Fig.2)

の光ファイバ伝送による光秘密通信を実験的に達成している [VanWiggeren 1999].

また同時期に，電気–光システムの波長カオスを用いた光秘密通信の実証実験が達成された [Goedgebuer 1998]．実験装置図は，4.5.5 項の図 4.23 に示した通りである．送信レーザは 2 つの分散ブラッグ反射鏡 (DBR) を有する波長可変半導体レーザ (波長 1.55 μm) であり，ここでは線形素子として用いられる．半導体レーザの DBR 部の注入電流を変化させることにより，波長を連続的に変化させることができる．ここで半導体レーザの出力は非線形複屈折板を通り，光検出器で電気信号へと変換されて，レーザの DBR 部へとフィード

バックされる．ここでは非線形複屈折板が非線形素子の役割を果たし，光–電気変換により時間遅延したフィードバックループを構成している．非線形複屈折板の波長依存透過特性は正弦関数（$\sin^2 x$）により決定されるため，レーザの波長に応じて複屈折板の透過率が変化し，得られた光強度に比例した電流がレーザのDBR部へと時間遅延フィードバックされることで，レーザの波長が変化する．このような非線形ダイナミクスにより，波長がカオス的に変動する．

符号化では，フィードバックループ内において，光検出器からの時間遅延信号にメッセージを電気信号として付加する（カオス変調法）．受信システムは送信システムと同一の装置を用いるが，フィードバックループを構成していない点が異なっている（オープンループ構成）．送信システムと同一の波長依存透過特性を示す受信システムの非線形複屈折板に，伝送信号が入射される．伝送信号と受信システムの出力信号とを差分することで，元のメッセージが復号できる．2 kHzの正弦波をアナログメッセージ信号として用いて，2 mの自由空間伝搬における光秘密通信を実験的に実証している．

これらの実験の後，より現実的な光通信用光源として半導体レーザカオスを用いた光秘密通信の実証実験が多く報告された．同時期には，光–電気フィードバックを有する半導体レーザにおける光秘密通信が，米国の無線カオス通信プロジェクト (Multidisciplinary University Research Initiative, MURI) の一環として集中的に研究された [Liu 2002a, Larson 2006]．さらには10 Gb/s以上の伝送レートを達成するために，光秘密通信の数値解析が行われた [Liu 2002a, Kanakidis 2003]．このように多くの研究者がレーザカオスの新たな応用として光秘密通信の実験や数値計算の研究に関与し，本分野は急速に進展した．

5.4.3 光秘密通信のヨーロッパプロジェクト

レーザカオスの光秘密通信への応用可能性が強く期待される気運の中で，2001年に国際研究プロジェクトがヨーロッパで開始された．第一のプロジェクトは，「オカルトプロジェクト」(OCCULT, Optical Chaotic Communication Using Laser-diode Transmitters) と呼ばれており，2001年から2004年

にかけて欧州連合 (European Union, EU) から予算を措置された [Annovazzi-Lodi 2008]．本プロジェクトでは，レーザカオスを用いた光秘密通信の基本原理を実証することを目的としている．ヨーロッパ諸国（フランス，ドイツ，ギリシャ，イタリア，スペイン，イギリス）の多くの大学や研究所や企業が，この国際プロジェクトに参加した．

オカルトプロジェクトでは，全光システムや光–電気フィードバックシステムなど様々な伝送方式を用いた光秘密通信の実証実験を行った．また，カオス波形に対する光ファイバ中の色分散や偏光モード分散，および非線形効果の影響の調査を行った．本プロジェクトの主な成果として，ギリシャのアテネ市街地における商用光ファイバネットワークでのカオス信号を用いたデジタルデータ伝送実験の成功が挙げられる [Argyris 2005]（5.5.1 項参照）．

オカルトプロジェクトの成功に引き続き，第 2 の国際研究プロジェクトとして，「ピカソプロジェクト」(PICASSO, Photonic Integrated Components Applied to Secure chaoS encoded Optical communications systems) が，2006 年から 2009 年まで行われた [Annovazzi-Lodi 2008]．本プロジェクトの主な目標は，レーザカオスを用いた光秘密通信のためのモノリシック光集積回路やハイブリッドシステムを設計して作製することである．この目的を達成するために，ドイツやアイルランド，およびイギリスから新たな研究グループが参加した．また別の目標として，従来の光通信波長帯域における波長多重通信方式のためのカオス発生用光源の開発が行われた．これらの目標を達成するために，様々な種類のカオス発生用光集積回路が開発され，光秘密通信の実験実証が達成された [Argyris 2008]．光集積回路やハイブリッドモジュールの開発は，機械的安定性や温度鋭敏性の改善，および小型で堅牢な光通信システムを提供するため，非常に重要な成果であった [Argyris 2010a]（5.5.2 項参照）．さらに本プロジェクトで開発された光集積回路は，高速物理乱数生成のような別の応用にも用いられている（6.3.6 項参照）．

5.5 レーザカオスを用いた光秘密通信の実装例

本節ではレーザカオスを用いた光秘密通信の実装例について述べる．戻り光を有する半導体レーザや光–電気システム等，様々なレーザシステムを用いた実装が報告されている．10 Gb/s の伝送速度が実験的に達成されており，エラーフリー動作（10^{-12} 以下のビット誤り率）が報告されている．さらに分散補償と光増幅技術を用いることにより，120 km の伝送距離の商用光ファイバネットワークにおける光秘密通信の実証実験が達成されている．

5.5.1 戻り光を有する半導体レーザを用いた商用光ファイバネットワークにおける光秘密通信の野外実証実験

ヨーロッパのオカルトプロジェクトにおいて，戻り光を有する半導体レーザを用いて，商用光ファイバネットワークにおける光秘密通信の野外実証実験が行われた [Argyris 2005]．実験装置図を図 5.13 に示す [Argyris 2004]．同一の半導体ウェハーから作られた 1552.5 nm で発振する 2 つの分布帰還型 (DFB)

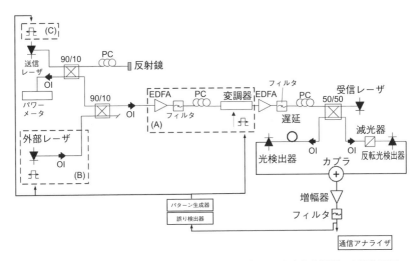

図 5.13　時間遅延した戻り光を有する半導体レーザを用いた光秘密通信の実験装置図
EDFA：エルビウム添加ファイバ増幅器，90/10：光ファイバカプラ (90:10)，50/50：光ファイバカプラ (50:50)，OI：光アイソレータ，PC：偏光コントローラ．（出典：[Argyris 2004] Fig.1）

半導体レーザを送信レーザおよび受信レーザとして用いる．高いカオス同期精度を達成するために，2つのレーザのパラメータ偏差は3％以下に設定されている．送信レーザから6m離れた反射鏡により，戻り光がレーザ自身へと再入射されることでカオス信号が生成される．レーザ共振器への戻り光量は，レーザ出力の2％である．外部共振器内に設置した偏光コントローラにより戻り光の偏光方向を調整している．小振幅の擬似ランダム信号をメッセージとしてマッハ–ツェンダ変調器に入力することで，メッセージをカオス信号に隠蔽する（カオスマスキング法）．メッセージを付加した伝送信号は，カオス同期を達成するために受信レーザへ一方向に注入される．また，エルビウム添加ファイバ増幅器（EDFA）を用いることで伝送信号の増幅を行い，さらに光波長フィルタを用いてファイバ増幅器にて増幅される自然放出光ノイズを除去する．伝送信号（カオス＋メッセージ）とカオス同期した受信レーザの出力波形は，それぞれ高速光検出器に伝送される．受信レーザ信号を検出する光検出器では，出力波形の振幅を反転させる．伝送信号と反転した受信レーザ信号をマイクロ波結合器で加算することで，差分演算が可能となりメッセージを復号できる．2つの信号間の振幅と位相の調整が高品質なメッセージの復号のために重要である．また差分信号の誤差を除去するために，ローパスフィルタが用いられる．

この光秘密通信システムは，ギリシャのアテネ市街地での商用光ファイバネットワークにおいて実装された [Argyris 2005]．このネットワークは3つのシングルモードファイバのリング状ネットワークから構成されており，全長が120 kmである．3つのネットワークは相互接続ポイントで互いに接続されている．伝送リンクの前に6 kmの分散補償ファイバを設置することで，シングルモードファイバにおける波長分散を補償することができる．光損失の補正用の光ファイバ増幅器と，自然放出光ノイズの除去用の光波長フィルタは，伝送リンク内にそれぞれ設置される．

本システムにおける通信性能の評価を行った．メッセージ信号の伝送速度を1.0 Gb/sから2.4 Gb/sまで変化させた場合の，ビット誤り率について調査した．ビット誤り率の計測はメッセージの伝送速度に対して適切なローパスフィルタを用いた後に行われた．1.0 Gb/sの伝送速度に対するビット誤り率は～10^{-7}であるのに対し，2.4 Gb/sの場合には～10^{-3}であった．このように伝送

速度の増加に伴いビット誤り率が増大することが分かった．ここでビット誤り率が増加する原因は，2つのレーザ間のパラメータ不一致による同期の不完全性のためであると考えられる．加えて，カオスマスキング法ではレーザの緩和発振周波数（～3 GHz）に近づくほど，伝送信号からカオスのみを分離することが難しくなることが原因であると考えられる [Uchida 2003c]．つまりカオスマスキング法では，レーザの緩和発振周波数により伝送速度が制限されている．伝送速度の向上のためには，光注入による周波数帯域拡大が有用である（3.3.3項参照）．

以上の結果は，レーザカオスを用いた光秘密通信の商用光ファイバネットワーク上における初めての実証実験であり，応用上の意義は非常に高い．

5.5.2 レーザカオス発生用光集積回路を用いた光秘密通信

前項の方式では送信レーザでカオスを発生させるために戻り光を付加する必要があった．一方で，レーザから反射鏡，光増幅器，光検出器までを1つの半導体基板上へ集積化した光集積回路を，光秘密通信の送受信用レーザとして用いた実装例が報告されている [Argyris 2010a]．これはレーザカオス発生用の光集積回路であり，小型かつ堅牢な送受信レーザを実現するための大きな技術革新である．

レーザカオス発生用光集積回路を用いた最初の光秘密通信の実験実証について述べる．本方式で用いられる光集積回路と実験装置図を図 5.14 に示す [Argyris 2010a]．図 5.14（上）は光集積回路の構成図を示している．戻り光を有する半導体レーザを集積化しており，分布帰還型半導体レーザ (DFB)，光増幅器 (SOA)，位相変調器 (PM)，反射鏡 (HR) から構成されている．端面に高反射コートを施すことで，反射鏡を実現して戻り光を生成している．レーザから外部鏡までの距離（外部共振器長）は 1 cm であり，従来の空間光学系における戻り光を有する半導体レーザの場合（数十 cm～数 m）よりも非常に短い．この外部共振器長は 280 ps の戻り光遅延時間に対応しており，高速なカオス振動が得られるように設定している．また戻り光が伝搬する導波路や素子間の界面における光損失を補償するために，光増幅器が用いられる．光増幅器により戻り光量を制御することが可能となる．また注入電流の向きを逆転させるこ

224　第5章　レーザカオスを用いた光秘密通信

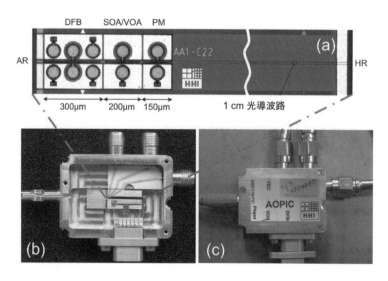

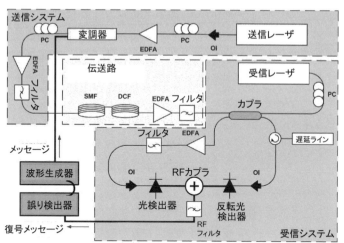

図5.14　光集積回路を用いたカオス光秘密通信システム

（上）(a) 光集積回路の構成図．AR：反射防止膜，DFB：分布帰還型半導体レーザ，HR：反射鏡，PM：位相変調器，SOA：半導体光増幅器，VOA：可変減光器．(b) パッケージの内部構造．(c) パッケージの外装．
（下）光集積回路を用いた光秘密通信システムの実験装置図．細線：光ファイバ，太線：電気ケーブル，DCF：分散補償ファイバ，EDFA：エルビウム添加光ファイバ増幅器，OI：光アイソレータ，PC：偏光コントローラ，SMF：単一モードファイバ．（出典：[Argyris 2010a] Fig.1, Fig.3）

とで，可変減光器 (VOA) としても動作する．位相変調器では戻り光の位相を調整することで，ダイナミクスの制御を行う．本光集積回路は戻り光を有するクローズドループ構成をしているため，2つの光集積回路間で同期を達成する際には，戻り光の位相を一致させることが重要となる．レーザカオス発生部分を光集積回路にてパッケージ化して温度制御することにより（図5.14（上，b），（上，c）参照），光強度や波長のみならず，戻り光の位相やカオスの統計的性質の長時間安定化も可能になり，堅牢な光秘密通信システムの構築が実現できる．

光集積回路を用いた光秘密通信システムの構成図を図5.14（下）に示す．送信レーザおよび受信レーザとして用いられる2つの光集積回路は，波長が1556.111 nm であり，戻り光によりカオスを発生する．擬似ランダム信号をメッセージとして用いており，$LiNbO_3$ 変調器により光強度変調することでカオス信号にメッセージを付加する（カオスマスキング法）．伝送信号（カオス＋メッセージ）は光ファイバ増幅器 (EDFA) により増幅され，波長フィルタを通して光ファイバ伝送路へ送信される．伝送路は 50 km の単一モードファイバ (SMF)，6 km の分散補償ファイバ (DCF)，光ファイバ増幅器，および波長フィルタから構成される．分散補償ファイバや光ファイバ増幅器を複数設置することで，伝送距離を数十～数百 km まで拡張することができる．ここで伝送信号の光強度は，伝送損失の影響や同期精度の向上を考慮して 4 mW に設定した．伝送信号を受信用の光集積回路へ注入すると，カオス同期が達成される．カオス同期した受信信号と伝送信号をそれぞれ光検出器へ入力し，電気信号へと変換する．ここで一方の光検出器の極性を反転させてから，伝送信号とカオス同期信号を足し合わせることで，伝送信号と同期信号との差分を得ることができる．差分信号に対してローパスフィルタを適用し，メッセージの復号が可能となる．ここでメッセージ信号の伝送速度は 1.25 Gb/s または 2.5 Gb/s に設定した．これらの伝送速度に対応するローパスフィルタのカットオフ周波数は，1.1 GHz または 2.0 GHz に設定した．

ビット誤り率を改善するために，本方式では前方誤り訂正符号 (forward error correction code) を用いた．本研究ではリード–ソロモン (Reed-Solomon) 符号をメッセージ信号に付加した．その結果，復号メッセージのビット誤り率

が $R = 1.8 \times 10^{-3}$ 以下の場合に，誤り訂正符号の適用後のビット誤り率は 10^{-12} 以下（エラーフリー動作と定義される）になることが明らかとなった．つまり，実験においてはビット誤り率が $R = 1.8 \times 10^{-3}$ になるような条件で動作すれば，誤り訂正符号によりエラーフリー動作が達成できる．また誤り訂正により一部のビットを破棄する必要があるため，伝送速度 1.25 Gb/s と 2.5 Gb/s に対する誤り訂正後の実効的な伝送速度は，それぞれ 1.094 Gb/s と 2.188 Gb/s であった．誤り訂正符号処理は，プログラム可能な集積回路である FPGA (field-programmable gate array) を用いて電子回路基板上に実装された．

本システムの伝送特性を評価するために，ビット誤り率の調査を行った．メッセージ信号の変調振幅を変化させた場合の，ビット誤り率の実験結果を図 5.15 に示す [Argyris 2010a]．ここで図 5.15 (a) と図 5.15 (b) は，伝送速度が 1.25 Gb/s と 2.5 Gb/s の場合に対応する．さらに正当ユーザがカオス同期した同期信号を用いて復号する場合（丸と下三角のグラフ）と，盗聴者を仮定して伝送信号から直接ローパスフィルタで復号する場合の結果（四角と上三角のグラフ）を示している．さらに，それぞれに対して誤り訂正符号がある場合と（上三角と下三角のグラフ）誤り訂正符号がない場合（四角と丸のグラフ）の結果が表示されている．図 5.15 (a) より，変調振幅の大きさに応じて 3 つの異なる動作領域に分類される．1 つ目の領域は変調振幅が 0.12 を超える場合である（図の領域 (I)）．この領域では，誤り訂正符号を用いて同期信号からメッセージ信号を復号する場合のビット誤り率は 10^{-12} となり（下三角のグラフ），伝送に成功している．また誤り訂正符号がない場合のビット誤り率も $R = 1.8 \times 10^{-3}$ を下回っていることが分かる（丸のグラフ）．しかしながら，伝送信号（カオス＋メッセージ）から直接復号を行った場合において，ビット誤り率が 0.5 よりも小さくなっており（上三角のグラフ），これは盗聴者によるメッセージの推定を可能にする．つまり変調振幅が大きすぎると，高品質な伝送は行われるものの，カオス信号へのメッセージの隠蔽が不十分になるという結果を示している．

2 つ目の領域は，メッセージの変調振幅が 0.045 から 0.12 の範囲である（図 5.15 (a) の白い領域 (II)）．この領域では，同期信号を用いた復号メッセージ

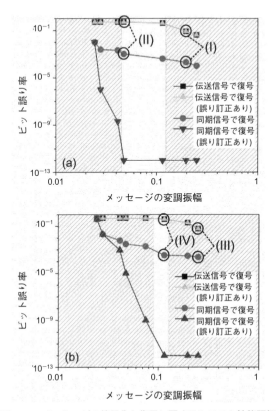

図 5.15　メッセージの符号化と復号に関するシステム性能評価

(a) 1.25 Gb/s と (b) 2.5 Gb/s の伝送速度における，メッセージ振幅の変化に対するビット誤り率 (BER) の実験結果．丸印：正当ユーザがカオス同期した同期信号を用いて復号し，誤り訂正符号がない場合．下三角：正当ユーザがカオス同期した同期信号を用いて復号し，誤り訂正符号がある場合．四角：盗聴者を仮定して伝送信号から直接ローパスフィルタで復号し，誤り訂正符号がない場合．上三角：盗聴者を仮定して伝送信号から直接ローパスフィルタで復号し，誤り訂正符号がある場合．II と IV の白い領域の場合は，盗聴者による伝送信号を用いた復号は BER ~ 0.5 となり安全性が保証され，一方で正当ユーザによる同期信号と符号誤り訂正を用いた復号メッセージの BER は 10^{-12} 以下となり，エラーフリー動作が保証される．（出典：[Argyris 2010a] Fig.4）

のビット誤り率は 10^{-12} のままである（下三角のグラフ）．さらに伝送信号から直接メッセージを復号した場合のビット誤り率は 0.5 である（上三角のグラフ）．これは盗聴者により伝送信号から直接メッセージを推定することが困難であることを示している．つまり領域 (II) の条件の場合には，高品質な伝送とメッセージの隠蔽の両方が満たされていることになる．

3つ目の領域は，変調振幅が 0.045 以下の場合である．この場合には，誤り訂正符号を用いない場合のビット誤り率が $R = 1.8 \times 10^{-3}$ よりも大きくなっている（丸のグラフ）．そのため，誤り訂正符号を用いて同期信号からメッセージを復号した場合のビット誤り率も 10^{-12} よりも大きくなっている（下三角のグラフ）．一方で，伝送信号から直接メッセージを復号した場合にはビット誤り率が 0.5 のままである（上三角のグラフ）．つまり変調振幅が小さい場合には，メッセージの隠蔽は十分に行われているものの，伝送品質が低下している．以上のように，ビット誤り率が十分に低く，かつメッセージ信号の隠蔽が保障されているのは領域 (II) の条件であり，変調振幅が中程度の場合であることが分かる．

図 5.15 (b) は，伝送速度を 2.5 Gb/s に向上させた場合の結果である．図 5.15 (a) と同様に 3 つの領域に分類されるが，ビット誤り率が低くメッセージの隠蔽が保証される領域（図 5.15 (b) の白い領域 IV）が狭くなっていることが分かる．つまり，伝送速度を向上させると，低いビット誤り率およびメッセージの隠蔽を保証するための変調振幅の条件が厳しくなることを示している．

以上のように，光秘密通信においてカオス同期信号と伝送信号の差分から復号されたメッセージのビット誤り率を評価することのみならず，伝送信号から直接復号した場合のビット誤り率を評価することも，メッセージの隠蔽度やシステムの安全性を考えるうえで重要である．

また本システムは光集積回路を用いて光通信システムの実装を行っているため，長時間に渡り安定動作が可能であることが報告されている．

5.5.3　位相カオスを用いた 10 Gb/s の光秘密通信

商用の光ファイバネットワークにおいて，位相カオスを用いた光秘密通信の 10 Gb/s 伝送実験が報告されている．光秘密通信システムの実験構成図を図 5.16（上）に示す [Lavrov 2010]．ここでは光強度のカオスの代わりに，位相のカオス振動を生成する（3.4.2 項参照）．送信システムでは，一定出力の半導体レーザ光が位相変調器 (PM) へと注入される．位相変調器から出力された光は遅延ファイバ (DL) を通して，差動位相偏移変調器 (DPSK) に注入され，位相の変動が光強度振動へと変換される．光強度振動は，光減衰器 (OA) を通

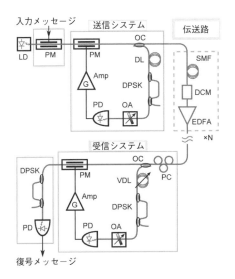

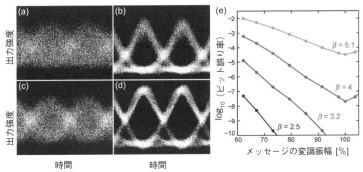

図5.16 光–電気システムの位相カオスを用いた光秘密通信

(上) 実験装置図. Amp：電気信号増幅器, DCM：分散補償ファイバ, DL：遅延ファイバ, DPSK：差動位相偏移変調器, EDFA：エルビウム添加ファイバ増幅器, LD：半導体レーザ, OA：光減衰器, OC：光カプラ, PC：偏光コントローラ, PD：光検出器, PM：位相変調器, SMF：単一モードファイバ, VDL：可変遅延ファイバ.

(下) 10 Gb/s 伝送実験の結果. 異なるメッセージの変調振幅 η における (a),(c) 伝送信号から復号した場合のアイダイアグラムと, (b),(d) 受信システムを用いて復号した場合のアイダイアグラム. フィードバック強度 $\beta = 4$ と固定し, (a),(c) $\eta = 60\%$ と, (b),(d) $\eta = 100\%$ に設定した. (e) 異なるフィードバック強度 β（カオス信号の振幅）においてメッセージの変調振幅 η を変化させた場合のビット誤り率. (出典：[Lavrov 2010] Fig.1, Fig.3)

した後に光検出器 (PD) により電気信号へと変換される．電気信号は増幅器 (Amp) により増幅されて，位相変調器の駆動電圧へとフィードバックされる．このような時間遅延フィードバックにより，レーザ光の位相が不安定化し，カオス振動が得られる．ここで光位相の変動を用いることで，10 GHz 以上の高速なカオス振動が生成できる．

送信システムでは別の位相変調器を用いて，レーザ光の位相振動にデジタルメッセージを付加する．ここではメッセージにより変調された位相変動と時間遅延フィードバックによる位相変動の和が，伝送信号および時間遅延後の新たなフィードバック信号として用いられるため，カオス変調法であることが分かる．伝送信号（カオス＋メッセージ）の位相変動を含むレーザ光はシングルモード光ファイバ (SMF) を通して伝送される．ここで分散補償ファイバ (DCM) により光ファイバ中の波長分散を補償し，光ファイバ増幅器 (EDFA) により伝送中の光損失を補償する．

受信システムでは，送信システムと同一のパラメータ値を有する光ファイバ装置を用いる．伝送信号を 2 つに分割し，一方は位相変調器 (PM) へと注入する．もう一方は遅延が可変な光ファイバ (VDL) と差動位相偏移変調器 (DPSK) を通して光検出器 (PD) にて電気信号に変換される．ここで位相変調器への電圧を反転させることで，元のカオス振動から反転したカオス信号を作成できる．これを位相変調器 (PM) の駆動電圧へ加えることで，伝送信号の位相カオスのみを打ち消すことが可能となる．位相変調器から出力されるレーザ光はメッセージ信号のみとなるため，これを別の差動位相偏移変調器 (DPSK) へ注入することで位相振動を光強度振動へと変換し，光検出器によりメッセージが復号できる．

実験で得られた 10 Gb/s の 2 値データ列のメッセージ信号を図 5.16（下，a〜d）に示す [Lavrov 2010]．これは「アイダイアグラム」(eye diagram) と呼ばれており，真ん中の目 (eye) の部分が十分に開いていれば，2 値デジタル信号の区別が可能となり伝送誤差が低いことを示している．図 5.16（下，a）は伝送信号に直接ローパスフィルタを適用した場合の結果である．この場合，メッセージはカオス信号に隠蔽されており，メッセージを検出することはできない．一方で図 5.16（下，b）は，受信システムを用いて位相カオスを差し引いた

後の伝送信号にローパスフィルタを適用した場合の結果である．この場合は中心部分が開いた2値データ列が出現しており，復号に成功していることが分かる．さらにメッセージの変調振幅ηを大きくした場合の結果を図5.16（下，c）と（下，d）に示す（それぞれ図5.16（下，a）と（下，b）に対応する）．図5.16（下，d）より，メッセージ振幅が大きいと中心部分はさらに広がり，質のよいアイダイアグラムが得られている．しかしながら図5.16（下，c）より，伝送信号にローパスフィルタを適用することで，カオス振動の中にもわずかにメッセージ信号の存在が確認できる．つまり，メッセージ振幅が大きいほど高品質な伝送が可能であるが，一方でカオスへの隠蔽効果が低減することが分かる．

次に，メッセージ変調振幅ηを連続的に変化させた場合のビット誤り率の実験結果を図5.16（下，e）に示す．ここでは異なるフィードバック強度β（カオス信号の振幅に対応）について調査している．メッセージ変調振幅ηが大きくなるにつれて，ビット誤り率は低減していることが分かる．またβが大きくなるほど，ビット誤り率が大きくなることも分かる．例えば，$\beta = 2.5$の場合には$\eta = 60\%$でビット誤り率が10^{-7}程度となるが，$\beta = 4.0$にするとカオスの振幅が大きくなるため，同等のビット誤り率を得るためには$\eta = 100\%$近くに設定する必要がある．

本通信システムを用いた商用光ファイバネットワークでの野外実証実験が行われている．この実験では，光ファイバループ経路は120 kmであり，2つの光ファイバ増幅器と2つの分散補償ファイバを含んでいる．また光ファイバの偏光制御も行っている．これらの条件下で$\beta = 2$の場合に，10 Gb/sの伝送速度で10^{-6}のビット誤り率を達成している．また，より安定した室内実験においては，70 kmの光ファイバ伝送に対して，10 Gb/sの伝送速度で10^{-12}のビット誤り率（エラーフリー動作）を実現している．

5.6 レーザカオスを用いた光秘密通信における安全性（セキュリティ）

5.6.1 安全性（セキュリティ）の評価

これまでにレーザカオスを用いた光秘密通信の方式や実装例について述べて

きたが，本節では秘密通信の「安全性」または「セキュリティ」(security) について考察する．秘密通信における安全性を考える際に，主に3つの概念が重要となる．それらは，「隠蔽」(concealment)，「プライバシー」(privacy)，「符号化」(encryption) である [Shannon 1949, VanWiggeren 1999]．隠蔽とは，伝送したいメッセージを隠すことであり，例えばカオス搬送波にメッセージ信号を隠すことに相当する．プライバシーとは，そのメッセージを意図する相手（正当ユーザ）のみに秘密に伝えることである．さらに，いかなる手段を用いてもメッセージを意図しない相手（盗聴者）に解読されないことである．符号化とは，プライバシーを実現するための技術である．このように3つの異なるレベルでの評価が必要であり，特にプライバシーに関する評価は，考えられるすべての盗聴手段に対する評価を行う必要があるため，非常に困難が伴う．本節では，レーザカオスを用いた光秘密通信における安全性の評価に関する様々な試みを紹介する．

　レーザカオスを用いた光秘密通信の安全性の1つの根拠は，盗聴者がカオス同期を用いて盗聴を行うためには，復号のために適切な物理的ハードウェア（レーザ）と適切なパラメータ設定値（カオス同期する条件）を知らなければならないという事実に基づいている．従来の暗号方式では，送信者と受信者は秘密鍵をあらかじめ共有する必要があるが，一方でレーザカオスを用いた秘密通信では，送受信者間でカオス同期を達成するためのレーザ装置とそのパラメータ設定値を，あらかじめ共有する必要がある．そのため，カオス秘密通信における秘密鍵は，カオス同期のためのハードウェア構成とそのパラメータ設定値に相当する．カオス秘密通信では時間変化する動的なカオス搬送波が用いられるものの，あらかじめ共有する必要のある秘密鍵は静的である．また盗聴者に対する安全性の評価として，カオス同期のために一致させる必要のあるパラメータの個数とその同期許容幅が用いられる [Yoshimura 2004]（5.6.3項参照）．

　一方で盗聴者は，カオス同期を用いずにカオス搬送波から直接メッセージ信号を取り出す可能性もある．その場合，安全性の1つの指標となるのは，カオス波形の次元である．早期の研究において，もしもカオスが低次元の場合，埋め込み法によりカオスアトラクタを再構築することで，伝送信号からメッセー

ジを直接復号できることが示されている [Short 1994]．そのため，時間遅延システムのような高次元カオスを用いることがカオス秘密通信には必要とされる．

カオス秘密通信の安全性に関する様々な評価の試みについて以下の項にて詳細に述べる．

5.6.2 伝送信号へのフィルタの適用によるメッセージの直接検出

カオス秘密通信における最も簡単な盗聴方法の1つは，伝送信号（カオス＋メッセージ）から直接メッセージ信号を検出することである．伝送信号からメッセージを検出するためには，伝送信号にフィルタを適用すればよい．ローパスフィルタやバンドパスフィルタを伝送信号に適用し，カオスからメッセージ信号を取り出すことが可能かどうかをビット誤り率により調査する．ビット誤り率が0.5よりも小さくなれば，メッセージを抽出できる可能性があることを示している．このような調査は5.5節にて述べたカオス秘密通信システムにおいて行われており，直接検出によりメッセージが抽出されないようにメッセージ振幅やカオス振幅の最適化を行う必要がある．つまり，メッセージ振幅が小さいほどカオスへの隠蔽効果が上がるため，直接検出による盗聴可能性は小さくなる．しかしながら一方で，メッセージ振幅が小さいと正当ユーザが復号する際のビット誤り率が増加するため，あまり小さくすることはできずにメッセージ振幅を適切に設定する必要が生じる（5.5.2項と5.5.3項参照）．また，伝送信号の直接観測の攻撃を避けるために，戻り光を有する半導体レーザにおいてオープンループ構成よりもクローズドループ構成を用いるほうが，より小さいメッセージ振幅を使用できることが示されている [Soriano 2009]．

5.6.3 同一の物理的ハードウェアを用いたカオス同期のパラメータ推定

従来の暗号学におけるセキュリティの評価方法を直接カオス秘密通信へ適用することは困難である．これは5.1節や5.2節で述べたように，従来の暗号はメッセージの意味を隠す手法であるのに対し，カオス秘密通信はメッセージの存在を隠すためのステガノグラフィという手法であることに起因する．しかし

ながら，ソフトウェアを基にした暗号における攻撃方法を参考にして，カオス秘密通信における類似した攻撃方法を考えることにより，カオス秘密通信の安全性を定量化することができる．基本的な暗号解読攻撃の1つは「暗号文単独攻撃」(ciphertext-only attack) と呼ばれており，暗号化された情報（カオス秘密通信の場合は，カオス＋メッセージの伝送信号）のみ暗号解読に使用できる．カオス秘密通信のセキュリティの定量化は，暗号文単独攻撃の類推により評価できる．暗号文単独攻撃では，すべての秘密鍵を推定することで意味のある文章を解読するという全数探索が用いられており，この概念はカオス秘密通信にも適用できる．

はじめに，盗聴者は正当ユーザと同様の物理的ハードウェア（レーザ装置）を有しているが，すべてのパラメータ設定値（物理鍵と呼ぶ）に関する情報を有していないと仮定する．これは，アルゴリズムは公開されているが鍵は秘密にしておくという暗号の前提に類似した状況である．また盗聴者は伝送信号（カオス＋メッセージ）も入手できると仮定する（暗号文単独攻撃）．ここで盗聴者は，伝送信号からメッセージのみを抽出するために，正当ユーザと同様のレーザを用いてカオス同期を達成することを考える．ただし，盗聴者はカオス同期を達成するためのパラメータ値を知らないため，パラメータ値のすべての組合せを試行することで，カオス同期の実現を試みることができる．

この状況において，盗聴者に対するカオス秘密通信の安全性は以下の2つの要素に依存している．

(i) カオス同期を達成するために必要な調整可能なレーザパラメータの個数
(ii) 可変パラメータの全範囲に対して同期を達成できるパラメータ範囲の比率

ここで同期のために調整可能な独立したパラメータの個数を n 個と仮定する．また，1つのパラメータに対して，全パラメータ範囲に対するカオス同期可能なパラメータ許容範囲の比率を $p\,(0 \leq p \leq 1)$ とする．ここでは簡単のため，すべての可変パラメータに対して同一の p を仮定する（実際にはパラメータごとに p は異なる）．盗聴者は，同期が達成可能な正しいパラメータ設定を見つけるために，1つのパラメータに対して最大で $1/p$ 回のパラメータ探索を行

う必要がある．ここで可変パラメータは n 個あるため，カオス同期が達成可能なパラメータ探索の全組合せ数は，$(1/p)^n$ となる．つまり，最悪でも盗聴者は $(1/p)^n$ 回のパラメータ探索を試みることで，カオス同期に必要なすべての正しいパラメータ設定値を見つけることができる．例えばあるレーザシステムにおいて，10％の同期許容幅（$p = 0.1$）を有する 10 個の独立パラメータ（$n = 10$）の場合，パラメータ探索に必要なすべての組合せ数は $(1/p)^n = 10^{10} \approx 2^{33}$ と見積もることができる．そのため，この場合のカオス秘密通信システムは，全パラメータ探索攻撃（全数探索）に関して，33 ビットのソフトウェア秘密鍵に匹敵するセキュリティを有していることに相当する．実際には，暗号における全数探索はコンピュータ上で高速に行えるのに対し，物理的ハードウェアを用いた全パラメータ探索には遥かに時間を要するため，盗聴者にとって困難な作業と言える．

本手法の攻撃に対して安全性を向上させる（つまり $(1/p)^n$ を大きくする）ためには，以下の 2 つの方法が考えられる．

(i) 独立な可変パラメータの個数を増やすこと（大きな n）
(ii) 全パラメータ範囲に対するカオス同期可能なパラメータ許容範囲を減らすこと（小さな p）

例として，1 つ目の条件（大きな n）は，連続的に結合された多段レーザシステムを用いて達成可能である [Yoshimura 2004]．また 2 つ目の条件（小さな p）は，オープンループ構成の代わりに，クローズドループ構成の戻り光を有する半導体レーザを用いることで達成できる [Soriano 2009]．クローズドループ構成では，送受信レーザ間の戻り光の位相を一致させることが同期達成のために重要であり，同期可能な位相のパラメータ範囲は狭く設定できる．特に外部共振器長の短い光集積回路を用いることで，クローズドループ構成においても安定な同期が達成できる [Argyris 2010a]．

このように，カオス同期に基づいたカオス秘密通信システムは，盗聴者により最悪でも $(1/p)^n$ 回のパラメータ探索を試みた後にはカオス同期が達成されてメッセージが解読できてしまう．しかしながらこれは盗聴者が正当ユーザと同一のレーザを所有しているという仮定の下の話である．一方で，レーザとい

うハードウェアを利用しているために,「隠された」内部パラメータをレーザの製造過程で加えて,正当ユーザ間でのみ内部パラメータを一致させ,それ以外のレーザでは一致させないことが可能であれば,より安全性の高い通信システムが構築できるであろう.このように特殊な内部パラメータの存在により,盗聴者に気づかれることなく安全性の高い通信が可能となる.しかしながらこの仮定は,暗号のようにすべてのシステム構成やアルゴリズムを公開するという方針に矛盾しており,安全性の定量化が困難になるという問題がある.一方で各国の首相間のホットラインや,企業の社長間の専用通信回線のような特別な用途に関しては,多くの内部パラメータを有する唯一無二のレーザの組を用いることで,非常に安全性の高い(と推定される)カオス秘密通信が実現するかもしれない.

5.6.4 時系列解析によるレーザのパラメータ推定

カオス秘密通信への他の攻撃方法として,時系列解析を用いたレーザパラメータ値の推定が挙げられる.これは伝送信号(カオス+メッセージ)を用いてレーザのパラメータ値を推定することで,カオス同期を用いて復号を行う手法である.

ファイバレーザを用いたカオス秘密通信において,時系列解析によりレーザモデルのパラメータ推定を行うという研究が行われている [Geddes 1999].図5.12(左)に示したファイバレーザシステムから生成されるカオス波形を用いて解析を行っている.レーザの出力が定常状態である場合のパラメータ領域において,正確な数値モデルを再構築できることが示されている.この場合,レーザのダイナミクスはフィードバックループにより決定され,レーザの非線形効果は無視できる.しかしながら,メッセージ変調を加えたカオス波形のみを用いてすべてのレーザパラメータ値を推定することは難しいと考えられる.

また電気—光システムに対して,ニューラルネットワークを用いたシステムのパラメータ推定方法が提案されている [Ortín 2009].本手法では時系列データを用いてニューラルネットワークの学習を行い,フィードバックループの遅延時間や非線形関数を推定している.カオスアトラクタの次元は非常に大きい(> 100)にもかかわらず,$\cos^2 x$ の非線形関数をニューラルネットワークによ

り推定することが可能となる．これは電気–光システムの非線形関数が比較的単純であることに起因する．推定された非線形関数と時間遅延を用いて，伝送信号からメッセージの解読が可能であることが示されている．

時間遅延フィードバックを有するカオス秘密通信システムをパラメータ推定により攻撃する場合には，遅延時間を推定することが非常に重要である．フィードバックの遅延時間は，カオス搬送波の自己相関や相互情報量から推定することが可能である [Rontani 2007]．さらにノイズに埋もれた雑音環境下のカオス信号に対しても，順列エントロピーや順列統計複雑性を用いることで，正確な遅延時間を推定できることが報告されている [Zunino 2010]．このような遅延時間の推定を避けて安全性を向上させるために，二重の時間遅延フィードバックループを加える手法や，遅延時間を時間的に変動させる手法も提案されている．

5.6.5 安全性（セキュリティ）のまとめ

上述のように，カオス秘密通信に対する様々な攻撃方法や安全性の評価方法が提案されている．しかしながら，カオス秘密通信に関する体系的な評価方法はいまだ確立されていない．これは，暗号ではアルゴリズムを公開して鍵を秘密にし，鍵の推定を定量的に評価するという共通手法が確立されている一方で，カオス秘密通信では何を公開し，盗聴者が何を推定するのかという決まり事が統一されていないためである．さらにはカオス秘密通信がステガノグラフィの一種であり，情報隠蔽の手段であるため，暗号分野の攻撃方法を直接適用できない点も要因である．

現時点ではカオス秘密通信の意義として，従来の通信方式や暗号方式に対して，「付加的な安全性」(additional security) を追加するという位置づけが妥当である．通信プロトコルの物理層において付加的に安全性を追加する手法としてカオス秘密通信は有用であり，上位層の暗号プロトコルと併用することでその価値が向上する．情報変換である暗号と，情報隠蔽であるステガノグラフィは，併用することで効果が向上する．そのためカオス秘密通信を従来の暗号と同時に利用することで，暗号とは質の異なる攻撃が必要となる分だけ，安全性の向上が見込まれる．

コラム　SFの世界へ

　カオスを用いた秘密通信は，新たな情報セキュリティ技術の概念を生み出す可能性を秘めている．例えば，カオスを生じる最も複雑なシステムとして知られる「脳」(brain) を用いて，情報の符号化や復号ができるかもしれない．そのアイディアは，世界的に著名な村上春樹氏の小説『世界の終りとハードボイルド・ワンダーランド』において，紹介されている [村上 1985]．この小説の主人公は，計算士と呼ばれる秘密情報変換を職業とした特別な技術者であり，自分の脳を用いて秘密データの符号化および復号を行う．唯一無二の自分の脳を用いているために，主人公自身もどのような符号化が行われているのか知らず，世界でただ一人主人公のみが復号を行うことができる．夢のような話であるがカオス秘密通信のアイディアがさらに発展して，この小説のように脳を利用した符号化–復号方式が，新たな情報セキュリティ方式として将来実現するかもしれない．以下に，村上氏の小説から一節を引用する [村上 1985]．

　「私（主人公）は与えられた数値を右側の脳に入れ，まったくべつの記号に転換してから左側の脳に移し，左側の脳に移したものを最初とはまったく違った数字としてとりだし，それをタイプ用紙にうちつけていくわけである．これが洗い出し（ブレイン・ウオッシュ）だ．ごく簡単に言えばそういうことになる．転換のコードは計算士によってそれぞれに違う．このコードが乱数表とまったく異なっている点はその図形性にある．つまり右脳と左脳（これはもちろん便宜的な区分だ．決して本当に左右に別れているわけではない）の割れ方にキイが隠されている．（中略）要するにこのギザギザの面をピタリとあわせないことには，でてきた数値をもとに戻すことは不可能である．」

第6章

レーザカオスを用いた高速物理乱数生成

6.1 はじめに

　本章では，レーザカオスを用いた工学応用の一例として，高速物理乱数生成について述べる．半導体レーザカオスを用いた物理乱数生成が報告されて以来，本研究分野は多大な注目を集めている [Uchida 2008]．

　「乱数」(random number) とは，ランダムな数字の列のことである．乱数は多くの暗号システムにおいて重要な役割を担っている．現在の情報社会の安全性は大量の乱数により成立しており，特に通信や計算に幅広く用いられている．例えば，暗号における機密性，メッセージ認証における完全性，デジタル署名におけるデータの正当性を保証するためには，ランダムな乱数が必要不可欠である．さらに新たなセキュリティ方式として注目されている量子暗号通信においても，検出パラメータをランダムに変化させるために，信頼性の高い乱数を必要としている．また乱数は，自然予測分野や流体力学，材料科学，生物物理学，宇宙科学等における大規模数値シミュレーションに必要不可欠である．

　「乱数生成器」(random number generator) は主に二種類に大別される．一つが「擬似乱数生成器」(pseudorandom number generator) であり，もう一方が「物理乱数生成器」(physical random number generator) である．擬似乱数は，シードと呼ばれる乱数の初期値から決定論的アルゴリズムにて生成され，ソフトウェアで簡便に生成されるため，現在の情報社会で多く使用されている．しかしながら，同一のシードから生成された擬似乱数は同一の乱数となる．これは情報セキュリティや並列計算システムにおいて重大な問題となる可

能性が高い．特に情報セキュリティにおいては乱数の予測不可能性がセキュリティを保障するため，再現性のある乱数の利用は好ましくない．

一方で物理乱数生成器は，物理現象を利用した乱数生成方式であるため，再現性のない乱数が生成できる．物理乱数生成器の乱数源として，半導体素子の熱雑音や光量子雑音，発振器における周波数ジッタ等が用いられる．しかしながら物理乱数生成器の問題点として，生成速度が遅いという点が挙げられる．物理乱数生成器における生成速度は，乱数源となる物理現象の振動周波数により制限される．例えば，熱雑音や光量子雑音から生成される物理乱数生成速度は，毎秒数十～数百メガビット (Megabit per second, Mb/s) 程度に留まっている．

この問題点を解決するために，半導体レーザカオスを用いた物理乱数生成器が提案され，盛んに研究されている．半導体レーザカオスの周波数帯域幅は数 GHz であり，これは緩和発振周波数により決定される．この高速な半導体レーザカオスの特性は，毎秒ギガビット (Gigabit per second, Gb/s) を超える物理乱数生成への応用に有用である．カオスの複雑性とレーザの高速性の組合せにより，物理乱数生成という新たな工学応用が実現可能となる．

ここで注意点として，決定論的カオスをサンプリングすることで得られるビット列は原理的に予測可能であると考えるかもしれない．しかしながら，現実の物理デバイスであるレーザ内部には常に量子雑音が存在する．カオスの力学的不安定性は内部の量子雑音を非線形増幅し，初期状態がわずかに異なる 2 つの時間波形は一定時間後にまったく異なる波形となる [Bracikowski 1992]．したがって，レーザカオス信号は量子雑音の増幅により予測不可能かつ統計的にランダムとなる．このことは，非決定論的ビット列がレーザカオスから生成されることを理論的に証明するために重要となる [Harayama 2012, Mikami 2012]．

6.2　乱数生成器の種類

6.2.1　乱数とは何か？

　はじめに乱数について簡単に説明する．乱数とはランダムな数字の列のことである．（注意：数学的に厳密な定義ではない．数学的にランダム性を定義することは一般に困難である．）主に情報分野においては0と1の数字の列から構成される2値乱数列を取り扱うのが一般的である．一例として，コインを投げて表を1に，裏を0に変換した結果の2値乱数列を，図6.1に示す．ここではコインを250回投げた結果を示している．0と1は一見ランダムに分布しているように見えるため，未来の数列を予測することは難しいと思われる．しかしながら，この乱数列の長さでは統計的にランダムかどうかは分からない．また，整数の乱数は2値乱数列の組合せによって生成できる．例えば，0から2^{n-1}までの整数は，nビットの2値乱数を10進数に変換することで生成できる（ここでビットは重複させないで生成する）．

　次に，半導体レーザカオスから得られた2値乱数列を二次元平面上に示した結果を図6.2に示す．可視化のため，1を黒に，0を白に変換しており，500×500ビットを二次元平面上に左から右へ，また上から下へと順に配置している．図6.2には明確な周期パターンが観測されず，この乱数列はランダムに見える．しかしながら実際に乱数のランダム性を検証するためには，乱数用統計検定方式を用いる必要がある（6.A.1項参照）．

6.2.2　独立性と予測不可能性

　真にランダムで理想的な乱数のことを「真性乱数」(true random number)と呼ぶ．真性乱数を仮定することは，擬似乱数生成器や物理乱数生成器を評価するための理論的な基準となる．真性乱数には，「独立性」(independence) と

```
000111100000011010111001000100101101101101111101101
100000100001010010101010101111111100100101100101000
010110100011010001111001101011010101111111001110101
110000000011011011001100001100001010010100001100011
100100010001110010011101101101010000110100010000111101
```

図6.1　0と1からなる2値乱数列

図 6.2　二次元平面上に表示した 2 値乱数列の例

2 値乱数の 1 を黒に，0 を白に変換している．また左から右の順に並べ，さらに上から下に並べて，500 × 500 の 2 値乱数を表示している．

「予測不可能性」(unpredictability) が必要である [Rukhin 2010]．これらの重要な特性を以下に述べる．

　2 値の真性乱数は，表と裏に 1 と 0 が書かれており，表（または裏）の出現確率が必ず 1/2 となる偏りのないコイン投げの結果である，と解釈できる．さらに毎回のコイン投げの結果は過去の結果とは無関係であり，これを独立と呼ぶ．つまりコイン投げの結果は以前の結果の影響を受けないということである．そのような偏りのないコイン投げの結果は，1 と 0 の値をランダムかつ均一に分布する．

　さらにすべての乱数は互いに独立して生成されるため，以前の乱数列を用いて次の乱数を予測することはできない．これを乱数の予測不可能性と呼ぶ．物理乱数は雑音等を乱数源として用いるために，予測不可能性を有していると期待できる．一方で擬似乱数は乱数のシード（初期値）によりすべての乱数列が決定されるため，原理的に予測可能となる．そこで擬似乱数の評価にあたっては，乱数のシードが未知である場合の，擬似乱数列の予測不可能性について議論することが多い．同様に生成された乱数列からそのシードを特定することが不可能であるという，予測不可能性も重要である．

6.2.3　2 種類の乱数生成器

　6.1 節で述べたように，乱数を生成するための乱数生成器は，物理乱数生成

器と擬似乱数生成器の2種類に大別される．実際の工学実装においては，物理乱数生成器と擬似乱数生成器の両者を組み合わせることで，ランダム性が高く安定かつ堅牢な乱数生成器の実現が行われている．以下に2種類の方式について述べる．

(a) 物理乱数生成器

物理乱数生成器は，熱雑音等のランダムな物理現象を乱数源（「エントロピー生成源」(entropy source) と呼ばれる）として用いた乱数生成器である．物理乱数生成器は，非決定論的なエントロピー生成源と，ランダム性を取り出すためのエントロピー抽出機能を備えている．エントロピー生成源には，一般的に電子回路の熱雑音や半導体の量子雑音，半導体レーザカオス，さらにはコンピュータのタイピング間隔やマウスの操作などの物理量が用いられる．さらにエントロピー抽出機能は，乱数の統計的偏り（0や1の出現確率の偏り等）を訂正するための後処理が必要となる．物理乱数生成器は，物理現象に基づいて乱数生成しているため，周期性や再現性のない乱数の生成が可能である点が長所である．一方で生成速度が遅い点や，コンピュータ上への実装が容易ではない点が短所である．

(b) 擬似乱数生成器

擬似乱数生成器は，シードと呼ばれる初期入力値から決定論的な数式を用いて乱数を生成する方式である．擬似乱数生成器は，ソフトウェアに基づいた方式であるためにコンピュータ上への実装が容易である点や，コンピュータのクロック周波数と同オーダでの高速乱数生成が可能である点が長所となる．一方で擬似乱数生成器の出力は，シードにより決定論的に生成されるために再現性が存在する．またソフトウェアにより繰り返し生成されるために周期性も存在する．この特性は数値シミュレーションの応用においては大きな問題とならない．しかしながら情報セキュリティ応用においては，盗聴者による乱数の推定を可能とするために，疑似乱数生成器の有する再現性や周期性は短所となる．この場合，数列の前後では予測不可能性が必要であり，そのシード自身も予測不可能であることが重要となる．

6.2.4 従来の乱数生成器の課題

擬似乱数生成器は，インターネットの伝送データを暗号化する際の秘密鍵として主に用いられている．擬似乱数生成器の長所として，実装が容易であり，コンピュータ内のプロセッサ速度によって生成速度が決まるため高速であることが挙げられる．一方で短所は，真にランダムではないことである．つまり攻撃者が乱数のシードを一部でも知っている場合において，乱数の予測が可能となり暗号が脆弱となりえる．

一方で物理乱数生成器は，現実世界において元々ランダム性や予測不可能性を有する現象を用いている．そのような事象は，量子力学的不確定性や熱雑音のような根本的にランダムな場合と，サイコロやコイン投げ，ルーレットのように決定論的だが初期状態により結果が大きく変動する場合がある（カオスの利用も後者に含まれる）．熱雑音を用いた物理乱数生成器において，単一の乱数源が乱数を生成する速度は最大で数十 Mb/s 程度である．そのため乱数の生成速度を向上するために，複数の乱数源の並列化や，1つのサンプル点から多くのビットを取り出すマルチビット抽出が行われている．

半導体レーザカオスは数 GHz 程度の周波数で振動するため，これを物理乱数生成器に用いることで乱数の生成速度は著しく改善される．さらに，帯域拡大レーザカオスやマルチビット抽出を行うことで，Gb/s から Tb/s(Terabit per second) のビット生成率が得られる．このように半導体レーザカオスは，物理乱数生成器のビット生成速度を改善するために有用である．

6.3 レーザカオスを用いた高速物理乱数生成の実装例

レーザカオスを用いた物理乱数生成器は，盛んに研究が行われている．本節ではその進展状況について，具体例を挙げながら詳細に述べる．

6.3.1 2レーザ方式によるシングルビット乱数生成

半導体レーザカオスを用いた高速物理乱数生成方式の初めての実験的実証が，1.7 Gb/s の実時間生成速度にて 2008 年に報告された [Uchida 2008]．本

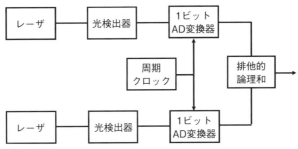

図6.3 2つのレーザを用いた物理乱数生成方式のブロック図

方式の概念図を図6.3に示す．この方式ではカオス振動を有する半導体レーザを2つ用いている．各々のレーザ強度は光検出器を用いて検出され，高速クロックで駆動された1ビットAD (Analog to Digital) 変換器によりデジタル信号に変換される．1ビットAD変換器ではクロック信号に合わせてサンプリングを行い，カオス波形をしきい値処理により2値信号に変換する．例えば，サンプリングした点がしきい値よりも上なら1へ，下なら0へ変換する．2つのレーザから得られた2値信号に対して排他的論理和演算（同じビットは0へ，異なるビットは1へと変換）を行い，2値乱数を生成する．

本実験では，波長が $1.5\,\mu m$ の単一モード分布帰還型(DFB)半導体レーザを用いた．このレーザに戻り光を付加することで，GHzオーダの高速カオス振動が得られる．戻り光の強さは可変ファイバ反射鏡で調整される．レーザ出力は，交流成分のみ検出する光検出器により電気信号に変換され，電気信号増幅器で増幅される．この信号は，比較器（コンパレータ）とDフリップフロップから構成される1ビットAD変換器に入力される．周期クロック信号の立ち上がりでサンプリングを行い，あらかじめ設定されたしきい値電圧と比較することで，アナログ電気信号は2値デジタル信号（0または1）に変換される．2つのレーザから得られる各々のデジタル信号に対して排他的論理和演算(XOR)を行い，2値乱数列として出力される．出力された乱数は，高速データ通信で用いられるNon-Return to Zero (NRZ)形式のビット列として，オシロスコープ上に実時間表示される．

本レーザ装置を用いて生成された乱数の例を図6.4に示す．最大生成速度は$1.7\,\mathrm{Gb/s}$であり，クロック信号の周波数と対応している．図6.4は上から順

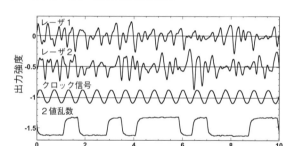

図 6.4　レーザカオスを用いた物理乱数生成の実験結果

レーザ出力強度（一番上と二番目），クロック信号（上から三番目），および生成された 2 値乱数列（一番下，NRZ 形式）の時間波形．AD 変換器のしきい値はレーザ出力強度の時間波形上に実線で示している．

に，2 つのレーザカオスの時間波形，クロック信号，および NRZ 形式の 2 値乱数列を示している．レーザカオスの時間波形をクロック信号でサンプリングし，排他的論理和演算を行うことで，2 値乱数列が生成されていることが分かる．

ここで乱数のランダム性を統計的に評価するために，乱数の国際標準的な統計検定方式である「NIST Special Publication 800-22」（以下 NIST 検定と呼ぶ）を用いた（詳細は 6.A.1 項参照）[Rukhin 2010]．これはアメリカ国立標準技術研究所 (National Institute of Standards and Technology, NIST) が提唱する擬似乱数用の統計検定方式であり，全 15 項目から構成される．NIST 検定では 1 M ビット長（10^6 ビット）の 2 値乱数列を 1000 回検定し，得られた p-value の一様性を評価している．つまり 1 回の検定に 1 G ビット長（10^9 ビット）が必要となる．NIST 検定の結果の例を表 6.1 に示す．各項目は乱数として必要な性質に関する検定を示しており，例えば頻度検定 (Frequency test) では，2 値乱数の 1 の出現確率が 50％ に近いかどうかを調べている．表 6.1 より，すべての統計検定に合格しており，実験で得られた乱数は真性乱数と統計的に区別不可能であることが分かる．

また本方式で高品質な乱数を得るためのレーザの設定方法について以下に述べる [Hirano 2009]．調整が必要な主なレーザパラメータとして，半導体レーザの注入電流，外部共振器長，および戻り光量が挙げられる．はじめに，各々のレーザの外部共振周波数と AD 変換器のクロック信号周波数が簡単な整数比

6.3 レーザカオスを用いた高速物理乱数生成の実装例　247

表6.1　NIST Special Publication 800-22 統計検定結果の例

1000個の1Mビットのデータを使用している．$\alpha = 0.01$ の有意水準のときに合格するためには，一様性 (P-value) は 0.0001 より大きく，比率 (Proportion) は 0.99 ± 0.0094392 の範囲である必要がある．複数の P-value と Proportion が生成される検定においては，最悪値を表示している．

検定項目	一様性 (P-value)	比率 (Proportion)	結果
頻度検定 (Frequency Test)	0.366918	0.992	合格
ブロック単位の頻度検定 (Frequency Test within a Block)	0.639202	0.99	合格
累積和検定 (Cumulative Sums Test)	0.101311	0.992	合格
連の検定 (Runs Test)	0.223648	0.992	合格
ブロック単位の最長連検定 (Test for the Longest Runs of Ones in a Block)	0.603841	0.989	合格
2値行列ランク検定 (Binary Matrix Rank Test)	0.031012	0.99	合格
離散フーリエ変換検定 (Discrete Fourier Transform Test)	0.274341	0.991	合格
重なりのないテンプレート適合検定 (Non-overlapping Template Matching Test)	0.01376	0.981	合格
重なりのあるテンプレート適合検定 (Overlapping Template Matching Test)	0.893482	0.991	合格
マウラーのユニバーサル統計検定 (Maurer's Universal Statistical Test)	0.903338	0.992	合格
近似エントロピー検定 (Approximate Entropy Test)	0.880145	0.992	合格
ランダム偏差検定 (Random Excursion Test)	0.142248	0.9836	合格
種々のランダム偏差検定 (Random Excursion Variant Test)	0.068964	0.9869	合格
系列検定 (Serial Test)	0.440975	0.986	合格
線形複雑度検定 (Linear Complexity Test)	0.291091	0.997	合格
合計			15項目合格

にならないように外部共振器長を設定する．また2つのレーザの外部共振器長も簡単な整数比にならないように設定する．注入電流と戻り光量は，広帯域なカオスが発生する条件に設定する．ここでレーザカオス出力のRFスペクトルのピークの高低差が小さくなるように，戻り光量を調整することが重要である．

さらに高品質な乱数を生成するためには，AD変換器のしきい値電圧の設定方法が重要である．1ビットAD変換器におけるしきい値の設定方法として，排他的論理和演算後に出力された2値乱数の0頻度（0の出現確率）が50％に近くなるように調整する必要がある．例として，一方のAD変換器のしきい値電圧を変化させたときの，1Gビットの2値乱数列の0頻度とNIST検定の合格項目数を図6.5に示す．NIST検定の合格項目数が15の場合，すべての検定項目に合格したことを意味する．図6.5より，0頻度が50％に近い場合にはNIST検定に全15項目合格しているが，50％から離れるにつれて合格項目数が減少していることが分かる．このように，2値乱数列の0頻度（または1頻度）はランダム性を示すよい指標である．0頻度の観測は，実時間生成において容易に観測できて制御も可能なため，高品質な乱数生成を維持するために有用である．

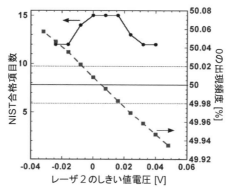

図6.5 一方のレーザのしきい値電圧を変化させた場合の，NIST SP 800-22検定の合格項目数（実線）と2値乱数の0の出現頻度（破線）

合格項目数が15の場合，すべてのNIST検定に合格したことを意味する．点線は0の出現頻度が50±0.02％の範囲を表しており，この範囲で生成された1Gビットの2値乱数列はNIST検定の頻度検定(Frequency)に合格する．（出典：[Hirano 2009] Fig.7）

本実験装置では，空間光学系ではなく光ファイバ系を用いているため，安定したレーザカオスの生成が可能である．カオス振動および乱数生成は，機械的振動や温度変化に対して安定であり，乱数列の統計的性質は長時間動作においても保持されている．さらに，本装置を光集積回路に実装することで，外部摂動の影響を除去することができる（6.3.6項参照）．

6.3.2　1レーザ方式によるシングルビット乱数生成

前項の2レーザ方式は，2つの独立なカオス波形と2つの制御可能なしきい値が使用されるため高品質な乱数を生成するために有用である．しかしながら，実装時においては，2つのレーザや2つの光検出器を用いると高価となる．そこで1つのレーザカオスとその時間遅延信号方式を用いた乱数生成方式が提案されている．

1つのレーザを用いたシングルビット乱数生成方式の構成図を図6.6に示す．半導体レーザのカオス的出力は高速光検出器により電気信号に変換される．この電気信号は分配器により2つの信号に分割され，一方に時間遅延を加える．レーザ出力とその時間遅延信号は，それぞれ1ビットAD変換器へ入力され，しきい値電圧との比較によりデジタルビット列に変換される．2つのビット列は排他的論理和演算により結合され，2値乱数列として出力される．

ここで2つのカオス波形間の遅延時間は注意深く選択する必要がある．カオス波形の自己相関がほぼ0になるように，遅延時間を設定することが大事である．さらに，周期性の再現を避けるために，2つのカオス波形の遅延時間や，レーザの外部共振器往復時間，およびAD変換器のサンプリング時間は，簡単

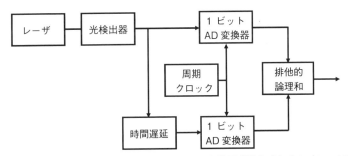

図6.6　1つのレーザとその時間遅延信号を用いた物理乱数生成方式のブロック図

な整数比でないように設定することが重要である.

6.3.3 マルチビット乱数生成

前項では，1ビットAD変換器を用いた乱数生成について説明したが，乱数生成速度を向上させるためには，1つのサンプリング点から複数のビット（マルチビット）を取り出す手法が有効となる．オシロスコープに内蔵されている8ビットAD変換器を用いたマルチビット乱数生成方式が提案されている [Reidler 2009]．サンプリング速度 2.5 GSample/s (GS/s) で得られた8ビットの差分信号を用いて，下位5ビットを乱数として生成する方式であり，等価的に 12.5 Gb/s（= 5ビット × 2.5 GS/s）の生成速度を実現している.

本手法の乱数生成方式の概念図と実験装置図を図 6.7 に示す．波長 656 nm の半導体レーザを用いており，しきい値電流の 1.55 倍で注入電流を駆動する．カオス発生のために反射鏡を設置し，レーザと反射鏡間の光の往復時間は 12.22 ns に設定する．またカオス発生のため，戻り光量はレーザ出力強度の数 % に設定する．カオス信号の交流成分を，2.5 GHz のサンプリング速度で動作する 8 ビット AD 変換器により量子化する．量子化された 8 ビットデジタル信号はバッファ内に保存される．さらに次のサンプリング信号を 8 ビット信号へ

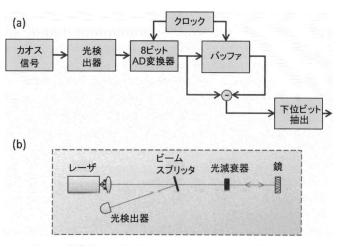

図 6.7　半導体レーザカオスを用いたマルチビット乱数生成方式

(a) マルチビット乱数生成方式のブロック図．(b) 半導体レーザを用いた実験装置図．（出典：[Reidler 2009] Fig.1）

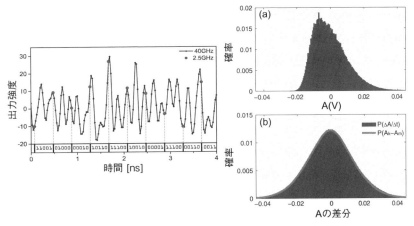

図 6.8　半導体レーザを用いたマルチビット乱数生成の実験結果
(左) レーザ出力強度の時間波形．40 GHz でサンプリングされた点に対して 2.5 GHz 間隔で標本化されたデータを乱数に変換する．現在と過去の標本点の差分信号を求め，その 8 ビットデータのうち，下位 5 ビットを 2 値乱数として生成している（図の下に表示）．
(右) (a) 8 ビット AD 変換器で得られるレーザ出力強度の振幅の確率分布（ヒストグラム）．(b) レーザ出力強度の時間波形の差分信号から得られるヒストグラム．（出典：[Reidler 2009] Fig.2, Fig.3）

と変換し，先ほど取得した信号との差分を計算する．差分信号をビットへ変換し，上位ビットを切り捨てて下位 m ビットのみを取り出すことで，最終的な乱数列とする．乱数の生成速度は AD 変換器のクロック周波数の m 倍となり，m は AD 変換器の量子化分解能（この場合は 8 ビット）まで増やせる．

図 6.8（左）は 8 ビット AD 変換器により 40 GHz のサンプリング周波数で記録されたレーザカオスの時間波形を示している [Reidler 2009]．実際に乱数を生成するサンプリング周波数は 2.5 GHz であり，周期性を避けるためにレーザ出力振動の平均振動周波数よりも遅く設定している（図 6.8（左）の灰色点）．

サンプリングにより得られた 8 ビット信号は，その 1 つ前に取得された 8 ビット信号との差分信号へと変換される（$\Delta_t = A_t - A_{t-1}$）．図 6.8（右）に示すように，差分信号 Δ_t の確率分布（図 6.8（右，b））は，元の 8 ビット信号 A_t の確率分布（図 6.8（右，a））と比較して，中心が 0 の対称的な分布をしており，正規分布に近い形をしている．つまり差分信号を用いることで，元の信号に存在していた分布の偏りを改善できる．左右対称な分布は，2 値乱数の

0頻度の改善のために有用となる．さらに差分信号の上位ビットを切り捨てて，下位 m ビットを乱数として用いることで，元の信号に存在している上位ビット間の0頻度の偏りを改善できる．

本実験では下位5ビットを用いて乱数生成を行っている．このときの乱数生成速度は，等価的に $12.5\,\mathrm{Gb/s}$ ($= 5$ ビット $\times\ 2.5\,\mathrm{GHz}$) である．得られた乱数列に対して NIST 検定を行ったところ，全項目に合格しており，$12.5\,\mathrm{Gb/s}$ の生成速度での乱数生成に成功している．また，用いる下位ビット数を5ビットよりも減少させて生成した乱数も NIST 検定に合格している．一方で下位ビット数を増加させると，NIST 検定に合格することはできなかった．NIST 検定に合格するための最大の下位ビット数 $m_{\max}$ は，差分信号の確率分布（図 6.8（右，b））に依存している．確率分布の標準偏差が小さくなると，中心の0付近の分布が増加するため，乱数に利用できるビット数が減少し $m_{\max}$ も減少する（6.3.4 項参照）．

また本装置で得られたレーザカオス波形に対して，高次差分処理を繰り返し行い，下位ビットを乱数として用いる方式が提案されている [Kanter 2010]．

6.3.4 レーザカオスの周波数帯域拡大を用いた高速物理乱数生成

物理乱数生成器の生成速度を向上させるための手法として，半導体レーザにおけるカオスの周波数帯域拡大技術が提案されている．半導体レーザを用いた物理乱数生成器における乱数の生成速度は，数 GHz の緩和発振周波数付近に相当するカオス波形の中心振動周波数により制限される．高速な乱数を生成するためには，カオス波形の周波数帯域を拡大する必要がある．これまでに，一方向結合された2つの半導体レーザを用いた周波数帯域拡大カオスの生成および高速乱数生成が，実験的に実証されている [Hirano 2010]．レーザ出力のカオス的不規則振動は，戻り光を有する半導体レーザにおいて生成される．帯域拡大を達成するために，そのカオス出力は別の半導体レーザに注入される．$16\,\mathrm{GHz}$ までのカオスの帯域拡大が達成されており，等価的に $75\,\mathrm{Gb/s}$ の生成速度での乱数生成が報告されている．

カオスの周波数帯域拡大を用いた物理乱数生成実験について説明する [Hirano 2010].ここでは,光通信用に開発された2つの単一モード分布帰還型(DFB) 半導体レーザを用いる(1547 nm の光波長).1つ目のレーザ(レーザ1と呼ぶ)は,戻り光によるカオス的不規則振動出力の生成に用いられる.もう一方のレーザ(レーザ2と呼ぶ)は,カオス波形の周波数帯域拡大のために使用される.レーザ自身に戻り光を戻してカオスを発生させるために,レーザ1を可変ファイバ反射鏡に接続する.レーザ1と反射鏡の間の光ファイバ長は 4.55 m であり,これは 43.8 ns の戻り光遅延時間(往復光伝搬時間)に対応する.一方,レーザ2には戻り光を付加していない.カオスの帯域拡大のために,レーザ1の一部の出力光をレーザ2に注入する.レーザ1からレーザ2への一方向結合を達成するために,光アイソレータを用いる.またレーザ2の出力の一部を,ファイバカプラにより2つのビームに分割する.分割された後の光経路の一方に,付加的な光ファイバ(1 m 長)を挿入する.このようにカオス波形とその時間遅延した信号(5.0 ns の遅延)を生成し,これらを光検出器により検出して電気信号へと変換し,電気信号増幅器で増幅する.さらにオシロスコープにより2つのカオス的時間波形を取得する.

　カオスの周波数帯域を拡大するために,2つのレーザの温度を厳密に制御することで,レーザ2の波長をレーザ1の波長よりも長く設定する.ここでは,レーザの波長差($\Delta\lambda = \lambda_2 - \lambda_1$ と定義,λ は波長)は,正の離調である 0.133 nm に設定する(周波数に換算すると 16.6 GHz).この状態では,レーザ1と2の間でインジェクションロッキングは達成されず,波長は一致しない.帯域拡大のためには,インジェクションロッキングを達成させないことが重要である.波長差 $\Delta\lambda$ に対応する差周波成分の存在が,レーザカオスの帯域拡大において重要である.これは,波長差に対応する差周波成分と,レーザの緩和発振周波数の間の非線形周波数混合により,カオスの周波数帯域が拡大するためである.

　レーザ1と2のRFスペクトルを図 6.9 (a) と図 6.9 (b) に示す [Hirano 2010].レーザ2のスペクトルはレーザ1よりも高周波成分を含んでおり,レーザ1出力の光注入によりレーザ2の帯域拡大が達成されていることが分かる.各々のスペクトルの周波数帯域は,レーザ1と2でそれぞれ 9.5 GHz と 16.1 GHz である.ここで周波数帯域は,DC成分から全スペクトルパワーの 80% を含む最

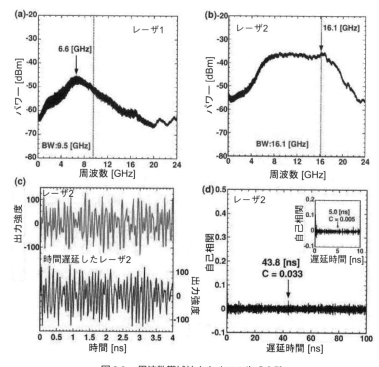

図 6.9　周波数帯域拡大カオスの生成実験

(a) レーザ 1 の出力強度の RF スペクトル，(b) レーザ 2 の出力強度の RF スペクトル，(c) レーザ 2 の出力強度と 5.0 ns 時間遅延したレーザ 2 の出力強度の時間波形，(d) レーザ 2 の出力強度の時間波形の自己相関関数．差込図は (d) の拡大図である．(a), (b) BW：周波数帯域．(出典：[Hirano 2010] Fig.2)

大周波数までの範囲と定義している [Lin 2003]．また，レーザ 2 の RF スペクトルは，レーザ 1 よりもより平坦であることが分かる．平坦な RF スペクトルは，時間波形において周期性が低減していることを示しており，物理乱数生成において有用となる．

乱数に使用されるレーザ 2 の出力強度の 8 ビット量子化された時間波形と 5.0 ns 時間遅延した波形を，図 6.9 (c) に示す．またレーザ 2 の時間波形の自己相関関数を図 6.9 (d) に示す．レーザ 1 における外部共振器の往復時間 (43.8 ns) に対応する自己相関関数のピークは 0.033 と小さく，レーザ 1 の外部共振器による周期性が，レーザ 2 の出力において低減されていることが分かる．また 2 つの検出信号間の遅延時間 (5.0 ns) に相当する自己相関値も 0.005

6.3 レーザカオスを用いた高速物理乱数生成の実装例

と小さな値である（図 6.9 (d) の挿入図）．

この帯域拡大されたカオス時間波形を用いた乱数生成方式について説明する．レーザ 2 の出力とその時間遅延信号の交流成分は光検出器により電気信号へと変換される．電気信号は増幅された後に，オシロスコープにより 8 ビットデジタル信号に変換される．ここでは周波数帯域が 16 GHz まで拡大されており，周期性を避けるためにサンプリング速度をそれよりも遅い 12.5 GS/s に設定する．8 ビットに変換されたレーザ 2 の出力信号とその時間遅延信号に対して，ビット単位での排他的論理和演算を行う．さらに 8 ビットのうち上位ビットを切り捨てて下位 m ビットを抽出することにより，最終的な乱数列を生成する．

生成された乱数列のランダム性を評価するために，NIST 検定を用いた．その結果，下位 6 ビットを用いて生成した乱数は，すべての統計検定項目に合格することが明らかとなった．これらの結果は，等価的に 75 Gb/s（= 6 ビット × 12.5 GS/s）の生成速度での乱数生成を達成したことを示している．

また，乱数生成用に抽出した下位ビットの個数に対する乱数列のランダム性の依存性を調べるために，異なる下位ビット数で生成された乱数列に対するマルチビット状態での確率分布を調査した．8 ビット量子化された帯域拡大カオスの時間波形の振幅の確率分布（ヒストグラム）を図 6.10 (a) に示す [Hirano 2010]．また，カオス波形と時間遅延波形を個別ビットごとに排他的論理和演算した後の 8 ビットデジタル信号の確率分布を図 6.10 (b) に示す．この 2 つの図を比較すると，多少不連続に変化する部分が残っているものの，排他的論理和演算により一様分布に近づくことが分かる．さらに下位ビット切り出しを行い，下位 7 ビットおよび下位 6 ビットを用いた場合のマルチビット乱数列に対する確率分布を図 6.10 (c) および図 6.10 (d) にそれぞれ示す．抽出する下位ビット数が減少するにつれて，一様分布に近づいていくことが分かる．特に下位 6 ビットを用いた場合の確率分布はほぼ一様であり，これは下位 6 ビットを用いて生成された乱数列が NIST 検定に全項目合格する事実と一致する．マルチビット乱数列の確率分布の一様性は，マルチビット生成方式において質の高い乱数列を実現するために重要な評価項目である．

さらに，周波数帯域拡大カオスおよび別の乱数生成処理方式を用いること

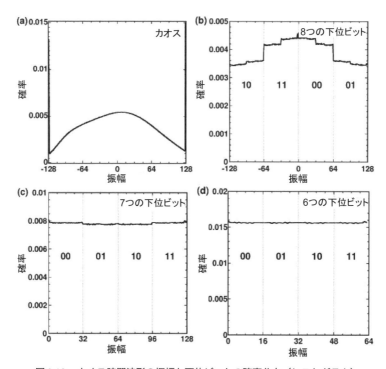

図 6.10 カオス時間波形の振幅と下位ビットの確率分布（ヒストグラム）

(a) 8 ビット AD 変換されたカオス波形, (b) 2 つのカオス波形を排他的論理和した後の 8 ビット信号, (c) 排他的論理和後の下位 7 ビット信号, (d) 排他的論理和後の下位 6 ビット信号. (b)-(d) に示される 2 つのビット表示は，下位 m ビットから生成されたデータの最初の 2 つの上位ビットを示す．（出典：[Hirano 2010] Fig.5)

で，等価的に 400 Gb/s の生成速度を実現している [Akizawa 2012]．その乱数生成方式を図 6.11 に示す [Akizawa 2012]．本方式では，前述の方法で周波数帯域拡大カオスを生成し，その出力と時間遅延信号を 50 GS/s でサンプリングして，各々 8 ビットの電気信号に変換する．ここで乱数列を生成するために，時間遅延信号のみ 8 ビット列の順序を反転させる．つまり，最上位ビットと最下位ビットを入れ替え，2 番目の上位ビットと 2 番目の下位ビットを入れ替える．この処理をすべての 8 ビットに対して適用する（図 6.11 のステップ 2 参照）．その後，元のカオス波形の 8 ビット信号とビット順反転された 8 ビット信号との間で，個別ビットごとに排他的論理和演算を行い，最終的な乱数列として出力する．レーザカオス波形は上位ビットの 0 頻度が下位ビットよりも高

6.3 レーザカオスを用いた高速物理乱数生成の実装例

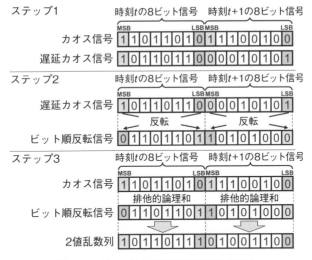

図 6.11 ビット順を反転させる乱数生成方式
LSB：最下位ビット，MSB：最上位ビット，（出典：[Akizawa 2012] Fig.1(b)）

いという特性を有しており，本処理を加えることにより，最終的に生成される乱数列の 0 頻度が大幅に改善される．

前述の乱数生成方式では下位ビットを取り出す処理を行っているために，捨てた上位ビットの分だけ乱数生成速度が低下していた．一方で本手法では 8 ビットすべてを乱数として使用することができるため，より高速な乱数生成が可能となる．本方式を用いて等価的に $400\,\mathrm{Gb/s}$（$= 8$ ビット $\times\, 50\,\mathrm{GS/s}$）の生成速度での乱数生成に成功している [Akizawa 2012]．

6.3.5 Tb/s を超える生成速度での物理乱数生成方式

6.3.4 項で述べた周波数帯域拡大方法と複数の乱数生成処理方式を組み合わせることで，$1.2\,\mathrm{Tb/s}$ の生成速度での物理乱数生成が実験的に実証されている [Sakuraba 2015]．本方式では，3 つの半導体レーザ（それぞれレーザ 1，レーザ 2，レーザ 3 と呼ぶ）を一方向に結合した実験装置を用いて，周波数帯域拡大カオスを生成する．はじめに，レーザ 1 に戻り光を加えることで，カオス的出力を発生させる．次に，レーザ 1 のカオス光をレーザ 2 へと一方向に注入することで，帯域拡大カオスを発生させる．さらに，レーザ 2 の帯域拡大カオス光をレーザ 3 へと一方向に注入することで，より広帯域な帯域拡大を達成する．

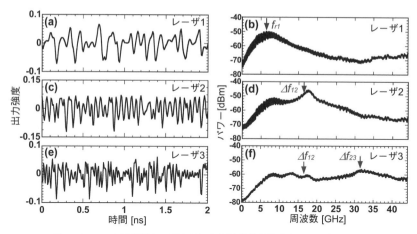

図 6.12 ３つの半導体レーザを用いた周波数帯域拡大カオスの実験結果
(a), (c), (e) 時間波形と, (b), (d), (f) RF スペクトル. (a), (b) レーザ 1, (c), (d) レーザ 2, (e), (f) レーザ 3. (出典：[Sakuraba 2015] Fig.3)

結合されたレーザ間の光キャリア周波数の差（数十 GHz）とレーザカオスの周波数（数 GHz）との非線形相互作用により，スペクトル幅が広がり周波数帯域が向上する．

実験で得られたレーザ出力強度の時間波形と RF スペクトルを図 6.12 に示す [Sakuraba 2015]．ここではレーザ 1–2 間の光キャリア周波数差を $\Delta f_{12} = 16.5\,\mathrm{GHz}$ に設定し，レーザ 2–3 間の光キャリア周波数差を $\Delta f_{23} = 28.0\,\mathrm{GHz}$ に設定した．図 6.12（左）の時間波形を見ると，レーザ 1，レーザ 2，レーザ 3 の順に振動成分が増加し，高速に振動していることが分かる．また図 6.12（右）の RF スペクトルを見ると，レーザ 1，レーザ 2，レーザ 3 の順にスペクトル幅が広がり，周波数帯域拡大カオスが得られている．また，レーザ 2 や 3 の RF スペクトルには，光キャリア周波数差 Δf_{12}, Δf_{23} が出現している．

帯域拡大を定量化するために，6.3.4 項で述べた周波数帯域（DC 成分から全スペクトルパワーの 80% を含む最大周波数までの範囲）を調査した [Lin 2003]．その結果，図 6.12（右）より，レーザ 1 の周波数帯域は 12.0 Hz であり，レーザ 2 では 20.0 GHz である．さらにレーザ 3 の周波数帯域は 35.2 GHz であり，帯域拡大していることが分かる．

さらにカオスの評価に適した周波数帯域と平坦度を以下のように定義する．

ここでは 6.3.4 項とは異なり，最大の周波数成分からパワーを加算して全体の周波数成分の 80% になる範囲を周波数帯域と定義する [Lin 2012]．また周波数スペクトルの平坦さの指標として，周波数帯域内における周波数パワーの最大と最小の差を平坦度として用いる（小さいほど平坦）．図 6.12（右）の RF スペクトルから，レーザ 1 は緩和発振周波数により周波数帯域が 9.6 GHz であるが，レーザ 2 では帯域拡大により周波数帯域が 13.8 GHz と増大する．さらにレーザ 3 では 26.0 GHz の周波数帯域となり，帯域拡大効果が得られている．また，レーザ 1 と 2 の平坦度はそれぞれ 8.7 dB と 9.1 dB であるのに対し，レーザ 3 の平坦度は 5.6 dB と小さくなり，より平坦な RF スペクトルが得られている．

帯域拡大されたレーザ 3 のカオス時間波形を用いて高速物理乱数生成を行った．本方式で用いる乱数生成方式について以下に説明する．レーザ 3 から得られた帯域拡大カオス光は，光検出器を用いて電気信号に変換される．この電気信号は分配器により 2 つに分割され，一方には物理的に 4.6 ns の時間遅延を加える．その後デジタルオシロスコープにより 2 つの信号を同時に 100 GS/s のサンプリング速度で取得し，8 ビットデジタル信号として記録する．ここで，帯域拡大カオスの 8 ビット信号を A と呼び，時間遅延が加えられた 8 ビット信号を B と呼ぶことにする．

本手法で用いる乱数生成方式を図 6.13 に示す [Sakuraba 2015]．A，B の各々の 8 ビット信号に対して，ソフトウェアによる処理を用いて新たな時間遅延信号 A'，B' を生成する（0.96 ns の時間遅延）．生成された時間遅延信号は最上位ビットから最下位ビットまでの順序を反転させる処理を行い（図 6.11 参照），これを A'^R，B'^R と呼ぶ．次に A と A'^R，および B と B'^R に対して個別ビットごとの排他的論理和演算を行う．排他的論理和演算により得られた 8 ビット列をそれぞれ X ($= A \oplus A'^R$) および Y ($= B \oplus B'^R$) と呼ぶ．X と Y の上位ビットを切り捨てた後に，残りの下位 n ビット（$X_{n\sim 1}$ と $Y_{n\sim 1}$ と呼ぶ）を順番に出力することで，2 値乱数列を生成する．

生成された 1 G ビット（10^9 ビット）の 2 値乱数列に対して NIST 検定を適用し，乱数のランダム性の統計検定を行った．乱数生成に用いる下位ビット数を変化させた場合，8 ビットのうち下位 7 ビットを用いた乱数において NIST

260　第6章　レーザカオスを用いた高速物理乱数生成

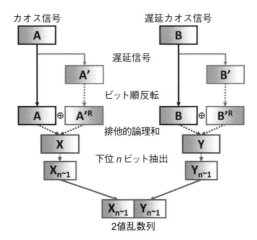

図 6.13　Tb/s を超える生成速度での物理乱数生成方式

(出典：[Sakuraba 2015] Fig.8)

検定の全項目に合格することが分かった．また，さらなるランダム性の評価のために，大量の乱数に対して TestU01 と呼ばれる統計検定を行った [L'Ecuyer 2007]．41 G ビット（4.1×10^{10} ビット）の 2 値乱数列を用いて統計検定を行ったところ，下位ビット数を変化させた場合に，下位 6 ビットを用いた乱数において TestU01 の Crush 検定の全項目に合格することが分かった．このときの等価的な生成速度は 1.2 Tb/s（= 6 ビット × 2 データ × 100 GS/s）であり，Tb/s を超える高速な物理乱数生成実験に成功している．

6.3.6　光集積回路を用いた物理乱数生成

物理乱数生成器の小型化のためには，半導体レーザや戻り光生成部を一体化した光集積回路が有用である（3.2.6 項参照）[Argyris 2010b]．これまでに提案されている乱数生成用の光集積回路を図 6.14（上）に示す．光集積回路はDFB 半導体レーザ，光増幅器，位相変調器，光導波路，外部鏡から構成される．光集積回路内で戻り光により発生したレーザカオス信号を取り出し，外部の光検出器で電気信号へと変換する．さらにオシロスコープで時間波形を検出し，乱数列を生成する．本方式では等価的に 140 Gb/s の生成速度での乱数生成を行っている．

本実験に用いた光集積回路について述べる．図 6.14（上，a）に示すように，

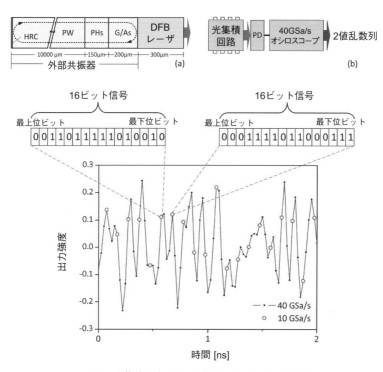

図6.14 光集積回路を用いた物理乱数生成の実験結果

(上)(a) 物理乱数生成のための光集積回路の構成図.G/AS：光増幅器,HRC：高反射膜（外部鏡），PHs：位相変調器,PW：光導波路.(b) 光集積回路を用いた物理乱数生成方式.PD：光検出器.(下) 光集積回路から生成されたカオス時間波形.40 GS/sでサンプリングされた後（黒点），10 GS/sのデータを乱数として用いる（白丸）．それぞれのサンプリング点の16ビットデジタル信号の中から，下位kビットを2値乱数列として用いる．(出典：[Argyris 2010b] Fig.1, Fig.2)

光集積回路は，端面に高反射膜 (HRC) を施された10 mm長の光導波路（外部共振器）とDFB半導体レーザから構成される．また半導体レーザの波長は1556 nmである．外部共振器の戻り光量を制御するための光増幅器 (G/As) と，戻り光の位相を制御するための位相変調器 (PHs) も外部共振器内に含まれている．高反射膜からの戻り光により，カオス信号の生成が可能となる．ここでDFBレーザの注入電流を50 mAに設定し，戻り光量を調整することで，周波数帯域が10 GHz以上の平坦なRFスペクトルを有するカオスを生成できる．

図6.14（上，b）に示すように，生成されたカオス信号は光アイソレータを通して光検出器 (PD) に注入され，電気信号へと変換される．変換された電気信

号はオシロスコープ（40 GS/s のサンプリング速度）へ送られて，乱数が生成される．オシロスコープは 8 ビット AD 変換器を有しているが，ノイズ拡大信号処理により，16 ビット信号へと変換している [Argyris 2010b]．ここで，16 ビットのうち上位ビットを除去して下位ビットのみを乱数として用いる．また，乱数生成は相関を除去するために 10 GS/s の速度で行っている（サンプリング点の 4 点のうち 1 点を使用する．図 6.14（下）参照）．本光集積回路で生成された乱数のランダム性は NIST 検定により評価された．その結果，最大で下位 14 ビットを用いた場合に NIST 検定の全項目に合格した．つまり，等価的な乱数生成速度は 140 Gb/s（= 14 ビット×10 GS/s）である．

また高速物理乱数生成のために，光検出器も一体化した光集積回路が提案されている [Harayama 2011]．図 6.15 にその構成図を示す．この光集積回路では，2 つの DFB 半導体レーザを有している．それぞれのレーザ装置には，2 つの光増幅器 (SOA1, 2)，光導波路，外部鏡，および光検出器 (PD) が内蔵されている（図 6.15 (d)）．光導波路の端面は高反射膜 (HR) を施してあり，戻り光を発生させる．ここでレーザから高反射膜までの距離（外部共振器長）は 10 mm に設定する．また戻り光量は光増幅器により制御される．

乱数生成のために，2 つの光集積回路で独立なレーザカオス波形を生成する．2 つのレーザカオス波形は回路内の光検出器により電気信号へと変換される．図 6.15 (a) に示すように，各々の電気信号の交流成分は 1 ビット AD 変換器を用いて，0 または 1 へのビット列へと変換される（シングルビット乱数生成）．得られた 2 つのビットに対して排他的論理和演算を行うことで，2 値乱数列を出力する．本方式において，最大で 2.08 Gb/s の生成速度で生成された乱数は NIST 検定に全項目合格している．また同様の構成で，異なる外部共振器長 (1〜10 mm) の光集積回路を用いた乱数生成が報告されている [Takahashi 2014]．

さらに受動リング導波路を有する光集積回路も提案されている [Sunada 2011]．この光集積回路では，DFB 半導体レーザ，2 つの光増幅器，光検出器，受動リング導波路で構成される．リング型構造により強いフィードバック光の生成が可能となり，10 GHz までの平坦な RF スペクトルを持つ広帯域カオス信号が生成できる．本方式ではシングルビット乱数生成を行っており，最大で

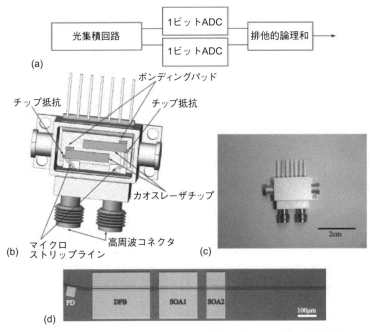

図 6.15　2つの半導体レーザを有する光集積回路を用いた物理乱数生成
(a) 物理乱数生成方式のブロック図．ADC：アナログ–デジタル変換器．(b) 戻り光を有する2つの半導体レーザから構成される光集積回路のパッケージ図．(c) 光集積回路の写真．(d) 光集積回路内部の構成図．DFB：半導体レーザ (300 μm)，SOA1：光増幅器1 (200 μm)，SOA2：光増幅器2 (100 μm)，PD：光検出器 (50 μm)．受動導波路の長さ（外部共振器長）は 10000 μm である．また導波路の幅は 2 μm である．（出典：[Harayama 2011] Fig.1）

1.56 Gb/s で生成された乱数が NIST 検定に全項目合格している．

コラム　"0000000000" は乱数か？

　乱数におけるランダム性は無限長の場合に定義される概念であり，有限長の場合には直感に反する問題が生じる．一例として，コイン投げを繰り返し行い，表なら1，裏なら0として，1と0からなる2値乱数列を生成することを考える．10回のコイン投げを行い，仮にすべて裏が出た場合には，"0000000000" の2値乱数列が得られる．これは乱数列と言えるのであろうか？　直感的には多くの人が，"0000000000" は乱数ではないと考えるのではないだろうか．

ここで "0000000000" が出現する確率を考えると，1回のコイン投げで0が出る確率は1/2であるため，0が10回連続で出現する確率は$1/2^{10} \approx 1/10^3$となる．つまり約1000回に1回しか出現しないのであるから，多くの人が乱数でないと考えることは理解できる．例えば10個（10ビット）の2値乱数では，"0000000000" が出現することは大変稀であろう．しかしながら，もしも乱数の長さを増やして，10^6個（1Mビット）の乱数列の場合はどうであろうか？この場合は，$1/10^3$の確率であっても十分に出現することは起こりえるし，実際に "0000000000" の数列は頻繁に観測される．つまり十分に長い乱数を生成すれば，どのような数列であっても（例え0が連続している数であっても）観測することは可能となる．

このような例は，有限長の乱数を取り扱う際には大きな問題となる．例えばNIST SP 800-22の乱数統計検定では10^9個（1Gビット）の乱数を検定するが，乱数生成器から1Gビットのすべてが0の2値乱数が得られたとしても，ランダムではないとは言い切れないのである．それゆえに，統計検定ではランダムである「確率」(probability) を用いて，p-valueによる評価を行っている（6.A.1項参照）．

6.4 光ノイズを用いた物理乱数生成方式

本節では，量子ノイズや自然放出光ノイズを用いた物理乱数生成方式について紹介する．

6.4.1 量子ノイズ

量子力学の不確定性を利用した物理乱数生成器が提案されている．これは「量子乱数生成器」(quantum random number generator) と呼ばれている．ビームスプリッタによる単一光子検出を用いた量子乱数生成器がこれまでに実証されている [Jennewein 2000, Gisin 2002]．本方式は，2つの単一光子検出器と50:50の分割比率を有するビームスプリッタを用いることにより実現でき

6.4 光ノイズを用いた物理乱数生成方式　265

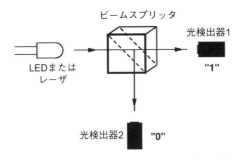

図6.16　量子ノイズを用いた単一光子分割による物理乱数生成方式
(出典：[Stipčević 2007] Fig.1)

る．各々の検出器は，図6.16に示すようにビームスプリッタの片側の出力光を検出する [Stipčević 2007]．光出力が減衰されたレーザから単一光子が生成され，ビームスプリッタへ入力される．ビームスプリッタの透過出力側および反射出力側に2つの単一光子検出器を配置する．このとき，一方の検出器は1/2の確率で単一光子を計測する．ここで片方の検出器で光子を検出した場合はビット1を生成し，もう一方の検出器で検出した場合にはビット0を生成する．このように量子力学の不確定性に基づき，2値乱数列が生成できる．

実装上の問題点としては，0と1の出現確率が1/2からずれることが考えられる．2つの検出器の検出効率は同一ではなく，ビームスプリッタの分割比率は完全に50:50ではないためである．そのため，0または1の出現確率を50％に近づけるためには，後処理が必要となる．

上述の手法の他にも，光子の到達時間のランダム性を利用した量子乱数生成器が提案されており，1 Mb/sの乱数生成速度を達成している [Stipčević 2007]．本方式では，検出した光子の時間情報を乱数生成に用いる．1頻度の出現確率の50％からのずれ（バイアス）と相関の両方を低減させるために，後処理を用いる必要がある．

また他の手法として，1つの単一光子源と1つの単一光子検出器のみを用いた簡潔な量子乱数生成器が提案されている [Dynes 2008]．単一光子はランダムな時間間隔で放出され，これを乱数に用いている．本方式では複雑な後処理を用いずに，4 Mb/sの乱数生成速度を実現している．さらに真空状態の計測を用いた量子乱数生成器が報告されている [Gabriel 2010]．

量子乱数生成器の長所として，乱数源のランダム性が量子力学の基本原理により理論的に保証されている点が挙げられる [Gisin 2002]．しかしながらその実装の際には，前述のように検出機器や光学部品の不均一性により乱数の質の低下が生じるという問題がある．また単一光子検出器の非動作時間（デッドタイム）により，隣接するビット間に逆相関が発生する点が挙げられる．さらには，単一光子検出器の速度の上限に乱数生成速度が制限されるという問題点もある．

6.4.2 自然放出光ノイズ

インコヒーレントな光源から発生する自然放出光ノイズを用いた乱数生成器が提案されている．自然放出光ノイズのランダム性は，量子力学的原理に起因しており，決定論的な方程式で表すことができない．インコヒーレント光源の例として，エルビウム添加ファイバ増幅器 (Erbium Doped Fiber Amplifier, EDFA) やスーパールミネッセントダイオード (Superluminescent diode, SLD) が挙げられる．これらのインコヒーレント光源から発生する自然放出光を増幅して乱数源に用いた物理乱数生成器が報告されている．

エルビウム添加ファイバ増幅器により発生した自然放出光ノイズを用いた乱数生成が，実験的に実証されている [Williams 2010]．実験装置図を図 6.17 に示す．エルビウム/イッテルビウム (Er:Yb) 添加ファイバ増幅器は自然放出光の増幅により，広帯域でインコヒーレント，かつ非偏光な光強度ノイズを生成する．増幅器からの広帯域な光強度ノイズは，ファイバ回折格子とサーキュレータから構成される光バンドパスフィルタにより一部の周波数（波長）帯域

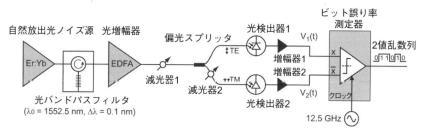

図 6.17　自然放出光ノイズを用いた物理乱数生成方式
(出典：[Williams 2010] Fig.2)

が選択される（帯域 14.5 GHz）．このノイズ信号は，エルビウム添加ファイバ増幅器で再び増幅される．偏光ビームスプリッタによりノイズ信号を 2 つの直線偏光に分割し，各々のノイズ信号をそれぞれ光検出器にて独立に検出する．

2 つの独立したノイズ信号は，乱数を生成するためにビット誤り率測定器の差分入力端子へ入力される．ここでは 2 つのノイズ信号の比較を行い，一方のノイズ信号が他方より大きい場合にビット 1 を，それ以外の場合はビット 0 を生成する．本方式では，12.5 Gb/s での乱数生成速度を達成し，生成された乱数は NIST 検定に全項目合格するための十分なランダム性を有していることが確認された [Williams 2010]．さらに同様の乱数生成方式において，ノイズ光源としてスーパールミネッセントダイオードを用いた場合にも物理乱数生成に成功しており，20 Gb/s の乱数生成速度を達成している [Li 2011]．

また，単一モード半導体レーザの位相ノイズ計測を用いた乱数生成方式が提案されている [Qi 2010]．レーザの位相ノイズは自然放出光に起因している．自然放出で得られる光子はランダムな位相を有しているため，レーザにおける位相にもランダムな位相揺らぎが存在している．この位相揺らぎは，レーザ発振波長の線幅として観測される．位相ノイズ（レーザ線幅）は，半導体レーザ出力の大きさに反比例するため，レーザの発振しきい値近くの低い注入電流でレーザを動作させることにより，レーザ線幅が増大する．これは，主に自然放出光が位相ノイズに寄与するためである．半導体レーザの位相ノイズを用いることにより，500 Mb/s の乱数生成速度が達成されている [Qi 2010]．

6.5 ランダム性向上のための後処理方式

一般に物理乱数生成器においては，数学的に理想となる統計的に独立かつ一様な分布を有するビットの生成は困難である．そのため，後処理と呼ばれるランダム性の向上を目的とする論理演算処理がしばしば用いられる．後処理により，出力ビットの統計量を理想的な乱数の統計量に近づけることが可能となる．さらに後処理によりビットが圧縮される場合，出力ビットのエントロピーを増加させることができる．すなわち 1 ビットの乱数出力を得るためには，1 ビット以上の入力が必要となる．本節では，後処理による論理演算を用いて，

2つの入力ビットから1ビットを生成することを考える．

ここでは最も簡単かつ重要な指標として，2値乱数列（0または1）におけるビット1の出現確率の1/2からの偏差を取り扱う．理想的な乱数であれば，1の出現確率は1/2になるが，実際の乱数には1/2からのずれ（偏差）が存在する．これのずれのことを「バイアス」(bias) と呼んでおり，バイアスが小さいほど理想的な乱数に近いと言える．ビットが統計的に独立している場合，バイアスを低減させるための様々な方法が存在する．本節では，物理乱数生成器の簡単な後処理方式として，バイアスを低減させるための方法を紹介する．

6.5.1 フォン・ノイマン法

最も有名な乱数の後処理方法の1つとして，フォン・ノイマンにより発見された方式が挙げられる [von Neumann 1963]．その方法を表6.2に示す．乱数生成器から生成された2値乱数列に対して，2ビットずつの組を作成する（ここでは重複させないで組を作る）．得られた2ビットが，0, 1となる場合は出力ビットを1とし，1, 0となる場合は出力ビットを0とする．さらに0, 0または1, 1が得られた場合は，ビットを出力しない．ビットが独立であると仮定しているため，仮に元のビットの0と1の出現確率にバイアスが存在しても（出現確率が1/2からずれていたとしても），得られた0, 1と1, 0の組の出現確率は理論的にまったく同じ確率となる．したがって出力のバイアスは0となる．

理解を深めるために，数式を用いて以下に説明する．入力ビットに対して，ビット0の出現確率をp_0とし，ビット1の出現確率をp_1とする（$p_0+p_1=1$）．またビット1における出現確率のバイアスをbとする（ただし$|b| \leq 0.5$）．ビット1と0の出現確率は，バイアスを用いて次のように表せる．

$$p_1 = 0.5 + b \tag{6.1}$$

表6.2 フォン・ノイマン法

入力ビット（2ビット）	出力ビット（1ビット）
0, 0	なし
0, 1	1
1, 0	0
1, 1	なし

$$p_0 = 0.5 - b \tag{6.2}$$

一方で，フォンノイマン法により得られる2つの入力ビットの組に対する出現確率 p_{ij} ($i, j = 0, 1$) は，元の確率 p_1, p_0 から以下のように表せる．

$$p_{00} = (0.5 - b)^2 \tag{6.3}$$
$$p_{01} = (0.5 - b)(0.5 + b) \tag{6.4}$$
$$p_{10} = (0.5 + b)(0.5 - b) \tag{6.5}$$
$$p_{11} = (0.5 + b)^2 \tag{6.6}$$

したがって式 (6.4) と (6.5) より，バイアス b の値に関わらず，常に $p_{01} = p_{10}$ が満たされることが分かる．このように，0, 1 および 1, 0 の入力ビットから生成された 1 と 0 の出力ビットは，常に同じ出現確率となる．

フォン・ノイマンの後処理方式は非常に簡潔で実装が容易である．さらに完全にバイアスが 0 となる（バイアスフリーな）乱数生成が行える点が長所として挙げられる．一方で，この方法は 2 つの欠点を有している．1 つは，乱数生成速度の平均が入力ビット生成速度の 1/4 倍に低下する点である．これは出力データの 1 ビットが 2 ビットの組合せから生成され（1/2 の速度低下），さらに 0, 0 および 1, 1 の入力データが破棄される（さらに 1/2 の速度低下）ことに起因する．もう 1 つは，ビットが出力されるまでの待機時間が変化し，場合により長時間になることである．入力ビットの 0, 1 と 1, 0 の組は統計的に頻繁に出現するが，これらの組が連続して出現しない場合も存在し，乱数生成が行われない時間が非常に長くなる可能性がある．多くのプログラムにおいて応答時間が長すぎる場合には，強制終了（タイムアウト）が発生する．タイムアウトの確率を低くすることはできるが，フォン・ノイマン後処理方式を用いた場合には，タイムアウトを完全に 0 にすることができない点が問題となる．

6.5.2 排他的論理和 (XOR) 法

最も簡潔な後処理方式の 1 つとして，入力ビットの 2 ビットの組における排他的論理和 (Exclusive-OR, XOR) 演算により 1 ビットの出力を得る方式が提案されている．この方式を表 6.3 に示す．フォン・ノイマン法と同様に，乱数

表 6.3　排他的論理和 (XOR) を用いた方法

入力ビット (2 ビット)	出力ビット (1 ビット)
0, 0	0
0, 1	1
1, 0	1
1, 1	0

生成器から生成されたビットは，2 ビットごとの組に分けられる（重複させない）．排他的論理和方式では，0, 0 または 1, 1 の入力ビットが 0 の出力ビットに変換され，0, 1 または 1, 0 の入力ビットが 1 の出力ビットに変換される．つまり，入力ビットの 1 の個数が偶数なら 0 を出力し，奇数なら 1 を出力する．本方法ではフォン・ノイマン方式とは異なり，入力ビットが破棄されないため，乱数生成速度は入力ビット生成速度の 1/2 となる（2 ビット入力 1 ビット出力のため）．

本方式を理解するために，数式を用いて説明する．6.5.1 項の式 (6.1)〜(6.2) と同様にバイアス b を定義して，式 (6.3)〜(6.6) の関係を用いると，排他的論理和演算後の 0 または 1 の出力ビットの出現確率 p'_i $(i = 0, 1)$ は，以下のように算出される．

$$p'_0 = p_{00} + p_{11} = (0.5 - b)^2 + (0.5 + b)^2 = 0.5 + 2b^2 \tag{6.7}$$
$$p'_1 = p_{01} + p_{10} = (0.5 - b)(0.5 + b) + (0.5 + b)(0.5 - b) = 0.5 - 2b^2 \tag{6.8}$$

したがって，入力ビットの元のバイアス b が，排他的論理和演算後には $2b^2$ へと減少していることが分かる（$|b| \leq 0.5$ の場合には $|b| \geq 2b^2$ となるため）．排他的論理和演算は元のバイアス b を $2b^2$ へと低減させることができるため，バイアスが 0 に近いほど効果的である．このようにバイアスは完全には 0 にはならないが，1 回の排他的論理和演算により，バイアスを b から b^2 へのオーダへと減少させることができる．

排他的論理和演算方式は 2 ビットの組合せから 1 ビットを出力するため，入力ビットの生成速度に対して 1/2 倍の出力ビットの平均生成速度となるものの，入力ビットが破棄されない点が長所となる．つまり本方式では待機時間が

生じないため，比較的簡単なハードウェアで実装することができる．このように排他的論理和演算方式は，物理乱数生成器においてバイアスを低減させるために頻繁に用いられている（6.3節参照）．

　本方式の概念は，1ビットの出力を得るためにnビット（$n \geq 2$）の入力を用いた排他的論理和演算に拡張できる．バイアスはnが大きいほど低減できるが，乱数生成速度は入力の$1/n$倍だけ低速になる．

　本方式を拡張し，排他的論理和演算に加えてビットシフトとビット回転を用いてバイアスを低減する強力な後処理方式（ビットシフト回転法）が提案されている（詳細は6.A.2項参照）[Dichtl 2007]．この方法では，16ビットの入力に対して8ビットを出力する．また入力ビットが統計的に独立していると仮定している．1頻度の出現確率のバイアスbに対して，4次までのバイアスb^4を取り除き，出力ビットはb^5のオーダのバイアスしか残らないという優れた方式である．

第6章 補　足

6.A.1　NIST Special Publication 800-22 検定を用いた乱数の統計的評価

　乱数列のランダム性を評価するために，国際標準的な統計検定方式がアメリカ国立標準技術研究所 (National Institute of Standards and Technology, NIST) から提供されており，幅広く用いられている．検定方法は NIST Special Publication 800-22 (NIST SP 800-22) として知られている [Rukhin 2010]．NIST SP 800-22 は 15 個の統計検定項目から構成されている．

　最も基本的な検定項目は，頻度検定 (Frequency test) である．本検定では，2 値乱数の 0 と 1 の出現確率を評価する．この検定では 2 値乱数列の 1 と 0 が，真にランダムな数列から予想されるようにほぼ同数（1/2 の出現確率）であるかを判定することである．検定では，乱数列の 1 と 0 の出現確率が 1/2 に近ければ合格となる．頻度検定は最も基本的な乱数検定であるため，頻度検定に合格した後に他の検定を行うことが望ましい．その他にも，2 値乱数列における連（連続した 1 の数）の出現頻度を評価する連の検定 (Runs test) や，乱数列における周期性を評価する離散フーリエ変換検定 (Discrete Fourier Transform test) が挙げられる．NIST SP 800-22 の検定項目内容を**表 6.A.1** にまとめる．

　NIST 検定では p-value を用いて評価が行われる．p-value とは，検定を行う数列がランダムであるかどうかの確率を表している．NIST SP 800-22 検定では，1 つの p-value は 1 M ビット ($n = 10^6$) の 2 値乱数列から計算することを推奨している．さらに異なる 2 値乱数列に対して p-value の計算を 1000 回 ($m = 10^3$) 繰り返し行うことを推奨している．すなわち，全体で 1 G ビット ($m \cdot n = 10^9$) の 2 値乱数列を使用する．その結果，1000 個の p-value が生成され，p-value の「比率」(proportion) と「一様性」(uniformity) が統計的評価に用いられる．また合格の判定基準は，2 値乱数列の長さと，選択された「有意水準」(significance level) に基づいて決定される（α と表される）．有意水準とは，検定した数列がランダムでない場合の確率を表している．例えば

表6.A.1　NIST Special Publication 800-22 (NIST SP 800-22) の検定項目内容

検定項目	検定内容
頻度検定 (Frequency Test)	2値乱数 (0, 1) のうち，1 の出現確率が 1/2 に近いかどうかを検定
ブロック単位の頻度検定 (Frequency Test within a Block)	あるブロック長に対して，1 の出現確率が 1/2 に近いかどうかを検定
累積和検定 (Cumulative Sums Test)	2値乱数を (+1, −1) に変換し，その累積和で定義されるランダムウォークの 0 からの最大偏移を検定
連の検定 (Runs Test)	連続した 1 の数（連）を検定
ブロック単位の最長連検定 (Test for the Longest Runs of Ones in a Block)	あるブロック長に対して，最長の連を検定
2値行列ランク検定 (Binary Matrix Rank Test)	数列全体の互いに疎な行列のランクを検定
離散フーリエ変換検定 (Discrete Fourier Transform Test)	周期性の調査のため，数列の離散フーリエ変換によるピークの高さを検定
重なりのないテンプレート適合検定 (Non-overlapping Template Matching Test)	あらかじめ用意されたビット列（テンプレート）の出現回数を検定（重なりなしで検定）
重なりのあるテンプレート適合検定 (Overlapping Template Matching Test)	あらかじめ用意されたビット列（テンプレート）の出現回数を検定（重なりありで検定）
マウラーのユニバーサル統計検定 (Maurer's Universal Statistical Test)	数列内で一致するパターンを検出し，圧縮することができるかを検定
近似エントロピー検定 (Approximate Entropy Test)	あるビット長の出現パターンの頻度を検定
ランダム偏差検定 (Random Excursion Test)	累積和ランダムウォークで K 回訪れるサイクル数を検定
種々のランダム偏差検定 (Random Excursion Variant Test)	累積和ランダムウォークで特定の状態を訪れる回数の合計を検定
系列検定 (Serial Test)	あるビット長のすべての重複ビットパターンの出現頻度を検定
線形複雑度検定 (Linear Complexity Test)	乱数を生成するための線形フィードバックシフトレジスタの長さを検定

$\alpha = 0.01$ の場合には，100 個の数列のうち 1 個の数列が不合格になると予測されるため，p-value ≥ 0.01 とは，数列が 99% の信頼度でランダムであることを意味する．有意水準は，暗号分野において一般的に $\alpha = 0.01$ と設定されることが多い．

NIST SP 800-22 において評価される統計的性質は，p-value の比率と一様性である．その計算方法について以下に示す．

比率とは，p-value $\geq \alpha$ を満たす p-value の割合のことである．ここで，ある統計検定により 1M ビットの 1000 個の 2 値乱数列から，1000 個の p-value が得られたとする ($m = 1000$)．有意水準を $\alpha = 0.01$ と設定し，例えば 1000 個中 996 個の 2 値乱数列が p-value ≥ 0.01 を満たしている場合，比率は $996/1000 = 0.996$ と求められる．$[0,1]$ 区間で均一に分布する理想的な乱数列の場合，$\alpha = 0.01$ に対する比率は 0.990 となる．

しかしながら実際の乱数列は有限長であるために，統計的偏差が存在している．そのため，合格基準となる比率の範囲は，以下の信頼区間を用いて決定する．

$$(1-\alpha) \pm 3\sqrt{\frac{(1-\alpha)\alpha}{m}} \tag{6.A.1}$$

このように合格基準の信頼区間は，p-value の個数 m に依存している．比率が信頼区間外の値を取った場合，2 値乱数列が非ランダムであることの証拠となる．また上記の例の場合 ($m = 1000$, $\alpha = 0.01$)，信頼区間は以下の式で表される．

$$(1-0.01) \pm 3\sqrt{\frac{(1-0.01)0.01}{1000}} \quad = 0.99 \pm 0.0094392 \tag{6.A.2}$$

このように，比率は 0.9805608 より大きく，0.9994392 よりも小さい区間に含まれる場合に統計検定に合格となる．この信頼区間の計算は，m が十分に大きいと仮定しており，中心極限定理により二項分布を正規分布にて近似して算出している．

もう 1 つの評価方法として，p-value の分布の一様性が用いられる．0 から 1 までを 10 個の区間に分割し（例：$[0, 0.1], [0.1, 0.2], \ldots, [0.9, 1.0]$），各区間内に含まれる p-value の個数を求める．p-value の分布に対する適合度検定（χ^2

検定）から求められる P-value により，一様性が決定される．これは複数の p-value に対する P-value と呼ばれている（P が大文字であることで区別している点に注意）．χ^2 検定は以下のように求められる．

$$\chi^2 = \sum_{i=1}^{10} \frac{(F_i - s/10)^2}{s/10} \qquad (6.A.3)$$

ここで F_i は 10 分割された区間の部分区間 i 中に含まれる p-value の個数であり，s はすべての p-value の個数である．複数の p-value に対する P-value は，以下の式から算出される．

$$\text{P-value} = \text{igamc}(9/2, \chi^2/2) \qquad (6.A.4)$$

ここで igamc( ) は不完全ガンマ関数である．ここで複数の p-value が一様に分布している場合，P-value の合格基準は以下のようになる．

$$\text{P-value} \geq 0.0001 \qquad (6.A.5)$$

この条件を満たす場合，p-value は一様に分布していると判定する．

このように，1000 個の p-value から統計的に得られた比率と一様性が，NIST SP 800-22 検定における合格または不合格の判定に用いられる．検定結果の例は 6.3.1 項の表 6.1 に示した通りである．1 つの検定項目に対しても複数のテストが存在しているため，比率と一様性の最も合格基準から遠い値（最悪値）を表 6.1 に示している．表 6.1 のすべての検定項目が，比率の合格基準 (0.99 ± 0.0094392) および一様性の合格基準 (P-value ≥ 0.0001) を満たしていることが分かる．

6.A.2　乱数生成の後処理におけるビットシフト回転法

1 頻度の出現確率の 1/2 からのずれ（バイアス）を低減する技術として，ビットシフトとビット回転および排他的論理和演算を用いた乱数生成の後処理方式が提案されている [Dichtl 2007]．1 頻度の出現確率のバイアス b は，4 次までのバイアス (b^4) が排除され，5 次のオーダ (b^5) となる．本方式では，16 ビット $a_0, a_1, \ldots, a_{15}$ ($a_i = 0$ または 1) を入力とし，8 ビットを出力する．ここで，すべての入力ビットは独立であるとする．入力ビットの前半 8 ビット

は，以下のように表される．

$$A = a_0, a_1, a_2, a_3, a_4, a_5, a_6, a_7 \quad (A_i = a_i) \quad (6.\text{A}.6)$$

ここで，Aを1ビット左シフト（および左回転）したビットを生成する．

$$B = a_1, a_2, a_3, a_4, a_5, a_6, a_7, a_0 \quad (B_i = a_{(i+1) \bmod 8}) \quad (6.\text{A}.7)$$

次に，Aを2ビット左シフトしたビットを生成する．

$$C = a_2, a_3, a_4, a_5, a_6, a_7, a_0, a_1 \quad (C_i = a_{(i+2) \bmod 8}) \quad (6.\text{A}.8)$$

さらに，Aを4ビット左シフトしたビットを生成する．

$$D = a_4, a_5, a_6, a_7, a_0, a_1, a_2, a_3 \quad (D_i = a_{(i+4) \bmod 8}) \quad (6.\text{A}.9)$$

また，16ビットの入力の後半8ビットは以下のように示される．

$$E = a_8, a_9, a_{10}, a_{11}, a_{12}, a_{13}, a_{14}, a_{15} \quad (E_i = a_{(i+8)}) \quad (6.\text{A}.10)$$

最後にAからEの8ビットに対して，個別ビットごとの排他的論理和演算を行い，以下のように8ビットFの出力を得る．

$$F = A \oplus B \oplus C \oplus D \oplus E \quad (6.\text{A}.11)$$

$\oplus$は個別ビットごとの排他的論理和を表す．また出力ビットの一般的な形式は次のように記述することもできる

$$F_i = a_i \oplus a_{(i+1) \bmod 8} \oplus a_{(i+2) \bmod 8} \oplus a_{(i+4) \bmod 8} \oplus a_{(i+8)} \quad (6.\text{A}.12)$$

ここで$i = 0, 1, \ldots, 7$である．例として，8ビット出力の最上位ビットは$F_0 = a_0 \oplus a_1 \oplus a_2 \oplus a_4 \oplus a_8$のように得られる．

このビットシフト回転法は，バイアスbがb^5のオーダまで低減できることが数学的に証明されている [Dichtl 2007]．例として，入力ビットのバイアスが0.1である場合，後処理された出力ビットのバイアスは10^{-5}まで減少する．このようにビットシフト回転法は，出力ビットのバイアスを低減させるための有用な方法である．

第7章 レーザカオスを用いたその他の工学応用

　レーザカオスを用いた工学応用として，第5章では光秘密通信について述べ，第6章では高速物理乱数生成について述べた．その他にも多くの工学応用の可能性が提案されている．本章では，情報理論的セキュリティに基づく秘密鍵配送や，リザーバコンピューティング，およびリモートセンシングのような，多くの分野におけるレーザカオスの工学応用について解説する．

7.1 情報理論的セキュリティに基づく安全な秘密鍵配送

7.1.1 はじめに

　第5章で述べたように，情報セキュリティにおいて暗号を用いる際には，正当ユーザ間での秘密鍵の共有が必要となる．暗号を開始する前に，正当ユーザは共通の秘密鍵を共有していることが前提であり，メッセージを暗号化するために秘密鍵を用いる．また受信側では秘密鍵を用いてメッセージの復号が可能となる．

　ここで秘密鍵の配布方法は，暗号システムにおいて一番の弱点となり得る．2人の正当ユーザが離れた場所にいる場合，秘密鍵の安全な配布が重要となり，これは，「秘密鍵配送」(secure key distribution) として知られている．RSA暗号のような公開鍵暗号方式は，ソフトウェアに基づく秘密鍵配送の有名な手法の1つである [van der Lubbe 1998]．

　一方でソフトウェアを用いずに，量子力学の基礎的性質に基づく物理的な秘密鍵配送の方式が，量子鍵配送方式として多く研究されている [Gisin 2002]．

量子力学の原理に基づく量子鍵配送プロトコルは，理論上は完全に安全であるが，実際の実装はそれほど簡単ではない．量子通信路では，通信路の光損失や光検出器のノイズにより，鍵生成効率が大幅に減少することが知られている [Gisin 2002]．加えて，単一光子生成器や単一光子検出器など，特別に設計された送受信器が必要となる．

そこで量子力学の代わりに，レーザカオスを秘密鍵配送へ利用する方式が提案されている [Yoshimura 2012]．レーザカオスを用いることで，量子鍵配送よりも長距離かつ高速な鍵生成率での秘密鍵配送が実現できる．加えて，従来の光通信において用いられる光増幅器や光ファイバを用いて実装が可能であり，特別に設計されたハードウェアを使わずに秘密鍵配送が実現できる点が優れている．レーザカオスに基づく秘密鍵配送システムは，新たな秘密鍵配送方式を提供する．

7.1.2 情報理論的セキュリティ

多くの既存の情報セキュリティ方式は計算量的複雑性に基づいており，これは「計算論的セキュリティ」(computational security) と呼ばれている．計算論的セキュリティは，因数分解や離散対数問題のように計算論的な困難性に基づいており，すでに多くのコンピュータネットワークシステムで実現されている [van der Lubbe 1998]．一方で，情報理論に基づく情報セキュリティ方式として，「情報理論的セキュリティ」(information-theoretic security) が提案されている [Maurer 1993]．情報理論的セキュリティは，盗聴者の情報が制限されるという事実に基づき，確率論的にセキュリティを保障する方式である．計算量的セキュリティでは，量子コンピュータ等の計算機の発達による将来の盗聴の脅威が存在することに対し，情報理論的セキュリティでは，将来の脅威に対しても安全性を証明することができる点で優れている．

情報理論的セキュリティの1つの例として，「制限された可観測性」(bounded observability) に基づく方式が挙げられる [Muramatsu 2010]．制限された可観測性の例を図7.1に示す．正当ユーザであるアリスとボブが共通の情報源からのデータの一部（すべてではない）を入手する状況を考える．例えば，アリスとボブがランダムに全体の10個のデータから1個のデータを手に入れる

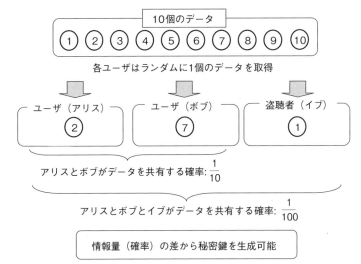

図7.1 制限された可観測性に基づく情報理論的セキュリティ方式の例

ことを想定する．この場合，アリスとボブの間で共通のデータを有している確率は，1/10となる．つまり，アリスとボブは，平均で10回に1回は共通のデータを持つことができる．次に，盗聴者であるイブを考えると，アリスとボブの両者と共通のデータを持つイブの確率は，条件付き確率になるために，$(1/10) \times (1/10) = 1/100$ となる．つまり，イブは平均で100回に1回のみ，アリスとボブ間で共有しているデータと同一のデータを共有できる．アリスとボブ間で共通のデータを有する確率（1/10）と，イブを含めた3者全員が共通のデータを有する確率（1/100）との差が，秘密鍵を生成するために使用される．アリスとボブは，共通のデータを確認するために個々の情報の一部を交換する必要がある．

より分かりやすい概念図として，ベン図による説明を図7.2に示す．図7.2は，全データに対してアリス，ボブ，イブが有してるデータを円で示している．ここで重要な仮定は，各々のユーザはすべてのデータを保持することはできないということであり，これは制限された可観測性を実現するための必要条件である．アリス，ボブ，イブは有限個のデータを持っており，ある確率で他のユーザとデータを共有している（図7.2の円の重なり部分）．アリスとボブは，秘密鍵を作成するためにイブが共有していない2人だけの共通のデータを

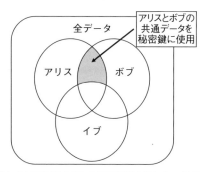

図 7.2　制限された可観測性に基づく情報理論的セキュリティ方式のベン図

使うことができる（図 7.2 の灰色部分）．つまり 3 人のユーザ間（アリス，ボブ，イブ）の共通の情報量よりも，2 人のユーザ間（アリスとボブ）の共通の情報量のほうが多いという優位性が，秘密鍵生成に使われる．もしもイブが全体のデータの中からより多くのデータを持っているならば，盗聴できる確率が向上する．そのためアリスとボブが共通のデータを有している確率が，イブまでも含めた 3 者が共通のデータを有している確率よりも十分に大きいということが，安全なシステムを設計するために重要である [Uchida 2003a]．

7.1.3　半導体レーザの共通信号入力同期を用いた相関乱数秘密鍵配送

(a)　共通信号入力同期

情報理論的セキュリティの実装方法として，半導体レーザの共通信号入力同期を用いた相関乱数秘密鍵配送方式が提案されている [Yoshimura 2012, Koizumi 2013]．これは共通ランダム信号を半導体レーザへと注入して同期を達成し，相関のある乱数列を正当ユーザ間で共有する方法である．本方式の要素技術として，共通信号入力同期が重要となる [Aida 2012]．共通信号入力同期とは，複雑な振動を有する送信レーザ光を 2 つの異なる初期条件の受信レーザに入力した場合，送信レーザと受信レーザの出力は異なるが，2 つの受信レーザ間では同一の出力が得られる現象のことである（4.6.2 項の一般化同期と類似した現象）．

半導体レーザにおける共通信号入力同期を用いた相関乱数秘密鍵配送の実験装置図を図 7.3 に示す [Yoshimura 2012]．1 つの送信レーザおよび 2 つの受信

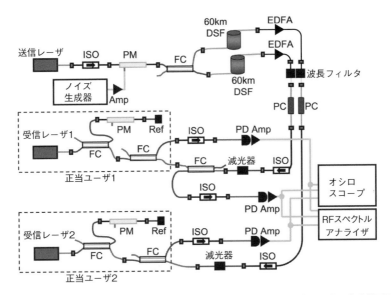

図 7.3　半導体レーザにおける共通信号入力同期を用いた相関乱数秘密鍵配送の実験装置図
Amp：電気信号増幅器，DSF：分散シフトファイバ，EDFA：光ファイバ増幅器，FC：ファイバカプラ，ISO：光アイソレータ，PC：偏光コントローラ，PD：光検出器，PM：位相変調器，Ref：ファイバリフレクタ（反射鏡）．（出典：[Yoshimura 2012] Fig.3）

レーザを用いており，正当ユーザはそれぞれ受信レーザを有していると仮定する．送信レーザには戻り光等を付加せずに，安定な状態で使用する．一定出力の送信レーザから出力された光は，アイソレータ (ISO) を通して位相変調器 (PM) へ入力される．ここでノイズ生成器にて生成されるノイズ信号を位相変調器へ注入することで，送信レーザ光の位相をランダムに変調し，「ランダム位相変調光」(constant amplitude and random phase light, CARP) を生成する．ランダム位相変調光とは，光強度が一定で位相のみがランダムに変調された光のことであり，カオス出力振動を用いるよりも送受信レーザ間の相関を低減させることができるため，盗聴者による鍵の推定を困難にする．このランダム位相変調光はファイバカプラ (FC) により2つに分割され，それぞれ60 kmの分散シフトファイバ (DSF) および光ファイバ増幅器 (EDFA) を通して伝搬される．この場合，正当ユーザ間の伝送距離は120 km離れている．その後，波長フィルタと偏光コントローラ (PC) を通り，減光器により光強度を調整した後，受信レーザへと注入される．各々の受信レーザは反射鏡 (Ref) を有して

おり，戻り光が付加されている（クローズドループ構成）．さらに戻り光を生成する光経路に位相変調器 (PM) が挿入されている．これは，戻り光に対して位相変調を加えるためである．戻り光の位相変調のパラメータ値は π または 0 のいずれかに設定し，π ならば位相を半周期ずらし，0 ならば位相をずらさない．位相変調のパラメータは各々の受信レーザでランダムかつ独立に選択する．この受信レーザの戻り光の位相変調が，秘密鍵を生成するために必要となる．受信レーザ出力は光検出器 (PD) により電気信号に変換され，電気信号増幅器 (Amp) により増幅されて，オシロスコープにて時間波形が検出される．

　受信レーザの戻り光の位相を，0 または π から構成される擬似ランダム信号で独立に変調した場合の，受信レーザ間の相関値の変化を観測した．位相変調には RZ (Return to Zero) 形式の時間波形を用いており，その変調周波数は 2 MHz に設定した．2 つの受信レーザ出力の時間波形における短時間の相互相関値の時間変化を図 7.4 に示す．図 7.4 の上段と中段は各受信レーザの戻り光の位相変調に用いたパラメータ波形を表している．また，下段は 2 つの受信レーザ間の短時間の相互相関値を示している．2 つの受信レーザに加えている位相変調のパラメータ値（0 または π）が等しい場合には，短時間の相互相関値が 0.9 以上と高い値である．一方で，位相変調のパラメータ値が不一致の場

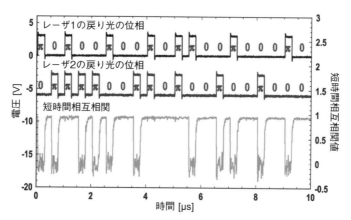

図 7.4　受信レーザの戻り光の位相変調に用いたパラメータ波形と，2 つの受信レーザ出力の時間波形における短時間の相互相関値の時間変化

(出典：[Yoshimura 2012] Fig.4(a))

合には，短時間の相互相関値が0付近であり，低い値となる．この特性を利用することで，秘密鍵配送が実現可能となる．

(b) 相関乱数秘密鍵配送方式の実装

前述の共通信号入力同期を用いて，情報理論的セキュリティに基づく相関乱数秘密鍵配送を行う．その概念図を図7.5に示す．すべてのユーザがアクセス可能な共通駆動信号源，および正当ユーザ（アリスとボブ）の存在を仮定する．本方式の前提条件として，以下の受信レーザシステムを仮定する．受信レーザシステムへ共通駆動信号源からの信号を入力し，各ユーザは2つのパラメータ値（戻り光の位相の場合は0またはπ）を独立かつランダムに選択してレーザを設定することで，アナログ波形を出力する．このアナログ波形に対して，しきい値を設定してサンプリングを行うことにより，アナログ波形からビット（0または1）を得ることができる（第6章の乱数生成と同様の手法）．このとき，各ユーザが選択した1つのパラメータ値（0またはπ）に対して1つのビット（0または1）が出力され，そのビットが0または1である確率はいずれも1/2であるとする．

ここで正当ユーザが同一のパラメータ値を選択した場合には，共通信号入力

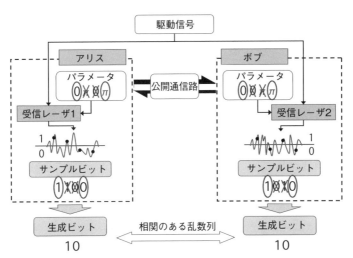

図7.5 共通信号入力同期を用いた情報理論的セキュリティに基づく相関乱数秘密鍵配送方式の概念図

同期によりアナログ波形が同期するために，正当ユーザ間で同一のビットが得られる．一方で正当ユーザが異なるパラメータ値を選択した場合には，アナログ波形の相関は0に近いため，正当ユーザ間で得られるビットにも相関はない．この2つの特性が秘密鍵配送の際に重要となる．

ここで正当ユーザであるアリスとボブが，パラメータ値を0またはπでランダムに選択すると仮定すると，同一のビットを得られる確率は1/2となる．一方で盗聴者のイブが同一のレーザ装置を有しており，パラメータ値を0またはπでランダムに選択すると仮定する．このとき，アリスとボブが共有しているビットをイブまでもが共有している確率は，条件付き確率であるために1/4となる．このような正当ユーザ間の確率と，正当ユーザ–盗聴者間の確率との差を利用して，情報理論的に安全なセキュリティを実現できる．

正当ユーザ間における秘密鍵生成の手順（プロトコル）は以下の通りである（図 7.5 参照）．

(1) 各ユーザは2つのパラメータ値（戻り光の位相の場合は0またはπ）を独立かつランダムに選択し，そのパラメータ値を自身の受信レーザに設定する．また同時に，受信レーザに対して共通駆動信号を入力する．

(2) 受信レーザから出力されるアナログ波形にしきい値を設定し，サンプリングして得られたビット（0または1）と，ビット生成に用いた設定パラメータ値（0またはπ）の組を保存する．

(3) 上記 (1)～(2) の操作を，多数回繰り返す．

(4) ビットを生成し終わった段階で，正当ユーザは選択したパラメータ値のみを公開通信路上でお互いに公開する．

(5) 正当ユーザ間でパラメータ値が一致していれば，対応するビットを相関乱数として出力し，一致していなければ対応するビットを破棄する．この処理を繰り返した後に，最終的に出力されたビット列から，秘密増幅を行うことにより秘密鍵を共有することが可能となる [Bennett 1995]．

上記の手順において，アナログ波形をサンプリングしてビットを生成する際に，ビット誤り率の低減を図るためにロバストサンプリング法が用いられる [Koizumi 2013]．ロバストサンプリング法とは，1つのしきい値の代わりに2

つのしきい値を設定し，上のしきい値よりもサンプリング点の値が大きければビット1とし，下のしきい値よりもサンプリング点の値が小さければビット0とする．一方でサンプリング点が上のしきい値と下のしきい値の間の場合には，ビットを破棄するという手法である．これにより，同期の誤差やノイズの影響を除去することができ，正当ユーザ間で共有するビットの誤り率が低減できる．

本方式における秘密鍵の生成率は，アナログ波形から生成したビット数に対して，最終的に秘密鍵として得られるビット数との比率として定義される [Yoshimura 2012, Koizumi 2013]．秘密鍵の生成率 R は次式で与えられる．

$$R = \frac{1}{M}\left(1 - \frac{M_E}{M}\right)(1 - I_E) \tag{7.1}$$

ここで，M は各ユーザが選択できるパラメータ値の総数である（上述の例では0またはπの2値であるため，$M = 2$）．$1/M$ は正当ユーザ間のパラメータ値が一致する確率であり，$1 - M_E/M$ は正当ユーザ間のパラメータ値が盗聴者の用いる M_E 個のパラメータ値に含まれない確率である．また I_E は相互情報量であり，アリスとボブが共有する1ビットの情報に関してイブが得られる情報量を示す．アリスとボブは，少なくとも鍵生成率 R までは，安全な秘密鍵を生成できることが保証される．つまり，イブがアリスとボブの共有ビットを完全に推定できない限り，$R > 0$ が満たされれば安全な鍵生成が可能であることを示している．

本方式および式 (7.1) を用いて実験データから秘密鍵生成率を算出したところ，$R = 0.091$ が得られた．これにパラメータ変調速度 2 MHz を乗算することで，秘密鍵生成速度は 182 kb/s となった．このように 120 km の伝送における秘密鍵配送の実証実験が報告されている [Yoshimura 2012]．

(c) 安全性（セキュリティ）の評価と多段化による安全性の向上

ここで本方式の安全性（セキュリティ）について考察する．はじめに盗聴者に関して以下を仮定する．盗聴者は正当ユーザとまったく同一の共通駆動信号を利用でき，さらに公開通信路を介して正当ユーザが交換するパラメータ情報をすべて知ることができると仮定する．一方で共通駆動信号を変化させたり，

公開通信路上の情報を改ざんするような能動的な攻撃については考えないとする．任意の受動的な攻撃に対し，正当ユーザが秘密鍵生成後に保持しているすべての共通ビット列を盗聴者が完全に推定できない場合，正当ユーザは盗聴者に対して秘密鍵を生成できることが数学的に証明されている [Muramatsu 2010]．つまり安全性を保障するためには，物理的な制約を利用することにより，盗聴者による正当ユーザ間の共通ビット列の完全推定を不可能にすることが重要である．

ここで盗聴者による完全推定を防ぐための物理的制約として，以下の性質が利用できる．非常に周波数帯域が広くて，その位相と振幅のランダムな高速時間振動が現在の技術では完全には観測できない光を，共通駆動信号として利用する．特に，数百 THz で高速に変動する光キャリア振動の位相情報を完全に記録できないという性質が重要である．これにより，盗聴者を含むすべてのユーザが共通駆動信号の時間変動を完全には記録・再現できないようにする．これは，正当ユーザ間で公開通信路を介してパラメータ値を交換した後の時点で，盗聴者が共通駆動信号を再現して正当ユーザと同一のパラメータ値を用いて同じ観測を行うことを防止するためである．つまり，すべてのユーザに対して共通駆動信号は一度しか利用できないという物理的制約が重要となる．

この制約の下で，盗聴者は複数の受信レーザを用いるような攻撃法が可能となる．例えば 2 つの受信レーザを用意し，一方のレーザの戻り光の位相を 0 に固定し，もう一方のレーザの戻り光の位相を π に固定する．この状況では，共通駆動信号を一度しか用いなくても，2 つのレーザに共通駆動信号を同時に入力することで，0 および π のパラメータ値に対応するアナログ波形とビットが得られる．これにより，正当ユーザがどちらのパラメータ値を選択した場合でも，盗聴者はビットの推定が可能となる．このような盗聴方法は，「サンプリングアタック」(sampling attack) と呼ばれている [Muramatsu 2006]．サンプリングアタックを防ぐためには，受信レーザの取り得るパラメータ値の総数を増加させることが重要である．つまり，盗聴者が同時に動作させることが可能な受信レーザシステムの最大数 M_E よりも，正当ユーザが取り得るパラメータ値の総数 M を大きく設定することが必要となる（$M > M_E$）．

この条件を実現するために，受信レーザの多段化方法が提案されている

7.1 情報理論的セキュリティに基づく安全な秘密鍵配送　287

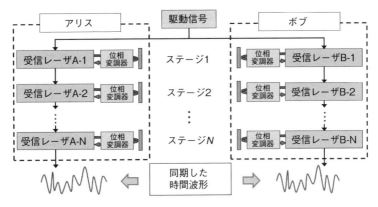

図7.6　受信レーザの多段化方式

盗聴者のサンプリングアタックへの対策方法．(出典：[Koizumi 2013] Fig.2)

[Koizumi 2013]．その概念図を図7.6に示す．本方式では受信レーザを複数用意し，一方向結合された受信レーザをN段に多段化することを考える．図7.6に示すように，共通駆動信号を1段目のレーザに注入し，1段目のレーザ出力を2段目のレーザへ注入する，また2段目のレーザ出力を3段目のレーザへ注入する，という具合である．最終的にはN段目のレーザ出力を秘密鍵生成に用いる．N段目のレーザ間で共通信号入力同期を達成させるためには，すべての段においてパラメータ値（戻り光の位相）を一致させる必要がある．

ここで各段の受信レーザでは，戻り光の位相のパラメータ値は0またはπの2値であるが，N段のレーザシステム全体におけるパラメータ値の組合せの総数は2^Nとなる．つまり段数Nを増加させることで，取り得るパラメータ値の総数を指数関数的に増加させることができる．一方で盗聴者によるサンプリングアタックには，すべてのパラメータの組合せを再現するために2^N個の受信レーザシステムが必要となる．つまり，正当ユーザは受信レーザの個数をN段にして線形に増加させると，盗聴者は2^N個の受信レーザシステムを準備する必要があり，指数関数的な増加が必要となる．このような指数関数的な特性は実質的に盗聴を不可能とさせる．例えば，正当ユーザが20段のレーザシステムを用意した場合（$N=20$），盗聴者はサンプリングアタックのために約100万台の受信レーザシステムが必要となる（$2^{20} \approx 10^6$）．さらに，盗聴者が有している受信レーザシステムの最大数をあらかじめ推定することが可能であ

れば（例えば2^N個とする），正当ユーザはレーザの個数を$N+1$段に増やすだけで，サンプリングアタックに対して安全な秘密鍵配送が可能となる．

実際に多段化された受信レーザシステム ($N = 2$) を用いて秘密鍵配送実験が行われた [Koizumi 2013]．その結果，伝送距離 120 km において秘密鍵生成率は $R = 0.032$ が得られた．ここでパラメータ変調速度 2 MHz を乗算することで，64 kb/s での秘密鍵生成速度が実験的に達成された．また安全性の向上のために受信レーザの多段化数 N を増加させると，秘密鍵生成速度が指数関数的に減少することが示されている．つまり，安全性と秘密鍵生成速度にはトレードオフの関係があることが分かる．

7.2 レーザカオスを用いたリザーバコンピューティング

7.2.1 リザーバコンピューティングとは何か？

レーザカオスを用いた他の応用として，「リザーバコンピューティング」(reservoir computing) と呼ばれる新たな光コンピュータが提案されている [Appeltant 2011]．これは並列化や高速化を目的とした従来の光コンピュータや光論理演算とは異なり，レーザ出力から生じる複雑な過渡応答を利用して情報処理を行う手法である．入力に対する出力がある一定の関係を満たすように学習を行い，入出力の対応関係から情報処理を行うという方式である．本節では参考文献 [中山 2015] を元に，リザーバコンピューティングについて概説する．

リザーバコンピューティングは「ニューラルネットワーク」(neural network) から派生した概念である．脳内での多数のニューロンによる情報処理を模倣したシステムがニューラルネットワークであり，特に自己フィードバックを有するネットワークはリカレントニューラルネットワークと呼ばれている．リカレントニューラルネットワークではノード間の結合強度が出力に強く影響するため，入力とネットワーク間や，ネットワークの各ノード間，さらにはネットワークと出力間のすべての結合強度を，学習により最適化する必要がある．しかしながら学習によりネットワークの結合強度が変化するため，学習のアルゴ

7.2 レーザカオスを用いたリザーバコンピューティング 289

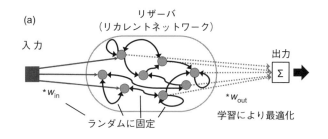

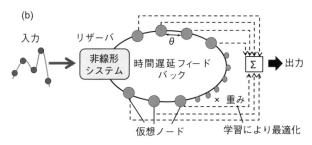

図 7.7 リザーバコンピューティングの概念図
(a) ニューラルネットワークを使用，(b) 時間遅延フィードバックを有する非線形システムを使用．

リズムが複雑で膨大な計算を必要とする点が欠点である．一方で図 7.7 (a) に示すように，リザーバコンピューティングでは，入力とネットワーク間および，ネットワーク同士の結合強度は一定の値に固定し，出力の結合強度に対してのみ学習を行う．つまり学習によるネットワークの最適化を必要としないため，学習が簡素化できる点が優れている．

リザーバコンピューティングが注目を浴びたのは，ニューラルネットワークの代わりに，時間遅延を有する非線形電子回路を用いた実証実験が 2011 年に報告されたためである [Appeltant 2011]．図 7.7 (b) にその概念図を示す．この方式では時間遅延を有する非線形素子を用いて，遅延時間内のループをある一定の間隔で区切る．ここで各点での出力信号をネットワークの仮想ノード状態と見なすことで，仮想的なネットワークを構成している．これまでのニューラルネットワークのように多くの素子を結合する必要がなく，単体の非線形素子に時間遅延を加えるだけで実装が行える点が優れている．このような実装の容易性により，電子回路のみならず，光システムを用いたリザーバコンピューティングの実装が多く行われている．特に光システムを用いた場合には，処理

速度の高速化が期待できる．これまでに時間遅延した戻り光を有する半導体レーザを用いて，1.1 GByte/s での高速な情報処理が達成されている（7.2.4 項参照）．

7.2.2 時間遅延システムを用いたリザーバコンピューティングの構成方法

本項では，時間遅延フィードバックを有する非線形素子を用いたリザーバコンピューティングの構成について説明する．時間遅延フィードバックループ内の出力を間隔 θ ごとに区切り，各出力を仮想ノード状態として考える．本システムは入力部，リザーバ部，出力部に分かれており，以下にその詳細について述べる．

リザーバ部は，単一の非線形素子と時間遅延フィードバックループから構成される（図 7.7 (b) 参照）．時間遅延フィードバックループ内の出力を間隔 θ ごとに区切り，各出力を仮想ノード状態として定義する．リザーバに入力信号を加えた後，時間遅延ループ内の出力を仮想ノード状態として計測する．ここでは，フィードバックの遅延時間 τ の出力から間隔 θ ごとに N 個の仮想ノード状態を得るとする（$\tau = N\theta$）．この N 個の仮想ノード状態の重み付き線形和を出力とし，入出力間に一定の対応関係が生じるように学習を行い，重みを決定する．

リザーバに必要とされる性質として，「高次元性」(high dimensionality) と「コンシステンシー」(consistency) が挙げられる．リザーバコンピューティングでは効率的な分類や予測を行うために，低次元の入力信号を高次元空間に非線形変換する必要がある．時間遅延 τ を有する非線形システムは，連続した $[0, \tau]$ の区間における過去の状態から現在の状態が決定されるため，一般的に高次元である．また，音声認識や予測を行うためには，過去の短時間入力のみが影響するように，リザーバが短期メモリの性質を持つことが重要となる．さらに同一入力信号に対して同一の出力を示すというコンシステンシー（再現性）が必要である（4.7 節参照）．多くの実装例ではレーザ出力を安定状態に保ち，その過渡応答を仮想ノード状態として用いてコンシステンシーを実現している．

入力部では図 7.8 (a) に示すような前処理を行う．各入力信号に対してサン

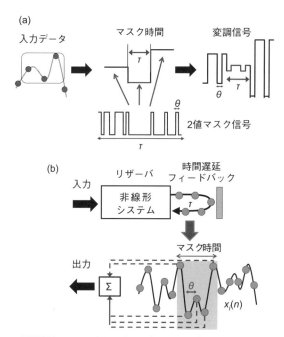

図 7.8　時間遅延システムを用いたリザーバコンピューティングの処理方法
(a) 入力部におけるマスク信号の付加方法，(b) リザーバ部および出力部における仮想ノード出力を用いた重み付き線形和の計算方法．

プリングを行い，時間軸上で離散化された信号を作成する．離散化信号の各点に対して，時間 T だけ引き延ばしたステップ状の入力信号を作成する．入力信号を引き延ばす時間 T（入力ステップ時間）は，リザーバでのフィードバックの遅延時間 τ に等しく（$\tau = T$）設定することが多い（$\tau = T + \theta$ と設定する場合もある）．次に引き延ばされた各入力信号に対して，あらかじめ用意したマスク信号を重畳し，これを新たな変調信号としてリザーバに入力する．マスク信号とは，ノード間隔 θ ごとにランダムに値を変化させた，遅延時間 τ の長さの信号のことである．マスク信号を付加することでリザーバは常に過渡的ダイナミクスを示すため，異なる仮想ノード状態を得ることが可能となる．

　マスク信号として，2値ランダム信号が多くの研究で用いられている．また 6値ランダム信号をマスク信号と用いることで，性能が向上すると報告されている [Soriano 2013b]．さらにはマスク信号の最適な構築法についての調査も行われている [Appeltant 2014]．いずれの場合にもマスク信号の付加によ

り，入力信号に対するリザーバの過渡応答の多様性を増加させることが重要となる．

さらに出力部では，図7.8 (b) に示すように入力信号ごとに作成されるN個の仮想ノード状態を用いて，これらの重み付き線形和を出力とする．出力の重みをw_i $(i=1, 2, \cdots, N)$とし，t番目の入力信号に対する各仮想ノード状態を$x_i(t)$とおく．このとき，重み付き線形和の出力$y(t)$は，以下のように表せる．

$$y(t) = \sum_{i=1}^{N} w_i x_i(t) \tag{7.2}$$

出力の重みw_iは学習により一意に決定する．リザーバの出力が学習データと一致するように，例えば最小二乗法を用いて重みを決定する．

$$\frac{1}{L} \sum_{t=1}^{L} (y(t) - \hat{y}(t))^2 \Rightarrow \min \tag{7.3}$$

ここで，Lは学習数であり，$\hat{y}(t)$は学習データである．式(7.3)が最小となるように，出力の重みw_iを学習により決定する．

7.2.3 リザーバコンピューティングの性能評価方法

リザーバコンピューティングの性能評価の手法として，「タスク」(task) と呼ばれる情報処理が多く用いられている．ここでは時系列予測タスクや音声認識タスクついて紹介する．

時系列予測タスクとは，不規則に変動する時間波形データ（時系列）を用意し，その時系列を予測するタスクである．ある地点での時系列データの値を入力として，リザーバに与える．本タスクではこの時系列データの1ステップ先または数ステップ先を予測することを目的とする．評価には規格化平均二乗誤差 (normalized mean square error, NMSE) を用いて性能評価を行う．本タスクでは，遠赤外線レーザカオスの時系列データ等を用いて評価する例が多く報告されている．

また音声認識タスクについて説明する．本タスクでは音声信号を入力として，人の内耳をモデル化した処理を行うことで，音声信号をニューロンが受け

取る形式に変換する．これをリザーバへ入力し，音声信号を正しく認識することを目的とする．例えば，複数の人間が発声した0から9までの10個の数字の音声信号を，リザーバが正しく判定できるかどうかを評価する．性能評価は，全単語数に対する認識誤り単語の割合を示す，単語誤り率 (word error rate, WER) を用いて行われる．

7.2.4 リザーバコンピューティングの実装例

本項では，時間遅延システムを用いたリザーバコンピューティングについて紹介する．特に電気–光システムや，非線形光学素子，および半導体レーザを用いた実装例について述べる．

電気–光システムを用いたリザーバコンピューティングの実装がこれまでに提案されている．その実装方式を図7.9に示す [Larger 2012]．この電気–光システムは，非線形素子と時間遅延フィードバックにより複雑なカオス出力を発生する（3.4節参照）．ここでは非線形素子として光強度変調器を用いている．レーザ光を変調器へ入力し，その出力を光検出器で検出することで電気信号へと変換される．電気信号は増幅されて，変調器へとフィードバックされる．フィードバック信号の大きさに応じて強度変調器の動作点が変化し，レーザ光強度が変化するため，複雑な振動波形が得られる．ここでは遅延時間を $\tau = 20.87\,\mu s$ と設定している．また性能評価として，音声認識タスクでの誤り率 0.04% が得られている．

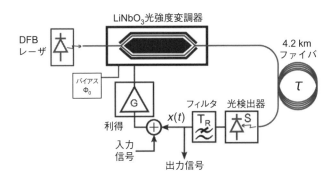

図7.9　光電気システムを用いたリザーバコンピューティング

(出典：[Larger 2012] Fig.2)

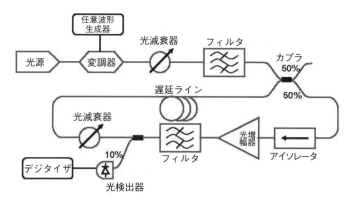

図 7.10 非線形光学素子を用いたリザーバコンピューティング

(出典：[Duport 2012] Fig.1)

また非線形光学素子を用いたリザーバコンピューティングも提案されている．その実装方式を図 7.10 に示す [Duport 2012]．本方式では，半導体光増幅器 (semiconductor optical amplifier, SOA) の利得飽和の非線形性を用いている．本実装では，遅延時間 $\tau = 7.94\,\mu\mathrm{s}$ と設定している．性能評価を行ったところ，音声認識タスクの誤り率は 3 % であり，前述した電気–光システムの実装方式よりも悪化している．本実装では光増幅器のノイズが性能に大きく影響するためだと指摘されている．

さらに，時間遅延した戻り光を有する半導体レーザのダイナミクスを用いたリザーバコンピューティングが提案され，GByte/s を超える高速な情報処理が達成されている [Brunner 2013]．本実装では，時間遅延した戻り光を有する半導体レーザをリザーバとして用いており，その非線形ダイナミクスは高速かつ複雑な出力を示す．遅延時間は $\tau = 77.6\,\mathrm{ns}$ であり，前述の方式よりも短い時間に設定している．遅延時間が短いほど，処理の高速化が可能となる．光信号を入力に用いて半導体レーザの光強度を変調させる手法と，電気信号を入力に用いて半導体レーザの注入電流を変調させる 2 つの手法が提案されている．光信号を用いた場合のほうが誤り率が小さく，よい性能であり，音声認識タスクでの最小の誤り率は 0.014 % であった．さらに 86 個の音声信号を周波数多重して入力し，同時に処理することで，1.1 GByte/s の処理速度（遅延時間の逆数 12.9 MHz × 86 チャンネル）を達成している．

コラム　リザーバとは何か？

　リザーバコンピューティングのリザーバ (reservoir) とは何のことであろうか？　リザーバとは，貯水池やダムのような水をためる場所という意味である．リザーバコンピューティングという名前は，以下の比喩に由来している．例えば小石をダムへ投げ入れると，水面上に波紋ができる．もしも投げ入れた小石の形状や重さ，個数等を変化させると，水面の波紋形状も複雑に変化する．ここで，入力（小石の情報）に対する出力（波紋の形状）には，複雑であるものの，ある一定の対応関係が成立している．その場合，類似した入力に対しては類似した出力を示すことが期待できる．この一対一の対応関係を利用して，単純な入力を複雑な出力へと非線形変換することで，分類や予測等の情報処理を実現するという手法である．

　リザーバコンピューティングでは，入力信号を高次元空間へ非線形写像変換し，高次元空間において情報処理を行う．その一例を図 7.C.1 に示す．図 7.C.1(a) では，丸と星の2種類の記号が2次元空間（x–y 平面）に2個ずつ配置されており，これを1本の直線で同一種類に線形分離する問題を考える．この配置の場合，x–y 平面上において1本の直線のみで線形分離することは不可能であり，2本の直線が必要となる．しかしながら，図 7.C.1(a) の配置を2次元空間から3次元空間へと変換すると，図 7.C.1(b) のようになる．この場合，2種類の記号は z 軸方向に離れて配置されているため，1つの平面で線形分離ができる．このように高次元空間に変換を行うことで，分類等の情報処理が可能となる．

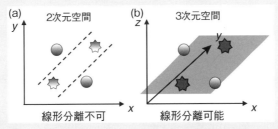

図 7.C.1　低次元空間から高次元空間への非線形写像変換と線形分離
(a) 2次元空間．(b) 3次元空間．

7.3 レーザカオスを用いたリモートセンシング

レーザカオスの他の応用として，計測分野への応用が考えられる．レーザカオスの高周波数帯域特性を利用した「リモートセンシング」(remote sensing) が提案されている．本節ではその手法について概説する．

7.3.1 カオスライダ

物体検出や距離測定における応用のために「ライダ」(light detection and ranging, LIDAR) を用いたリモートセンシングが提案されている．距離測定の分解能を高めるために，従来はピークパワーの高い短パルスレーザや連続変調されたレーザが光源として使用されている．短パルスを用いたリモートセンシングの距離測定の分解能はパルス幅に依存し，一般的にはm（メートル）程度である．一方で連続変調を用いる方法では，目標物から反射あるいは散乱された信号光と時間遅延した基準信号との相関を調べるか，あるいはマイケルソン干渉計を使用してそれらを光学的に干渉させることにより，物体検出や位置特定が行われる．その距離測定の分解能は変調波形の帯域により決定される．しかしながら，擬似乱数を用いて変調した連続変調ライダの分解能は数十m程度である．さらに，擬似乱数符号が有限な長さであるために距離の検出は制限され，よりよい分解能を達成するためには高速変調用の高価な外部変調器が必要となる．

「カオスライダ」(chaos LIDAR, CLIDAR) は，半導体レーザの非線形ダイナミクスを利用したライダである [Lin 2004a]．光源として半導体レーザのカオス出力を用いて，目標物から反射，散乱された信号と遅延基準波形の相関を調べることにより，距離を計測することができる．短パルスや連続変調を用いたライダと比較すると，レーザカオスの広帯域性により，カオスライダは非常によい距離測定の分解能を有する．15 GHz を超える帯域があれば，cm（センチメートル）単位の分解能を達成できる．さらに，カオスライダは，高価な高速符号生成器や変調器の必要性がない点が優れている．カオス波形は同一の波形を繰り返さないため，有限の擬似乱数長や周期波形により生じる距離計測

の不確定性が除去される．戻り光を付加した半導体レーザから生成されるカオスレーザパルス列を用いた距離測定もこれまでに提案されている [Myneni 2001].

提案されたカオスライダシステムの実験装置図を図7.11に示す [Lin 2004a]. 本方式では，カオス波形を生成するために光注入を行っている．送信レーザの出力光を注入された受信レーザのダイナミクスは，受信レーザの注入電流や，送信レーザと受信レーザの間の光周波数差，および光注入強度の可変パラメータにより変化する．適切なパラメータの調節により，受信レーザは広い周波数スペクトルを有するカオスを発生する．実験において使用されるレーザは，単一モードの分布帰還型半導体レーザである．2つのレーザ間の光周波数差は約 2.7 GHz に設定し，受信レーザの緩和発振周波数は 3 GHz である．不要な戻り光を防ぐために，受信レーザの直後に光アイソレータを配置する．受信レーザ出力は偏光回転ビームスプリッタにより2つのビームに分けられ，1つは検出用ビームとして働き，もう1つは基準用ビームに用いられる．偏光ビームスプリッタに対して 1/2 波長板の角度を回転させることにより，これらの2つのビーム間の光強度比率を調節することができる．検出用ビームは直接目標物に照射され，目標物から反射あるいは散乱される．この検出光と基準光は光検出器により電気信号へと変換され，RF信号増幅器により増幅される．これらの電気信号の時間波形はオシロスコープにより計測され，周波数スペクトル

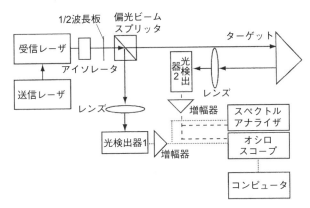

図7.11　光注入された半導体レーザを用いたカオスライダの実験装置図
(出典：[Lin 2004a] Fig.1)

はRFスペクトルアナライザを用いて計測される．検出信号と基準信号との相関を調査することで，目標物の位置が測定できる．検出信号と基準信号の相関は，電気的にも光学的にも計測できる．この特性はカオスライダの応用上における利点である．

　本手法の有用性を示すために，鏡を検出対象として用いた距離計測の結果を図7.12に示す [Lin 2004a]．検出光と基準光が検出され，その相関特性を図7.12（左）に示す．鏡を50 cm動かしたときの移動距離を計測したところ，2つの相関ピークが観測された．その間隔は3.3 nsであり，光路長に変換すると49.5 cmである．また相関特性の半値幅は0.2 nsであり，これは距離計測の分解能が3 cmであることに相当している．この分解能は，計測に用いたオシロスコープの帯域（3 GHz）により制限されている．このように，cmのオーダでの距離計測が達成できることが実験的に実証されている．

　オシロスコープや光検出器の帯域制限による分解能の低下を防ぐために，マイケルソン干渉計を用いた検出方法が有用である．検出光と基準光の干渉光強度を観測することで，より分解能の高い距離計測が可能となる．図7.12（右）にその結果を示す．ここでは，鏡を10.0 mm移動させた場合の移動距離の計測を行っている．2つの干渉光強度のピークの差は10.0 mmに対応している．またその半値幅は5.5 mmであり，mm（ミリメートル）オーダでの分解能での距離計測が実現できることが示されている．

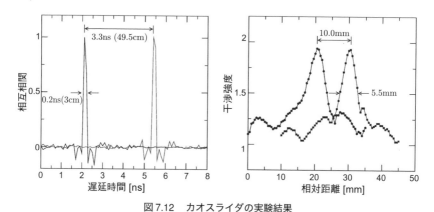

図7.12　カオスライダの実験結果

検出光と基準光との相互相関関数を示す．（左）50.0 cmの距離変化を測定，（右）10.0 mmの距離変化を測定．（出典：[Lin 2004a] Fig.7，Fig.8）

また，レーザカオス波形を光のまま利用してカオスライダを実現する代わりに，マイクロ波生成源として「レーダ」(radio detection and ranging, RADAR)へも使用することができる．これは「カオスレーダ」(chaos RADAR) と呼ばれており，同様の装置にて実証実験が行われている [Lin 2004b]．

参考文献

[Abarbanel 1996]　H. D. I. Abarbanel, N. F. Rulkov, and M. M. Sushchik, *Physical Review E*, Vol. **53**, No. 5, pp. 4528–4535 (1996).

[Agrawal 1993]　G. P. Agrawal and N. K. Dutta, "Semiconductor Lasers", Second Edition, Van Nostrand Reinhold, New York (International Thomson Publishing, London) (1993).

[Ahlers 1998]　V. Ahlers, U. Parlitz, and W. Lauterborn, *Physical Review E*, Vol. **58,** No. 6, pp. 7208–7213 (1998).

[Aida 2012]　H. Aida, M. Arahata, H. Okumura, H. Koizumi, A. Uchida, K. Yoshimura, J. Muramatsu, and P. Davis, *Optics Express*, Vol. **20**, No. 11, pp. 11813–11829 (2012).

[Akizawa 2012]　Y. Akizawa, T. Yamazaki, A. Uchida, T. Harayama, S. Sunada, K. Arai, K. Yoshimura, and P. Davis, *IEEE Photonics Technology Letters*, Vol. **24**, No. 12, pp. 1042–1044 (2012).

[Annovazzi-Lodi 1996]　V. Annovazzi-Lodi, S. Donati, and A. Scirè, *IEEE Journal of Quantum Electronics*, Vol. **32**, No. 6, pp. 953–959 (1996).

[Annovazzi-Lodi 2008]　V. Annovazzi-Lodi, A. Argyris, M. Benedetti, M. Hamacher, S. Merlo, and D. Syvridis, *Optics and Photonics News*, Vol. **19**, No. 10, pp. 36–41 (2008).

[青木 2001]　青木薫 訳, サイモン・シン 著,『暗号解読, ロゼッタストーンから量子暗号まで』, 新潮社 (2001).

[Appeltant 2011]　L. Appeltant, M. C. Soriano, G. Van der Sande, J. Danckaert, J. Dambre, B. Schrauwen, C. R. Mirasso, and I. Fischer, *Nature Communications*, Vol. **2**, No. 468, pp. 1–6 (2011).

[Appeltant 2014]　L. Appeltant, G. Van der Sande, J. Danckaert and I. Fischer, *Scientific Reports*, Vo. **4**, No. 3629, pp. 1–5 (2014) .

[Arecchi 1984]　F. T. Arecchi, G. L. Lippi, G. P. Puccioni, and J. R. Tredicce, *Optics Communications*, Vol. **51**, No. 5, pp. 308–314 (1984).

[Argyris 2004]　A. Argyris, D. Kanakidis, A. Bogris, and D. Syvridis, *IEEE Journal of Selected Topics in Quantum Electronics*, Vol. **10**, No. 5, pp. 927–935 (2004).

[Argyris 2005]　A. Argyris, D. Syvridis, L. Larger, V. Annovazzi-Lodi, P. Colet, I. Fischer, J. García-Ojalvo, C. R. Mirasso, L. Pesquera, and K. A. Shore,

Nature, Vol. **438**, pp. 343–346 (2005).

[Argyris 2008]　A. Argyris, M. Hamacher, K. E. Chlouverakis, A. Bogris, and D. Syvridis, *Physical Review Letters*, Vol. **100**, No. 19, pp. 194101 (2008).

[Argyris 2010a]　A. Argyris, E. Grivas, M. Hamacher, A. Bogris, and D. Syvridis, *Optics Express*, Vol. **18**, No. 5, pp. 5188–5198 (2010).

[Argyris 2010b]　A. Argyris, S. Deligiannidis, E. Pikasis, A. Bogris, and D. Syvridis, *Optics Express*, Vol. **18**, No. 18, pp. 18763–18768 (2010).

[Bennett 1995]　C. H. Bennett, G. Brassard, C. Crepeau, and U. M. Maurer, *IEEE Transactions on Information Theory*, Vol. **41**, No. 6, pp. 1915–1923 (1995).

[Bergé 1984]　P. Bergé, Y. Pomeau, and C. Vidal, "Order within Chaos: Towards a Deterministic Approach to Turbulence," John Wiley & Sons, New York (1984).

[Bracikowski 1992]　C. Bracikowski, R. F. Fox, and R. Roy, *Physical Review A*, Vol. **45**, No. 1, pp. 403–408 (1992).

[Brown 1998]　R. Brown, *Physical Review Letters*, Vol. **81**, No. 22, pp. 4835–4838 (1998).

[Brunner 2013]　D. Brunner, M. C. Soriano, C. R. Mirasso, and I. Fischer, *Nature Communications*, Vol. **4**, No. 1364, pp.1–7 (2013).

[Buldú 2004]　J. M. Buldú, J. García-Ojalvo, and M.C. Torrent, *IEEE Journal of Quantum Electronics*, Vol. **40**, No. 6, pp. 640–650 (2004).

[Colet 1994]　P. Colet and R. Roy, *Optics Letters*, Vol. **19**, No. 24, pp. 2056–2058 (1994).

[Cuomo 1993]　K. M. Cuomo and A. V. Oppenheim, *Physical Review Letters*, Vol. **71**, No. 1, pp. 65–68 (1993).

[Dichtl 2007]　M. Dichtl, *Lecture Notes in Computer Science*, Vol. **4593**, pp. 137–152 (2007).

[Ditto 1993]　W. L. Ditto and L. M. Pecora, *Scientific American*, Vol. **269**, No. 2, pp. 78–84 (1993).

[Duport 2012]　F. Duport, B. Schneider, A. Semerieri, M. Haelterman, and S. Massar, *Optics Express*, Vol. **20**, No. 20, pp. 22783–22795 (2012).

[Dynes 2008]　J. F. Dynes, Z. L. Yuan, A. W. Sharpe, and A. J. Shields, *Applied Physics Letters*, Vol. **93**, No. 3, pp. 031109 (2008).

[Fischer 1996]　I. Fischer, G. H. M. van Tartwijk, A. M. Levine, W. Elsässer, E. Göbel, and D. Lenstra, *Physical Review Letters*, Vol. **76**, No. 2, pp. 220–223 (1996).

[Fischer 2000]　I. Fischer, Y. Liu, and P. Davis, *Physical Review A*, Vol. **62**, No. 1, pp. 011801(R) (2000).

[Fischer 2006]　I. Fischer, R. Vicente, J. M. Buldú, M. Peil, C. R. Mirasso, M.

C. Torrent, and J. García-Ojalvo, *Physical Review Letters*, Vol. **97**, No. 12, pp. 123902 (2006).

[Fujino 2000]   H. Fujino and J. Ohtsubo, *Optics Letters*, Vol. **25**, No. 9, pp. 625–627 (2000).

[Fujisaka 1983]   H. Fujisaka and T. Yamada, *Progress of Theoretical Physics*, Vol. **69**, No. 1, pp. 32–47 (1983).

[Gabriel 2010]   C. Gabriel, C. Wittmann, D. Sych, R. Dong, W. Mauerer, U. L. Andersen, C. Marquardt, and G. Leuchs, *Nature Photonics*, Vol. **4**, No. 10, pp. 711–715 (2010).

[Geddes 1999]   J. B. Geddes, K. M. Short, and K. Black, *Physical Review Letters*, Vol. **83**, No. 25, pp. 5389–5392 (1999).

[Gisin 2002]   N. Gisin, G. Ribordy, W. Tittel, and H. Zbinden, *Review of Modern Physics*, Vol. **74**, No. 1, pp. 145–195 (2002).

[Goedgebuer 1998]   J.-P. Goedgebuer, L. Larger, and H. Porte, *Physical Review Letters*, Vol. **80**, No. 10, pp. 2249–2252 (1998).

[Haken 1975]   H. Haken, *Physics Letters A*, Vol. **53**, No. 1, pp. 77–78 (1975).

[Harayama 2011]   T. Harayama, S. Sunada, K. Yoshimura, P. Davis, K. Tsuzuki, and A. Uchida, *Physical Review A*, Vol. **83**, pp. 031803(R) (2011).

[Harayama 2012]   T. Harayama, S. Sunada, K. Yoshimura, J. Muramatsu, K. Arai, A. Uchida, and P. Davis, *Physical Review E*, Vol. **85**, pp. 046215 (2012).

[Heil 1998]   T. Heil, I. Fischer, and W. Elsäßer, *Physical Review A*, Vol. **58**, No. 4, pp. R2672-R2675 (1998).

[Heil 2001a]   T. Heil, I. Fischer, W. Elsässer, J. Mulet, and C. R. Mirasso, *Physical Review Letters*, Vol. **86**, No. 5, pp. 795–798 (2001).

[Heil 2001b]   T. Heil, I. Fischer, W. Elsäßer, and A. Gavrielides, *Physical Review Letters*, Vol. **87**, No. 24, pp. 243901 (2001).

[Heil 2003]   T. Heil, A. Uchida, P. Davis, and T. Aida, *Physical Review A*, Vol. **68**, No. 3, pp. 033811 (2003).

[Hirano 2009]   K. Hirano, K. Amano, A. Uchida, S. Naito, M. Inoue, S. Yoshimori, K. Yoshimura, and P. Davis, *IEEE Journal of Quantum Electronics*, Vol. **45**, No. 11, pp. 1367–1379 (2009).

[Hirano 2010]   K. Hirano, T. Yamazaki, S. Morikatsu, H. Okumura, H. Aida, A. Uchida, S. Yoshimori, K. Yoshimura, T. Harayama, and P. Davis, *Optics Express*, Vol. **18**, No. 6, pp. 5512–5524 (2010).

[Hwang 2000]   S. K. Hwang and J. M. Liu, *Optics Communications*, Vol. **183**, pp. 195–205 (2000).

[Ikeda 1979]   K. Ikeda, *Optics Communications*, Vol. **30**, No. 2, pp. 257–261 (1979).

[Ikeda 1982] K. Ikeda, K. Kondo, and O. Akimoto, *Physical Review Letters*, Vol. **49**, No. 20, pp. 1467–1470 (1982).

[Jennewein 2000] T. Jennewein, U. Achleitner, G. Weihs, H. Weinfurter, and A. Zeilinger, *Review of Scientific Instruments*, Vol. **71**, No. 4, pp. 1675–1680 (2000).

[Kanakidis 2003] D. Kanakidis, A. Argyris, and D. Syvridis, *Journal of Lightwave Technology*, Vol. **21**, No. 3, pp. 750–758 (2003).

[Kanno 2012] K. Kanno and A. Uchida, *Physical Review E*, Vol. **86**, pp. 066202 (2012).

[Kanter 2010] I. Kanter, Y. Aviad, I. Reidler, E. Cohen, and M. Rosenbluh, *Nature Photonics*, Vol. **4**, No. 1, pp. 58–61 (2010).

[Kantz 1997] H. Kantz and T. Schreiber, "Nonlinear Time Series Analysis," Cambridge University Press, Cambridge, UK (1997).

[Kao 1993] Y. H. Kao and H. T. Lin, *IEEE Journal of Quantum Electronics*, Vol. **29**, No. 6, pp. 1617–1623 (1993).

[Klein 2006] E. Klein, N. Gross, E. Kopelowitz, M. Rosenbluh, L. Khaykovich, W. Kinzel, and I. Kanter, *Physical Review E*, Vol. **74**, No. 4, pp. 046201 (2006).

[Koizumi 2013] H. Koizumi, S. Morikatsu, H. Aida, T. Nozawa, I. Kakesu, A. Uchida, K. Yoshimura, J. Muramatsu, and P. Davis, *Optics Express*, Vol. **21**, No. 15, pp. 17869–17893 (2013).

[Kuntsevich 2001] B. F. Kuntsevich and A. N. Pisarchik, *Physical Review E*, Vol. **64**, No. 4, pp. 046221 (2001).

[Lang 1980] R. Lang and K. Kobayashi, *IEEE Journal of Quantum Electronics*, Vol. **16**, No. 3, pp. 347–355 (1980).

[Larger 1998a] L. Larger, J.-P. Goedgebuer, and F. Delorme, *Physical Review E*, Vol. **57**, No. 6, pp. 6618–6624 (1998).

[Larger 1998b] L. Larger, J.-P. Goedgebuer, and J.-M. Merolla, *IEEE Journal of Quantum Electronics*, Vol. **34**, No. 4, pp. 594–601 (1998).

[Larger 2004] L. Larger, J.-P. Goedgebuer, and V. Udaltsov, *Comptes Rendus Physique*, Vol. **5**, No. 6, pp. 669–681 (2004).

[Larger 2005] L. Larger, P.-A. Lacourt, S. Poinsot, and M. Hanna, *Physical Review Letters*, Vol. **95**, pp. 043903 (2005).

[Larger 2012] L. Larger, M. C. Soriano, D. Brunner, L. Appeltant, J. M. Gutierrez, L. Pesquera, C. R. Mirasso, and I. Fischer, *Optics Express*, Vol. **20**, No. 3, pp. 3241–3249 (2012).

[Larson 2006] L. E. Larson, J.-M. Liu, and L. S. Tsimring (Editors), "Digital Communications Using Chaos and Nonlinear Dynamics," Springer, New York (2006).

[Lavrov 2009]   R. Lavrov, M. Peil, M. Jacquot, L. Larger, V. Udaltsov, and J. Dudley, *Physical Review E*, Vol. **80**, No. 2, pp. 026207 (2009).

[Lavrov 2010]   R. Lavrov, M. Jacquot, and L. Larger, *IEEE Journal of Quantum Electronics*, Vol. **46**, No. 10, pp. 1430–1435 (2010).

[L'Ecuyer 2007]   P. L'Ecuyer and R. Simard, *ACM Transactions on Mathematical Software*, Vol. **33**, No. 4, Article 22 (2007).

[Li 2011]   X. Li, A. B. Cohen, T. E. Murphy, and R. Roy, *Optics Letters*, Vol. **36**, No.6, pp. 1020–1022 (2011).

[Lin 2003]   F.-Y. Lin and J.-M. Liu, *IEEE Journal of Quantum Electronics*, Vol. **39**, No. 4, pp. 562–568 (2003).

[Lin 2004a]   F.-Y. Lin and J.-M. Liu, *IEEE Journal of Selected Topics in Quantum Electronics*, Vol. **10**, No. 5, pp. 991–997 (2004).

[Lin 2004b]   F.-Y. Lin and J.-M. Liu, *IEEE Journal of Quantum Electronics*, Vol. **40**, No. 6, pp. 815–820 (2004).

[Lin 2012]   F.-Y. Lin, Y.-K. Chao, and T.-C. Wu, *IEEE Journal of Quantum Electronics*, Vol. **48**, No. 8, pp. 1010–1014 (2012).

[Liu 2002a]   J. M. Liu, H. F. Chen, and S. Tang, *IEEE Journal of Quantum Electronics*, Vol. **38**, No. 9, pp. 1184–1196 (2002).

[Liu 2002b]   Y. Liu, Y. Takiguchi, P. Davis, T. Aida, S. Saito, and J. M. Liu, *Applied Physics Letters*, Vol. **80**, No. 23, pp. 4306–4308 (2002).

[Lorenz 1963]   E. N. Lorenz, *Journal of the Atmospheric Sciences*, Vol. **20**, No. 2, pp. 130–141 (1963).

[Lorenz 1993]   E. N. Lorenz, "The Essence of Chaos," The University of Washington Press, Seattle (1993).

[Maiman 1960]   T. H. Maiman, *Nature*, Vol. **187**, No. 4736, pp. 493–494 (1960).

[Mainen 1995]   Z. F. Mainen and T. J. Sejnowski, *Science*, Vol. **268**, No. 5216, pp. 1503–1506 (1995).

[Mandel 1997]   P. Mandel, "Theoretical Problems in Cavity Nonlinear Optics," Cambridge University Press, Cambridge, UK (1997).

[Masoller 2001]   C. Masoller, *Physical Review Letters*, Vol. **86**, No. 13, pp. 2782–2785 (2001).

[Maurer 1993]   U. M. Maurer, *IEEE Transactions on Information Theory*, Vol.**39**, No.3, pp.733–742 (1993).

[Mikami 2012]   T. Mikami, K. Kanno, K. Aoyama, A. Uchida, T. Ikeguchi, T. Harayama, S. Sunada, K. Arai, K. Yoshimura, and P. Davis, *Physical Review E*, Vol. **85**, pp. 016211 (2012).

[Mirasso 1996]   C. R. Mirasso, P. Colet, and P. García-Fernández, *IEEE Photonics Technology Letters*, Vol. **8**, No. 2, pp. 299–301 (1996).

[村上 1985]   村上春樹,『世界の終りとハードボイルド・ワンダーランド』, 新潮文庫

(1985).

[Murakami 2002] A. Murakami and J. Ohtsubo, *Physical Review A*, Vol. **65**, No. 3, pp. 033826 (2002).

[Muramatsu 2006] J. Muramatsu, K. Yoshimura, K. Arai, and P. Davis, *IEEE Transactions on Information Theory*, Vol. **52**, No. 11, pp. 5140–5151 (2006).

[Muramatsu 2010] J. Muramatsu, K. Yoshimura, and P. Davis, *Lecture Notes in Computer Science*, Vol. **5973**, pp. 128–139 (2010).

[Myneni 2001] K. Myneni, T. A. Barr, B. R. Reed, S. D. Pethel, and N. J. Corron, *Applied Physics Letters*, Vol. **78**, No. 11, pp. 1496–1498 (2001).

[長島 1992] 長島弘幸, 馬場良和, 『カオス入門, 現象の解析と数理』, 培風館 (1992).

[中山 2015] 中山丞真, 菅野円隆, 文仙正俊, 内田淳史, レーザー研究, Vol. **43**, No. 6, pp. 365–370 (2015).

[Ohtsubo 2013] J. Ohtsubo, "Semiconductor Lasers: Stability, Instability and Chaos," Third Edition, Springer-Verlag, Berlin Heidelberg (2013).

[Ortín 2009] S. Ortín, M. Jacquot, L. Pesquera, M. Peil, L. Larger, Book of Abstracts for CHAOS 2009 conference, Chania, Crete, Greece (2009).

[Otsuka 1999] K. Otsuka, "Nonlinear dynamics in optical complex systems", KTK Scientific Publishers (Kluwer Academic Publishers), Tokyo (1999).

[Ott 1990] E. Ott, C. Grebogi, and J. A. Yorke, *Physical Review Letters*, Vol. **64**, No. 11, pp. 1196–1199 (1990).

[Pappu 2002] R. Pappu, B. Recht, J. Taylor, and N. Gershenfeld, *Science*, Vol. **297**, No. 5589, pp. 2026–2030 (2002).

[Pecora 1990] L. M. Pecora and T. L. Carroll, *Physical Review Letters*, Vol. **64**, No. 8, pp. 821–824 (1990).

[Peil 2002] M. Peil, T. Heil, I. Fischer and W. Elsäßer, *Physical Review Letters*, Vol. **88**, No. 17, pp. 174101 (2002).

[Peil 2007] M. Peil, L. Larger, and I. Fischer, *Physical Review E*, Vol. **76**, No. 4, pp. 045201(R) (2007).

[Pikovsky 2001] A. Pikovsky, M. Rosenblum, and J. Kurths, "Synchronization: A Universal Concept in Nonlinear Sciences," Cambridge University Press, Cambridge (2001).

[Pyragas 1993] K. Pyragas, *Physics Letters A*, Vol. **181**, No. 3, pp. 203–210 (1993).

[Pyragas 1998] K. Pyragas, *Physical Review E*, Vol. **58**, No. 3, pp. 3067–3071 (1998).

[Qi 2010] B. Qi, Y.-M. Chi, H.-K. Lo, and L. Qian, *Optics Letters*, Vol. **35**, No. 3, pp. 312–314 (2010).

[Reidler 2009] I. Reidler, Y. Aviad, M. Rosenbluh, and I. Kanter, *Physical Re-*

view Letters, Vol. **103**, No. 2, pp. 024102 (2009).

[Rogister 2001] F. Rogister, A. Locquet, D. Pieroux, M. Sciamanna, O. Deparis, P. Mégret, and M. Blondel, *Optics Letters*, Vol. **26**, No. 19, pp. 1486–1488 (2001).

[Rontani 2007] D. Rontani, A. Locquet, M. Sciamanna, and D. S. Citrin, *Optics Letters*, Vol. **32**, No. 20, pp. 2960–2962 (2007).

[Rosenblum 1996] M. G. Rosenblum, A. S. Pikovsky, and J. Kurths, *Physical Review Letters*, Vol. **76**, No. 11, pp. 1804–1807 (1996).

[Roy 1992] R. Roy, T. W. Murphy, Jr., T. D. Maier, Z. Gills, and E. R. Hunt, *Physical Review Letters*, Vol. **68**, No. 9, pp. 1259–1262 (1992).

[Roy 1994] R. Roy and K. S. Thornburg, Jr., *Physical Review Letters*, Vol. **72**, No. 13, pp. 2009–2012 (1994).

[Rukhin 2010] A. Rukhin, J. Soto, J. Nechvatal, M. Smid, E. Barker, S. Leigh, M. Levenson, M. Vangel, D. Banks, A. Heckert, J. Dray, and S. Vo, National Institute of Standards and Technology (NIST), Special Publication 800-22, Revision 1a (2010).

[Rulkov 1995] N. F. Rulkov, M. M. Sushchik, L. S. Tsimring, and H. D. I. Abarbanel, *Physical Review E*, Vol. **51**, No. 2, pp. 980–994 (1995).

[Sakuraba 2015] R. Sakuraba, K. Iwakawa, K. Kanno, and A. Uchida, *Optics Express*, Vol. **23**, No. 2, pp. 1470–1490 (2015).

[Sano 1994] T. Sano, *Physical Review A*, Vol. **50**, No. 3, pp. 2719–2726 (1994).

[Shannon 1949] C. E. Shannon, *Bell System Technical Journal*, Vol. **28**, No. 4, pp. 656–715 (1949).

[Short 1994] K. M. Short, *International Journal of Bifurcation and Chaos*, Vol. **4**, No. 4, pp. 959–977 (1994).

[Siegman 1986] A. E. Siegman, "Lasers," University Science Books, Sausalito, California (1986).

[Singh 2000] S. Singh, "The Code Book: The Science of Secrecy from Ancient Egypt to Quantum Cryptography," Anchor Books, New York (2000).

[Soriano 2009] M. C. Soriano, P. Colet, and C. R. Mirasso, *IEEE Photonics Technology Letters*, Vol. **21**, No. 7, pp. 426–428 (2009).

[Soriano 2013a] M. C. Soriano, J. García-Ojalvo, C. R. Mirasso, and I. Fischer, *Review of Modern Physics*, Vol. **85**, pp. 421–470 (2013).

[Soriano 2013b] M. Soriano, S. Ortin, D. Brunner, L. Larger, C. R. Mirasso, I. Fischer and L. Pesquera, *Optics Express*, Vol. **21**, No. 1, pp. 12–20 (2013).

[Stipčević 2007] M. Stipčević and B. Medved Rogina, *Review of Scientific Instruments*, Vol. **78**, No. 4, pp. 045104 (2007).

[Strogatz 2003] S. Strogatz, "SYNC: The Emerging Science of Spontaneous Order", Theia books (Hyperion books), New York (2003).

[Sugawara 1994]　T. Sugawara, M. Tachikawa, T. Tsukamoto, and T. Shimizu, *Physical Review Letters*, Vol. **72**, No. 22, pp. 3502–3505 (1994).

[Sukow 2004]　D. W. Sukow, K. L. Blackburn, A. R. Spain, K. J. Babcock, J. V. Bennett, and A. Gavrielides, *Optics Letters*, Vol. **29**, No. 20, pp. 2393–2395 (2004).

[Sunada 2011]　S. Sunada, T. Harayama, K. Arai, K. Yoshimura, P. Davis, K. Tsuzuki, and A. Uchida, *Optics Express*, Vol. **19**, No. 7, pp. 5713–5724 (2011).

[Takahashi 2014]　R. Takahashi, Y. Akizawa, A. Uchida, T. Harayama, K. Tsuzuki, S. Sunada, K. Arai, K. Yoshimura, and P. Davis, *Optics Express*, Vol. **22**, No. 10, pp. 11727–11740 (2014).

[Takens 1981]　F. Takens, "Detecting strange attractors in turbulence", *Dynamical Systems and Turbulence, Lecture Notes in Mathematics*, edited by D.A. Rand and L.-S. Young, Vol. **898**, pp. 366–381, Springer-Verlag, Berlin (1981).

[Tang 2001a]　S. Tang and J. M. Liu, *IEEE Journal of Quantum Electronics*, Vol. **37**, No. 3, pp. 329–336 (2001).

[Tang 2001b]　S. Tang and J. M. Liu, *Optics Letters*, Vol. **26**, No. 9, pp. 596–598 (2001).

[Tang 2003]　S. Tang and J. M. Liu, *Physical Review Letters*, Vol. **90**, No. 19, pp. 194101 (2003).

[Tkach 1986]　R. Tkach and A. Chraplyvy, *Journal of Lightwave Technology*, Vol. **4**, No. 11, pp. 1655–1661 (1986).

[Uchida 2001a]　A. Uchida, Y. Liu, I. Fischer, P. Davis, and T. Aida, *Physical Review A*, Vol. **64**, No. 2, pp. 023801 (2001).

[Uchida 2001b]　A. Uchida, S. Yoshimori, M. Shinozuka, T. Ogawa, and F. Kannari, *Optics Letters*, Vol. **26**, No. 12, pp. 866–868 (2001).

[Uchida 2003a]　A. Uchida, P. Davis, and S. Itaya, *Applied Physics Letters*, Vol. **83**, No. 15, pp. 3213–3215 (2003).

[Uchida 2003b]　A. Uchida, T. Heil, Y. Liu, P. Davis and T. Aida, *IEEE Journal of Quantum Electronics*, Vol. **39**, No. 11, pp. 1462–1467 (2003).

[Uchida 2003c]　A. Uchida, Y. Liu, and P. Davis, *IEEE Journal of Quantum Electronics*, Vol. **39**, No. 8, pp. 963–970 (2003).

[Uchida 2003d]　A. Uchida, R. McAllister, R. Meucci, and R. Roy, *Physical Review Letters*, Vol. **91**, No .17, pp. 174101 (2003).

[Uchida 2004a]　A. Uchida, R. McAllister, and R. Roy, *Physical Review Letters*, Vol. **93**, No. 24, pp. 244102 (2004).

[Uchida 2004b]　A. Uchida, N. Shibasaki, S. Nogawa, and S. Yoshimori, *Physical Review E*, Vol. **69**, No. 5, pp. 056201 (2004).

[Uchida 2005]　A. Uchida, F. Rogister, J. García-Ojalvo, and R. Roy, "Progress in Optics", edited by E. Wolf, Vol. **48**, Chapter 5, pp. 203–341, Elsevier, The Netherlands (2005).

[Uchida 2008]　A. Uchida, K. Amano, M. Inoue, K. Hirano, S. Naito, H. Someya, I. Oowada, T. Kurashige, M. Shiki, S. Yoshimori, K. Yoshimura, and P. Davis, *Nature Photonics*, Vol. **2**, No. 12, pp. 728–732 (2008).

[Uchida 2012]　A. Uchida, "Optical Communication with Chaotic Lasers, Applications of Nonlinear Dynamics and Synchronization", Wiley-VCH, Weinheim (2012).

[van der Lubbe 1998]　J. C. A. van der Lubbe, "Basic Method of Cryptography", Cambridge University Press, Cambridge, UK (1998).

[VanWiggeren 1998a]　G. D. VanWiggeren and R. Roy, *Science*, Vol. **279**, No. 5354, pp. 1198–1200 (1998).

[VanWiggeren 1998b]　G. D. VanWiggeren and R. Roy, *Physical Review Letters*, Vol. **81**, No. 16, pp. 3547–3550 (1998).

[VanWiggeren 1999]　G. D. VanWiggeren and R. Roy, *International Journal of Bifurcation and Chaos*, Vol. **9**, No. 11, pp. 2129–2156 (1999).

[Vicente 2002]　R. Vicente, T. Pérez, and C. R. Mirasso, *IEEE Journal of Quantum Electronics*, Vol. **38**, No. 9, pp. 1197–1204 (2002).

[Volodchenko 2001]　K. V. Volodchenko, V. N. Ivanov, S.-H. Gong, M. Choi, Y.-J. Park, and C.-M. Kim, *Optics Letters*, Vol. **26**, No. 18, pp. 1406–1408 (2001).

[von Neumann 1963]　J. von Neumann, "Various techniques for use in connection with random digits", The Collected Works of John von Neumann, pp. 768–770, Pergamon, London (1963).

[Wayner 2009]　P. Wayner, "Disappearing Cryptography, Information Hiding: Steganography & Watermarking", Third Edition, Morgan Kaufmann Publishers, Burlington (2009).

[Weiss 1991]　C. O. Weiss and R. Vilaseca, "Dynamics of Lasers", VCH Publishers, Weinheim (1991).

[Williams 2010]　C. R. S. Williams, J. C. Salevan, X. Li, R. Roy, and T. E. Murphy, *Optics Express*, Vol. **18**, No. 23, pp. 23584–23597 (2010).

[Winful 1990]　H. G. Winful and L. Rahman, *Physical Review Letters*, Vol. **65**, No. 13, pp. 1575–1578 (1990).

[Yamamoto 2007]　T. Yamamoto, I. Oowada, H. Yip, A. Uchida, S. Yoshimori, K. Yoshimura, J. Muramatsu, S. Goto, and P. Davis, *Optics Express*, Vol. **15**, No. 7, pp. 3974–3980 (2007).

[Yoshimura 2004]　K. Yoshimura, *International Journal of Bifurcation and Chaos*, Vol. **14**, No. 3, pp. 1105–1113 (2004).

[Yoshimura 2012]　K. Yoshimura, J. Muramatsu, P. Davis, T. Harayama, H. Okumura, S. Morikatsu, H. Aida, and A. Uchida, *Physical Review Letters*, Vol. **108**, pp. 070602 (2012).

[Zunino 2010]　L. Zunino, M. C. Soriano, I. Fischer, O. A. Rosso, and C. R. Mirasso, *Physical Review E*, Vol. **82**, No. 4, pp. 046212 (2010).

索　引

──────── 英字/数字 ────────

0 頻度　248, 252
1 頻度　248
2 進変換　15
2 値乱数　241
AD 変換器　245
BER　214
DBR 半導体レーザ　115
DFB 半導体レーザ　79
DPSK　119
EDFA　225, 230
EOM　117
Lang-Kobayashi 方程式　82, 127
LFF　89, 131, 172
L-I 特性　78
NIST Special Publication 800-22　246, 272
NIST 検定　246
pn 接合　51
p-value　264, 272, 274
Q 値　61
RF スペクトル　80
RF スペクトルアナライザ　80
RPP　93
SF　238
SLD　266
SNR　214
Tb/s　257

TestU01　260
XOR　245, 269
α パラメータ　83, 107

──────── あ行 ────────

アイダイアグラム　230
後処理　267
アトラクタ　30, 86
アトラクタの再構築　44
暗号　197, 198
暗号文単独攻撃　234
安全性　205, 232, 285
アンチモード　92, 130
安定な周期軌道　24
池田カオス　75
池田型受動光システム　75
池田モデル　112
位相カオス　118
位相空間　30, 86
位相同期　176
一次元写像　13
一方向結合　153, 162
一様性　272
一般化同期　156, 179, 194
インコヒーレント結合　154, 170
インコヒーレント光源　266
インコヒーレントフィードバック　103
インジェクションロッキング　105, 141, 165
隠蔽　232
エネルギー準位図　49
エラーフリー　210, 226, 231
エントロピー生成源　243

オカルトプロジェクト　219
オシロスコープ　80
オープンループ　156
音声認識タスク　292

―――――― か行 ――――――

外部共振器　79
外部共振器長　73
外部共振器モード　77, 91, 129
外部共振器周波数　73
カオス　4, 11
カオスアトラクタ　31, 86
カオスオンオフキーイング法　212
カオスシフトキーイング法　211
カオス同期　138
カオスの森　46
カオスパスフィルタ効果　207
カオス秘密通信　201
カオス変調法　209
カオス遍歴　91
カオスマスキング法　206
カオスライダ　296
カオスレーダ　299
確率分布　255
カー効果　113
間欠性ルート　43
完全同期　155, 194
緩和発振　55
緩和発振周波数　56, 68, 86, 134
記号　198
擬似乱数生成器　239, 243
規則的パルスパッケージ　93
軌道　30
キャリア密度　51
吸収　49
共通信号入力同期　180, 280
強度カオス　117
キンク　79
クラスAレーザ　63
クラスBレーザ　61
クラスCレーザ　61
クローズドループ　159
計算論的セキュリティ　278

結合Lang-Kobayashi方程式　163, 192
結合ローレンツモデル　150, 191
決定論的カオス　13
原子分極　52
光子　47
高次元性　290
高速フーリエ変換　85
コードブック　198
コヒーレンス崩壊　78
コヒーレント　47
コヒーレント結合　154
コヒーレントフィードバック　102
コンシステンシー　181, 186, 290

―――――― さ行 ――――――

再現性　183
最大リアプノフ指数　40, 121, 123
最大利得モード　92, 130
差分結合法　144
サンプリングアタック　286
時間遅延した戻り光　71, 162
時間遅延フィードバック　73, 209, 290
時間波形　80
時系列予測タスク　292
自己相関　254
シーザーシフト暗号　198
自然放出　49
自然放出光ノイズ　266
持続的緩和発振　57
写像　13
周期軌道　22
周期の窓　21
周期倍加ルート　21, 24, 43
周波数帯域　252, 258
周波数帯域拡大　108, 252
シュレディンガー方程式　58
準周期アトラクタ　86
準周期崩壊ルート　43, 80
条件付きリアプノフ指数　152, 191
情報理論的セキュリティ　278
初期値鋭敏性　17, 31, 139
シングルビット乱数生成　244, 249
信号対雑音比　214

真性乱数　241
振幅消滅　160
ステガノグラフィ　199
ストリーム暗号　204
ストレンジアトラクタ　31
制限された可観測性　278
静的な鍵　204
セキュリティ　205, 232, 285
ゼロ遅延同期　173
線形安定性解析　34, 121
線形化変数　35, 121
線形化方程式　34, 67, 122
全数探索　234
線幅増大係数　83, 107
双安定性　108
相関図　137
相関値　161, 163
相関乱数秘密鍵配送　280
相互結合　153, 160, 171
相互相関値　138, 161
双方向結合　153

――――――― た 行 ―――――――

帯域拡大　253
対称性の破れ　172
ダイナミクス　14
タスク　292
多段化　286
ダブルヘテロ構造　51
単体モード　92
断熱消去　61
遅延時間　73
遅延同期　158, 172
置換　197
低周波不規則振動　89, 131, 172
定常解　33, 127, 131
電界　52
電気光学位相変調器　119
電気光学強度変調器　117
電気–光システム　112, 175
電子–正孔対　50
転置　197
テント写像　15, 16

同期　137, 204
独立性　241
トーラスアトラクタ　86
ドロップアウト　89

――――――― な 行 ―――――――

長い外部共振器条件　93
ニューラルネットワーク　288
ノイズ　110, 264
脳　187, 238

――――――― は 行 ―――――――

バイアス　268
排他的論理和　269
排他的論理和演算　245
バタフライ効果　19
波長カオス　115
ハードウェア鍵　203
パラメータ　27, 46, 87, 233
パラメータ依存性　165
パルスパッケージ　93
反転分布　49, 52
半導体レーザ　77
ピカソプロジェクト　220
光キャリア周波数差　74, 105, 165, 195
光結合　105
光集積回路　95, 223, 260
光注入　105
光–電気フィードバック　103, 170
光秘密通信　214
光ファイバネットワーク　221
光フィードバック　72
ヒステリシス　108
ヒストグラム　135, 255
ビット誤り率　214, 226
ビットシフト回転法　271, 275
ビット順反転　256
秘密鍵　197
秘密鍵配送　277, 284
秘密通信　197
比率　272
頻度検定　246, 272

ファイゲンバウム定数　24
ファブリペロー共振器　48
不安定な周期軌道　24
フォン・ノイマン法　268
付加的な安全性　237
復号　205
複雑系フォトニクス　1
符号化　206, 232
物理鍵　234
物理ステガノグラフィ　199
物理的一方向性関数　188
物理乱数生成器　239, 243
プライバシー　232
フラクタル　31
分岐　20
分岐図　21, 32, 87
ベイスン　34
ペコラ–キャロル法　142, 189
ベルヌーイシフト　15, 16
偏光回転した戻り光　99, 169
ポアンカレ断面　45
放射性再結合　50
補助システム法　179

──────── ま行 ────────

マクスウェル–ブロッホ方程式　58
マスク信号　291
マップ　13
マルチビット乱数生成　250
短い外部共振器条件　93
モード　91, 130
モードホッピング　77
戻り光　72
戻り光を有する半導体レーザ　77

──────── や行 ────────

ヤコビ行列　35, 67, 122, 132
有意水準　272
誘導放出　49
予測同期　158
予測不可能性　242

──────── ら行 ────────

ライダ　296
乱数　239
乱数生成器　239
ランダム位相変調光　281
ランダム性　241, 267, 272
リアプノフ指数　25, 36, 123
リアプノフスペクトラム　40
リカレントニューラルネットワーク　288
リザーバ　288, 295
リザーバコンピューティング　288
リーダ–ラガード関係　173
利得飽和　135
リミットサイクル　30, 86
リモートセンシング　296
量子乱数生成器　264
ルンゲクッタ法　30, 65
励起エネルギー　48
レーザ　3, 47
レーザ共振器　48
レーザ媒質　48
レスラーモデル　40
レーダ　299
レート方程式　52
ロジスティック写像　13, 14
ロバストサンプリング法　284
ローレンツ–ハーケンカオス　76
ローレンツ–ハーケン方程式　58
ローレンツ方程式　27
ローレンツモデル　27, 149

Memorandum

Memorandum

Memorandum

Memorandum

Memorandum

Memorandum

著者紹介

内田 淳史（うちだ あつし）

2000年　慶應義塾大学 大学院理工学研究科 博士後期課程修了
現　在　埼玉大学 大学院理工学研究科 数理電子情報部門 教授
　　　　博士（工学）
主　著　Optical Communication with Chaotic Lasers, Applications of Nonlinear Dynamics and Synchronization (Wiley-VCH, Weinheim, 2012)

| 複雑系フォトニクス
── レーザカオスの同期と
　　光情報通信への応用

Complex Photonics
Synchronization of Laser Chaos and
Applications to Optical
Information-Communication Technologies

2016 年 4 月 25 日　初版 1 刷発行 | 著　者　内田淳史 © 2016
発行者　南條光章
発行所　共立出版株式会社
　　　　〒 112-0006
　　　　東京都文京区小日向 4-6-19
　　　　電話番号　03-3947-2511（代表）
　　　　振替口座　00110-2-57035
　　　　URL http://www.kyoritsu-pub.co.jp/
印　刷　啓文堂
製　本　ブロケード |

検印廃止
NDC 425, 549.95
ISBN 978-4-320-03598-0

一般社団法人
自然科学書協会
会員

Printed in Japan

JCOPY ＜出版者著作権管理機構委託出版物＞

本書の無断複製は著作権法上での例外を除き禁じられています．複製される場合は，そのつど事前に，出版者著作権管理機構（TEL：03-3513-6969，FAX：03-3513-6979，e-mail：info@jcopy.or.jp）の許諾を得てください．

■物理学関連書　　　　　　　　　　　　　　http://www.kyoritsu-pub.co.jp/　共立出版

カラー図解 物理学事典	杉原　亮他訳
ケンブリッジ 物理公式ハンドブック	堤　正義訳
楽しみながら学ぶ物理入門	山﨑耕造著
大学新入生のための物理入門 第2版	廣岡秀明著
基礎 物理学演習	後藤憲一他共著
演習で理解する基礎物理学 ―力学―	御法川幸雄他著
詳解 物理学演習（上）・（下）	後藤憲一他共著
これならわかる物理学	大塚徳勝著
そこが知りたい物理学	大塚徳勝著
ファンダメンタル物理学 ―力学―	笠松健一他著
ファンダメンタル物理学 ―電磁気・熱・波動― 第2版	新居毅人他著
薬学生のための物理入門 ―薬学準備教育ガイドライン準拠―	廣岡秀明著
看護と医療技術者のためのぶつり学 第2版	横田俊昭著
独習独解物理で使う数学 ―完全版―	井川俊彦訳
復刊 直交関数系 増補版	伏見康治他共著
演習形式で学ぶ 特殊関数・積分変換入門	蓮田　清著
詳解 物理／応用数学演習	後藤憲一他共著
物理のための数学入門 複素関数論	有馬朗人他著
物理現象の数学的諸原理 ―現代数理物理学入門―	新井朝雄著
HOW TO 分子シミュレーション	佐藤　明著
振動・波動 講義ノート	岡田静雄他著
力学 講義ノート	岡田静雄他著
大学新入生のための力学	西浦宏幸他著
大学生のための基礎力学	大槻義彦著
基礎と演習 理工系の力学	高橋正雄著
基礎から学べる工系の力学	廣岡秀明著
基礎 力学演習	後藤憲一著
詳解 力学演習	後藤憲一他共著
入門 工系の力学	田中　東他著
ケプラー・天空の旋律（メロディー）	吉田　武著
アビリティ物理 物体の運動	飯島徹穂他著
アビリティ物理 音の波・光の波	飯島徹穂他著
アビリティ物理 電気と磁気	飯島徹穂他著
磁気現象ハンドブック	河本　修監訳
詳解 電磁気学演習	後藤憲一他共著
大学生のための電磁気学演習	沼居貴陽著
大学生のためのエッセンス電磁気学	沼居貴陽著
基礎と演習 理工系の電磁気学	高橋正雄著
身近に学ぶ電磁気学	河木　修著
マクスウェル・場と粒子の舞踏 60小節の電磁気学素描	吉田　武著
英語と日本語で学ぶ熱力学	R.ミゲレット他著
現代の熱力学	白井光雲著
基礎 熱力学	國友正和著
統計熱力学の基礎	鈴木　彰他著
新装版 統計力学	久保亮五著

数学で読み解く統計力学	森　真著
量子情報の物理	西野哲朗他監訳
量子情報科学入門	石坂　智他著
量子論の果てなき境界 ミクロとマクロの世界にひそむシュレディンガーの猫たち	河辺哲次訳
量子力学基礎	松居哲生著
大学生のための量子力学演習	沼居貴陽著
大学生のためのエッセンス量子力学	沼居貴陽著
量子力学の基礎	北野正雄著
工学基礎 量子力学	森　敏彦他著
詳解 理論／応用量子力学演習	後藤憲一他共編
復刊 量子統計力学	伏見康治編
量子統計力学の数理	新井朝雄著
量子数理物理学における汎関数積分法	新井朝雄著
復刊 相対論 第2版	平川浩正著
アビリティ物理 量子論と相対論	飯島徹穂他著
アインシュタイン選集1・2・3	湯川秀樹監修
一般相対性理論	杉原　亮他訳
素粒子物理学	井上研三著
素粒子・原子核物理学の基礎	末包文彦他訳
Q＆A放射線物理 改訂2版	大塚徳勝他著
物質の対称性と群論	今野豊彦著
ナノの本質 ―ナノサイエンスからナノテクノロジーまで―	木村啓作他訳
ナノ構造の科学とナノテクノロジー	吉村雅満他訳
復刊 固体物理学	川村　肇著
物質科学の世界	兵庫県立大学大学院物質理学研究科編
コンピュータ・シミュレーションによる物質科学	川添良幸他著
やさしい電子回折と初等結晶学 電子回折図形の指数付け＆双晶電子回折が解る 改訂新版	田中通義他著
結晶 ―成長・形・完全性―	砂川一郎著
物質からの回折と結像 ―透過電子顕微鏡法の基礎―	今野豊彦著
新・走査電子顕微鏡	日本顕微鏡学会関東支部編
ビデオ顕微鏡	寺川　進他訳
ローレンツカオスのエッセンス	杉山　勝他訳
複雑系フォトニクス ―レーザカオスの同期と光情報通信への応用―	内田淳史著
復刊 フーリエ結像論	小瀬輝次著